NACHRICHTENTECHNISCHE FACHBERICHTE

Beihefte der NTZ · Herausgeber: Dipl.-Ing. J. Wosnik, Düsseldorf   Band 27   1963

Transistoren bei großer Aussteuerung

SPRINGER FACHMEDIEN WIESBADEN GMBH

ISBN 978-3-663-03173-4   ISBN 978-3-663-04362-1 (eBook)
DOI 10.1007/978-3-663-04362-1

Schriftleiter für Band 27: Professor Dr. J. Dosse, Stuttgart
Geschäftsstelle der NTZ/NTF: 4 Düsseldorf 1, OPD-Fach.
Preis DM 14,50, für VDE/NTG-Mitglieder DM 13,—.
Die NTF werden als Beihefte der Nachrichtentechnischen Zeitschrift (NTZ) herausgegeben und erscheinen nach Bedarf.

Nachdruck, fotografische Vervielfältigungen, Mikrofilme, Mikrofotos von ganzen Heften oder Teilen daraus sind ohne ausdrückliche Genehmigung des Verlages nicht gestattet.

Inhaltsverzeichnis

Vorwort IV

Wiesner, Das Verhalten des Transistors bei großer Aussteuerung 1

Rüchardt, Effekte in Mesatransistoren bei großer Stromdichte 11

Engbert, Vergleich von Verstärker- und Schalttransistoren 19

Wagner und *Weitzsch*, Zur Frage der Sperrschichtberührung bei Transistoren 25

Kleinknecht, Der Transistor als ladungsgesteuertes Bauelement 32

Thuy, Die Kenndaten des Schalttransistors 41

Jäger, Meßverfahren für Großsignal-Kenngrößen 45

Frey, Sperrschichttemperaturen von Halbleiterbauelementen bei Impulsbetrieb 50

Weitzsch, Wärmeprobleme bei Transistoren im Impulsbetrieb 55

Müller, Der Mitlaufeffekt und das thermische Ersatzschaltbild 57

Gossel, Multivibratorschaltungen mit Transistoren für extrem große kontinuierlich steuerbare
    Frequenzvariation 65

Paul, Großsignalsinusverhalten von Legierungstransistoren bei hohen Frequenzen 80

Kohn, Transistorverstärker mit Impulsanstiegszeiten von weniger als 5 ns 85

Vorwort

Der Fachtagung „Transistoren bei großer Aussteuerung", die vom Fachausschuß 3 „Halbleiter" der Nachrichtentechnischen Gesellschaft im VDE (NTG) vom 10. bis 13. April 1962 in Aachen veranstaltet wurde, ging eine Diskussionssitzung des Fachausschusses in Hamburg voraus, die ein so starkes Interesse erweckte, daß es dem Fachausschuß richtig erschien, die Hamburger Referate einem größeren Kreis, insbesondere unseren NTG-Mitgliedern, zugänglich zu machen. Das Vortragsprogramm wurde dann allerdings weitgehend umgestaltet und vor allem durch Übersichtsvorträge von *R. Wiesner*, von *W. Engbert* und von *H. P. Kleinknecht* abgerundet.

Selbstverständlich sollten die Aachener Vorträge möglichst rasch veröffentlicht werden. Durch die verständnisvolle Unterstüzung, die wir bei Herausgeber und Verlag der NTZ fanden, konnten alle Vorträge in vier aufeinander folgenden Heften der NTZ (Juli bis Oktober 1962) erscheinen.

In dem vorliegenden Band sind diese Aufsätze nochmals zusammengefaßt. Der Vortrag von *F. Weitzsch*, der ausführlich schon im Archiv für el. Übertragung 16 (1962), S. 335–343 erschien, ist durch ein Referat vertreten; der Vortrag von *D. Gossel* wurde in erweiterter Form gebracht.

So können wir hoffen, allen Wünschen unserer Fachkollegen und interessierten Leser gerecht geworden zu sein.

Prof. Dr.-Ing. *J. Dosse*
Leiter des NTG-Fachausschusses 3 „Halbleiter"

Das Verhalten des Transistors bei großer Aussteuerung

Von **R. Wiesner**, München

Mit 17 Bildern

DK 621.382.3

Der vorliegende Artikel hat den Zweck, einen Überblick über die bei einem Transistor unter der Bedingung „große Aussteuerung" auftretenden Erscheinungen zu geben. Er ist als umfassende Einleitung zu einer Reihe von Arbeiten zu diesem Thema gedacht, die in zwangloser Reihenfolge in der gleichen Zeitschrift erscheinen werden.

Das Thema sei hier zunächst recht allgemein als Gegenüberstellung zur Verhaltensweise des Transistors bei „kleiner Aussteuerung" aufgefaßt, die etwa durch die klassische *Shockley*sche Theorie zu beschreiben ist. Ihr Geltungsbereich ist u. a. durch folgende Voraussetzungen charakterisiert: die Ladungsträgerbewegung in der Basis des Transistors erfolgt ausschließlich durch Diffusion, die angelegten Spannungen sind lediglich im Bereich der Raumladungszonen der pn-Übergänge lokalisiert, die Ladungsträgerströmung wird eindimensional betrachtet, der Transistor wird als linearer Vierpol aufgefaßt.

Diese Voraussetzungen sind insbesondere bei modernen Transistoren selbst im normalen Betriebszustand nicht hinreichend erfüllt, geschweige denn im Bereich der Grenzbelastungen. Man hat also stets da oder dort von „kleiner Aussteuerung" abweichende Verhältnisse; dies um so mehr, als die Entwicklung sehr schnell an die Grenzen des technisch Möglichen herangeschritten ist und man bestrebt ist, die technologisch realisierbaren Konstruktionen soweit wie möglich auszulasten.

Tabelle 1 zeigt, auf welche Probleme man geführt wird, wenn man den Transistor in obigem Sinn bei „großer Aussteuerung" betreibt. Es ist hierbei der Versuch unternommen, eine gewisse Systematik in die Vielfalt der Erscheinungen zu bringen.

Man kann zwischen Effekten unterscheiden, die durch die Injektion der Minoritätsträger, durch Strombelastung, durch Spannungsbelastung und durch leistungsmäßige Belastung ausgelöst werden. Zum ersten Fall gehören die Erscheinungen der Großsignalverhältnisse, die zu nicht linearer Verzerrung, Klirrfaktor und Kreuzmodulation führen (Tabelle I, Spalte I A). Sie treten auf, wenn die Wechselkomponenten der Trägerinjektion nicht mehr klein gegenüber der stationären Minoritätsträgerkonzentration angenommen werden können. Dabei kann die Injektionskonzentration aber noch klein gegenüber der Majoritätsträgerkonzentration sein.

Im Falle der Hochinjektion (Tabelle I, Spalte I B), d. h. wenn die injizierte Minoritätsträgerkonzentration vergleichbar oder gar groß gegen die vorhandene Majoritätsträgerkonzentration (Dotierungskonzentration) ist, ergibt sich eine Modulation des Widerstandes der Bahngebiete, unter Umständen auch der Raumladungszonen der pn-Übergänge. Das führt zu folgenden Abweichungen von den Kleinsignalverhältnissen: a) Auftreten einer induktiven Komponente im Basisgebiet, Beeinflussung des Ersatzschaltbildes und des Rauschens; b) Einfluß der Basismodulierung auf den Emitterwirkungsgrad γ und den Transportfaktor β; c) Rückläufigkeit der I_{CE0}-Kennlinie; d) Beeinflussung der Lebensdauer und der Beweglichkeit der Minoritätsträger. Die Modifikation von Basisgebiet und Kollektorzone, speziell bei Mesatransistoren, führt a) zu einer Herabsetzung der Stromverstärkung β_0 und der ($\beta=1$)-Grenzfrequenz $f_{\beta 1}$ und b) zu einer Begrenzung der Sperrspannung. Hieran kann die Geschwindigkeitsbegrenzung der Ladungsträger beteiligt sein. c) Weiteres tritt u. U. als injektionsbedingter Effekt bei Mesatransistoren der Thyristoreffekt auf. d) Schließlich beeinflussen die genannten Effekte mehr oder weniger die Schaltzeiten.

Die Strombelastung (Tabelle I, Spalte II) führt zu Spannungsabfällen an den Bahngebieten. Mit dem Spannungsabfall an der Basis hängen zusammen a) die Rückläufigkeit der I_{CES}-Kennlinie, b) die Randverdrängung am Emitter und die Modifikation dieses Effektes bei hohen Frequenzen. c) Im Bereich hoher Spannungen und Ströme kann der zweite Durchbruch (Pinch-in-Effekt) auftreten.

Der Spannungsabfall im Kollektorgebiet bei hohen Stromdichten unter Mitwirkung der Geschwindigkeitsbegrenzung führt a) zu einer Beeinflussung der Restspannung bei Mesatransistoren und b) zum sogenannten α^*-Effekt, der eine starke thermische Instabilität verursachen kann.

Hohe Spannungsbelastung (Tabelle I, Spalte III) wirft die bekannten Probleme der Grenzspannung auf, die mit Lawinendurchbruch, der dadurch hervorgerufenen Trägervervielfachung, dem U_{CE}-Durchbruch und dem Punch-through-Effekt zusammenhängen. Wie in der Tabelle I angedeutet, bestehen hier Wechselbeziehungen zu den Effekten infolge Hochinjektion und Strombelastung. Hohe Verlustleistung (Spalte IV) führt zu thermischen Effekten und Instabilitätserscheinungen.

Moderne Transistoren, insbesondere Transistoren für hohe Frequenzen und kurze Schaltzeiten, werden heute im Bereich sehr hoher Stromdichten von Tausenden von A/cm² betrieben, so daß dort Effekte der aufgezeigten Art besonders stark ins Gewicht fallen. Insbesondere Schalttransistoren, die ja zwischen Zuständen extrem hoher und extrem niedriger Leitfähigkeit hin- und hergeschaltet werden müssen, unterliegen derartigen Betriebsbedingungen. Deshalb nimmt auch der Schalttransistor in dem vorliegenden Themenkreis eine besondere Stellung ein.

In nachfolgenden Artikeln wird zu den Problemen der thermischen Stabilität, der nicht linearen Verzerrungen bei Großsignalaussteuerung, zu Hochstromeffekten, die speziell bei Mesatransistoren auftreten, und zu besonderen Fragen, die den Schalttransistor betreffen, Stellung genommen. Nicht behandelt werden die Fragen der Widerstandsmodulation im Basisgebiet (I, 1) und der Auswirkungen des Spannungsabfalles am Basiswiderstand (II, 1). Um ein abgerundetes Bild von den Erscheinungen bei „großer Aussteuerung" zu geben, soll im folgenden speziell auf diese zwei Fragenkomplexe eingegangen werden.

Tafel I

Der Transistor bei großer Aussteuerung

	I. Injektionsbelastung	II. Strombelastung	III. Spannungsbelastung	IV. Leistungsbelastung
	A. Schwache Injektion $N_{Min} < N_{Maj}$; große Signale $N_{Min} \approx \gtrless N_{Min} =$ B. Hochinjektion $N_{Min} \gtreqless N_{Maj}$	Spannungsabfall an Bahngebieten	Grenzspannungen	Hohe Verlustleistung
	Nicht lineare Verzerrungen, Klirrfaktor, Kreuzmodulation			
	1. Widerstandsmodulation des Basisbahngebietes (bei Legierungstransistoren) a) Hierdurch induktive Komponenten, Einfluß auf das Rauschen. b) Einfluß auf den Injektionswirkungsgrad und auf den Transportfaktor. c) Rückläufigkeit der I_{CE_0}-Kennlinie (vgl. III). d) Einfluß auf die Lebensdauer und Beweglichkeit der Ladungsträger. **2. Modifikation der Bahngebiete und der Raumladungszonen bei HF-Transistoren** (Geschwindigkeitsbegrenzung) a) Begrenzung der Stromverstärkung und der Grenzfrequenz bei Mesa-Transistoren. b) Begrenzung der Durchbruchspannung bei Mesa-Transistoren (vgl. III). **3. Thyristoreffekt** (vgl. III). **4. Einfluß auf die Schaltzeiten.**	**1. Am Basiswiderstand** a) Rückläufigkeit der I_{CES}-Kennlinie (vgl. III). b) Randverdrängung der Ladungsträgerinjektion (auch bei hohen Frequenzen). c) Pinch-in-Effekt, zweiter Durchbruch (vgl. III). **2. Am Kollektorbahnwiderstand** (bei Mesa-Transistoren) a) Einfluß auf die Restspannung (Geschwindigkeitsbegrenzung). b) α^*-Effekt, hierdurch thermische Instabilität (vgl. IV).	U_{CB_0} U_{CE_0} (vgl. I 1c) U_{CES} (vgl. II 1a) Punch-through-Effekt	Thermische Effekte bei statischem, dynamischem Betrieb. Thermische Instabilität

Zu I 1a) Widerstandsmodulation der Bahngebiete

In den Jahren 1952 bis 1955 [1, 2] wurde bei Untersuchungen an Dioden ein induktives Verhalten bei starker Belastung in Flußrichtung festgestellt. Eine Deutung dieser induktiven Verhaltensweise wurde in einer Widerstandsmodulation der an die Raumladungszone des pn-Überganges angrenzenden Bahngebiete gefunden [3, 4, 5, 6]. Es konnte nämlich gezeigt werden, daß die Konzentration der injizierten Ladungsträger die Dotierungskonzentration bei hoher Flußbelastung größenordnungsmäßig übertreffen kann. Diese hohe Überkonzentration zieht infolge ihrer Raumladung eine nahezu gleich große Menge an Majoritätsträgern heran, die aus den ohmschen Kontakten geliefert werden, solange, bis in dem Bahngebiet Ladungsträgerneutralität erreicht ist. Es steigen daher mit zunehmendem Strom Minoritätsträger- und Majoritätsträgerkonzentration an, der Bahnwiderstand nimmt proportional zur Wurzel aus dem Strom ab. Es leuchtet ein, daß diese Ladungsträgerheranführung trägheitsbehaftet ist.

Zunächst war jedoch nicht einzusehen, daß eine Phasendrehung entsprechend einer induktiven Verhaltensweise resultiert; denn die Kleinsignaltheorie von *W. Shockley* ergab bekanntlich für die injizierte Ladungsträgerkonzentration, die in den an die Raumladungszone angrenzenden Gebieten als Diffusionsschwänze gespeichert werden, ein kapazitives Verhalten, die sogenannte Diffusionskapazität, die parallel zur Kapazität der Raumladungszone lokalisiert zu denken ist. Ein Spannungsabfall im Bahngebiet und in den Diffusionsschwänzen wird hierbei nicht berücksichtigt, da praktisch die gesamte Spannung am pn-Übergang selbst liegt.

Im Hochinjektionsfall werden diese Verhältnisse jedoch anders. Der Spannungsabfall am Bahngebiet wird vergleichbar mit der an der Raumladungszone liegenden Spannung und kann nicht mehr vernachlässigt werden. Man kann sich leicht überlegen, daß der Effekt der eben beschriebenen Widerstandsmodulation zu Phasenverhältnissen zwischen Strom und Spannung führt, die induktiven Charakter haben, selbstverständlich ohne daß ein magnetisches Feld im Sinne der *Maxwell*schen Theorie daran beteiligt ist. Die Trägerinjektion führt ja zu einer Verringerung des Widerstandes des Bahngebietes und zu einer Abnahme des Spannungsabfalles. Es ergibt sich somit als Ersatzschaltbild für den allgemeinen Fall einer Diode das in Bild 1 gezeigte. Der Bahnwiderstand $R_I + R_{II}$ ist im Injektionsbereich teilweise

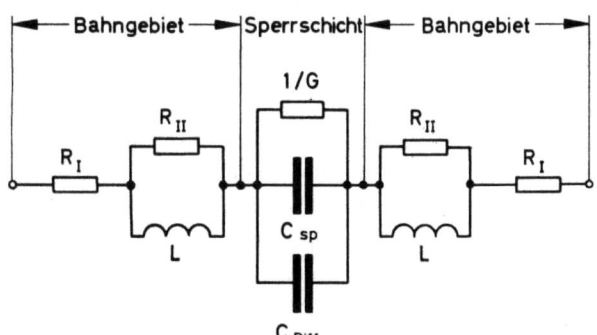

Bild 1. Ersatzschaltbild eines pn-Gleichrichters bei Hochinjektion. Zeitkonstante $\frac{L}{R_{II}} \approx$ unabhängig vom Durchlaßstrom

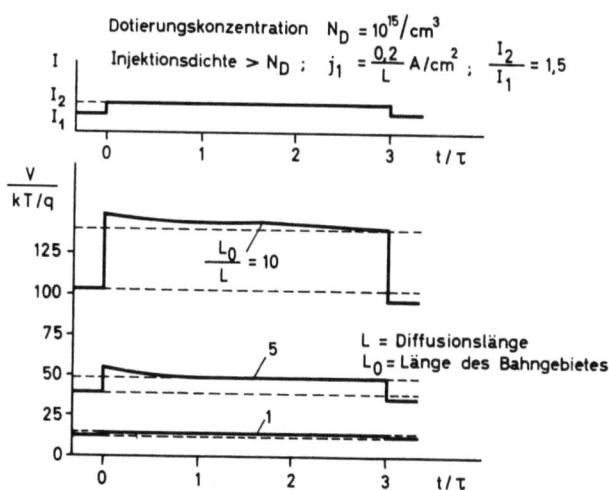

Bild 2. Die Spannung als Funktion der Zeit an einer pn-Diode bei Hochinjektion

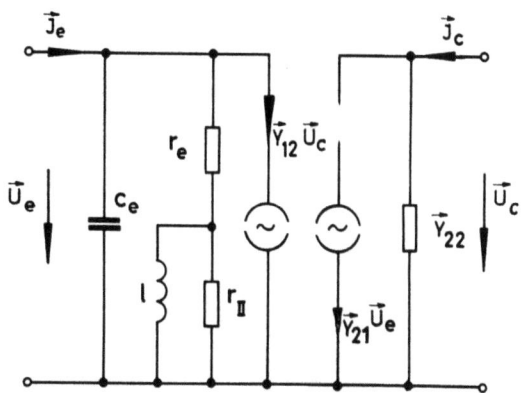

Bild 3. Ersatzschaltbild des inneren Transistors bei Hochinjektion nach *B. Schneider* und *M. J. O. Strutt* (Basisschaltung)

durch eine Induktivität überbrückt. Mit zunehmender Frequenz wird der Widerstand des Bahngebietes zunächst größer und nimmt schließlich einen frequenzunabhängigen Wert an.

Bei impulsmäßiger Strombelastung tritt zunächst eine höhere Spannung an der Diode auf als im stationären trägerüberschwemmten Zustand, wobei die Spannungsüberhöhung um so größer wird, je größer die Bahnlänge gegenüber der Diffusionslänge ist [7] (Bild 2). Es leuchtet ein, daß der Effekt um so drastischer in Erscheinung tritt, je hochohmiger das Bahngebiet ist.

Durch Untersuchungen von *B. Schneider* und *M. J. O. Strutt* [8] wurde festgestellt, daß analoge Verhältnisse auch am Emitter-pn-Übergang eines Transistors im Hochinjektionsfall zutreffen. Es konnte gezeigt werden, daß sich die Eingangsadmittanz eines Legierungstransistors nicht mehr durch ein einfaches RC-Glied (Emitterwiderstand r_e und Emitterdiffusionskapazität c_e) darstellen läßt, sondern durch ein RL-Glied (l, r_{II}) (Bild 3) ergänzt werden muß, das in dem verhältnismäßig hochohmigen Basisraum lokalisiert zu denken ist. Durch entsprechende Wahl der Parameter läßt sich der Frequenzverlauf der Basisstromverstärkung befriedigend wiedergeben.

Entsprechend dem für Hochinjektion ergänzten Ersatzschaltbild hat man auch eine modifizierte Ersatzschaltung für das Hochfrequenzrauschen anzusetzen (Bild 4). Es ergibt sich eine Modifikation der bekannten Beziehung für den Rauschfaktor F.

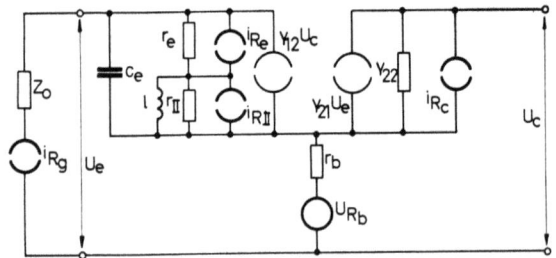

Bild 4. Rauschersatzschaltbild nach B. *Schneider* und M. J. O. *Strutt*

$$4kTR_0F = 2qI_c \left| \frac{\frac{1}{y_{11}} + r_b + Z_0}{\alpha_{fb}} \right|^2 -$$
$$- 2qI_e |r_b + Z_0|^2 \cdot \frac{1 + \omega^2 \tau_2^2}{1 + \omega^2 \tau_2^2 \left(1 + \frac{r_{II}}{r_e}\right)^2} \quad (1)$$
$$\text{mit } \tau_2 = \frac{l}{r_{II}}$$

für $\tau_2 = 0$ erhält man die Formel für kleine Stromdichten [8].

Wie Bild 5 zeigt, gibt Formel (1) die experimentellen Kurven besser wieder als die für $\tau_2 = 0$ gültige Beziehung.

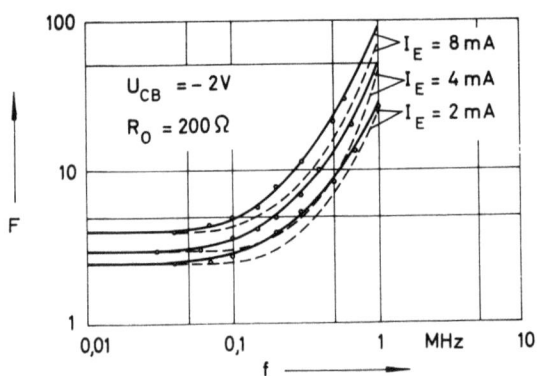

Bild 5. Rauschfaktor F eines Germanium-pnp-Transistors vom Typ OC 603 als Funktion der Frequenz f:
ooooooooo gemessen nach *Schneider* und *Strutt*,
——— berechnet nach *Schneider* und *Strutt*,
– – – – berechnet mit $\tau_2 = 0$

Zu I 1b) Injektionswirkungsgrad und Transportfaktor bei Hochinjektion

Die eben beschriebene Widerstandsmodulation wirkt sich natürlich vorzugsweise in den hochohmigsten Gebieten eines Transistors aus. Beim Legierungstransistor ist dies der Basisraum, bei modernen Hochfrequenztransistoren vorwiegend der Kollektorraum, in gewissem Maße aber auch der Basisraum. Die entsprechenden Fragen, die den Kollektorraum betreffen, werden in dem Artikel über Mesatransistoren behandelt und seien hier ausgeklammert.

Die Basisstromverstärkung eines Transistors setzt sich aus mehreren Faktoren zusammen (statischer Fall):

$$A = \gamma \cdot \beta \cdot \eta \cdot \alpha^* \quad (2)$$

γ bedeutet den Injektionswirkungsgrad, β den Transportfaktor, η ist ein Faktor, der die Oberflächenkombination berücksichtigt und α^* ist der Kollektormultiplikationsfaktor, der nur bei Mesatransistoren von Interesse ist.

Der Injektionswirkungsgrad γ, eine Eigenschaft des Emitters, bedeutet den Stromanteil, der von Ladungsträgern gebildet wird, die vom Emitter in den Basisraum injiziert werden. Es sind die Minoritätsträger in der Basis. Ein gewisser Bruchteil von Majoritätsträgern fließt aus dem Basisraum in den Emitterbereich hinein. Dieser Stromanteil soll möglichst klein sein. Die *Shockley*sche Theorie [9] ergibt für γ näherungsweise

$$\gamma = \frac{I_{\text{Min}}}{I_{\text{Min}} + I_{\text{Maj}}} \approx 1 - \frac{I_{\text{Maj}}}{I_{\text{Min}}} = 1 - \frac{\sigma_B}{\sigma_E} \frac{W}{L_E} \quad (3)$$

σ_B = Basisleitfähigkeit, Dotierungskonzentration N_B,
σ_E = Emitterleitfähigkeit,
L_E = Diffusionslänge im Emitterbereich,
W = Basisdicke.

Je größer die Leitfähigkeit des Emitters und je kleiner die der Basis, desto näher liegt γ bei 1. Durch die Widerstandsmodulation der Basis infolge der Ladungsträgerinjektion steigt aber σ_B an und der Emitterwirkungsgrad sinkt ab. Die Leitfähigkeit wird in einer ersten Näherung moduliert nach der Gesetzmäßigkeit

$$\sigma_B = \sigma_{B0} + \frac{W \mu_{\text{Maj}}}{D_{\text{Min}}} \frac{I_E}{F} \sigma_{B0} \left(1 + \frac{W}{q D_{\text{Min}} N_B} \cdot \frac{I_E}{F}\right) \quad (4)$$

wobei I_E als reiner Diffusionsstrom angenommen ist,
μ_{Maj} = Beweglichkeit der Majoritätsträger in der Basis,
D_{Min} = Diffusionskonstante der Minoritätsträger in der Basis,
F = Emitterfläche,
N_B = Störstellendichte im Basisraum.

Beispiel: pnp-Ge-Transistor $\varrho_B = 5\,\Omega$cm. Es ergibt sich bereits bei einer Stromdichte von 500 mA/cm² Gleichheit von Injektionsdichte und N_B, d. h. bei einem Strom von 15 mA, wenn der Emitterdurchmesser 2 mm beträgt. Kombination von (3) und (4) ergibt

$$\gamma = 1 - \frac{\sigma_{B0}}{\sigma_E L_E} W \left(1 + \frac{W I_E}{q D_{\text{Min}} N_B \cdot F}\right). \quad (5)$$

Dieser Leitfähigkeitsanstieg des Basisraumes ist im wesentlichen für den bekannten Abfall der Stromverstärkung mit zunehmendem Strom maßgebend. Wir werden später noch eine zweite Ursache kennenlernen (vgl. II 1b). Man kann dem am besten begegnen durch eine möglichst hohe Dotierung der Emitterzone σ_E. Daher das Bestreben, bei Ge-Leistungstransistoren den Emitter mit In-Al an Stelle von In-Ga zu dotieren. Man erzielt etwa eine um den Faktor 10 höhere Dotierung von 10^{20} Atomen/cm³. Besonders günstig liegen diesbezüglich die Verhältnisse bei Si-Diffusionstransistoren, bei denen der Emitter i. A. durch Phosphordiffusion hergestellt wird, wobei man eine Sättigung von nahezu 10^{21} Atomen/cm³ erreichen kann. Außerdem hat man bei Diffusionstypen sehr kleine Basisdicken von $\approx 1\,\mu$m, wodurch γ gemäß (5) angehoben und die Widerstandsmodulation abgeschwächt wird.

Bei Si-Transistoren ist γ zu ergänzen durch einen gewissen Rekombinationsstromanteil über den Emitter-pn-Übergang, der den Emitterwirkungsgrad bei kleinen Strömen reduziert und erst bei höheren Strömen überwunden wird. Wie C. T. *Sah* u. a. [10] gezeigt haben, geht ein gewisser Anteil an Ladungsträgern beim Durchgang durch die Raumladungszone eines pn-Überganges bei Flußpolung durch Rekombination verloren. Dieser Rekombinationsstromanteil am injizierten Minoritätsträgerstrom I_{rg}/I_{Min} erweist sich als umgekehrt proportional zu n_i, der Eigenleitungsdichte; er ist daher bei Si etwa 1000mal größer als bei Ge. Weiters zeigt I_{rg} Proportionalität zu $\exp(qU_{EB}/2kT)$, während der Diffusionsstrom I_{Min} in Flußrichtung proportional zu $\exp(qU_{EB}/kT)$ verläuft. Der Rekombinationsstromanteil sinkt demnach mit zunehmender Flußspannung ab und läßt in zunehmendem Maße den Injektionsstrom I_{Min} zur Wirkung kommen:

$$\frac{I_{rg}}{I_{Min}} \approx \text{const} \cdot \frac{N_B}{n_i} \exp\left(-\frac{qU_{EB}}{2kT}\right) = \text{const} \cdot \frac{N_B}{n_i \sqrt{I_E}}. \quad (6)$$

Dementsprechend ist γ zu ergänzen

$$\gamma = \frac{I_{Min}}{I_{Min} + I_{Maj} + I_{rg}} \approx 1 - \frac{I_{Maj}}{I_{Min}} - \frac{I_{rg}}{I_{Min}}$$

$$\approx 1 - \frac{\sigma_{B0}}{\sigma_E} \frac{W}{L_E}\left(1 + \frac{W}{q D_{Min} N_B} \frac{I_E}{F}\right) - \text{const} \cdot \frac{N_B}{n_i \sqrt{I_E}} \quad (7)$$

Man findet also gerade bei Si-Transistoren ein starkes Absinken der Stromverstärkung zu kleinen Strömen hin.

Die geschilderten Vorstellungen bedürfen noch einer Ergänzung. Es wurde angenommen, daß die Überkonzentration an Ladungsträgern in der Basis gleichmäßig verteilt ist, wogegen tatsächlich ein Konzentrationsgradient der Ladungsträger vom Emitter zum Kollektor hin auf Null abfallend aufgebaut wird. Das führt dazu, daß sich die Widerstandsmodulation in der Basis nur etwa halb so stark auswirkt wie oben errechnet. Wie W. M. Webster [11], E. S. Rittner [12] und E. R. Hauri [13] gezeigt haben, führt dieser Konzentrationsgradient in der Basis überdies zum Aufbau eines elektrischen Feldes (Raumladungsfeld), das die Majoritätsträger gegen den Emitter hin, die Minoritätsträger gegen den Kollektor hin treibt und daher die Diffusionsströmung der injizierten Ladungsträger durch eine Feldströmung unterstützt. Diese wirkt sich so aus, als ob die Diffusionskonstante der Minoritätsträger etwa verdoppelt würde. Bild 6 zeigt den Anteil des sich durch Hochinjektion aufbauenden Feldstromes an dem Gesamtstrom in seiner Verteilung zwischen Emitter und Kollektor. Bei Gleichheit der Injektionsdichte am Emitter p_E zur Dotierungsdichte N_B beträgt, wie man sieht, der Feldstromanteil bereits 30 % und er steigt bei hoher Injektion auf etwa 50 % an.

Das gezeigte Ergebnis besagt, daß ein bestimmter Emitterstrom bei einer kleineren Überkonzentration an

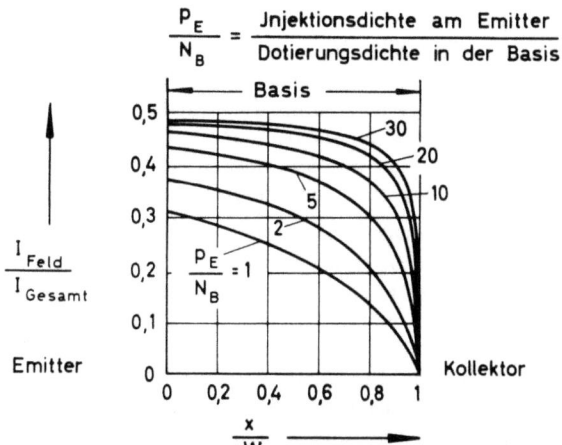

Bild 6. Verhältnis von Feldstrom zu Gesamtstrom in der Basis

Ladungsträgern erzielt wird, d. h. daß bei einem bestimmten Emitterstrom die Widerstandsmodulation der Basis geringer ist und daher die Abschwächung des Emitterwirkungsgrades geringer ist als oben angegeben. Nach E. R. Hauri [13] ist der Modulationsfaktor

$$\frac{W}{q D_{Min} N_B} \frac{I_E}{F}$$

aus (5) mit einem stromabhängigen Faktor $\frac{m}{2}$ zu multiplizieren. m ist bei kleinen Strömen gleich 1, bei großen Strömen gleich 0,5. m trägt dem oben genannten Feldeffekt, d. h. der scheinbaren Verdopplung der Diffusionskonstante D_{Min} Rechnung. Der Faktor 1/2 berücksichtigt die ungleichmäßige Verteilung der Ladungsträger über den Basisraum. An Stelle von (5) tritt demnach

$$\gamma \approx 1 - \frac{\sigma_{B0}}{\sigma_E} \frac{W}{L_E}\left(1 + \frac{m}{2 D_{Min}} \frac{W}{q N_B} \frac{I_E}{F}\right) \quad (5a)$$

mit

$$m(I_E) = 1 \text{ bei } I_E \text{ klein } \left(\frac{p_E}{N_B} \approx 0,1\right)$$
$$m(I_E) = 0,5 \text{ bei } I_E \text{ groß } \left(\frac{p_E}{N_B} \approx 100\right).$$

In ähnlicher Weise wird der Transportfaktor β modifiziert, der den Anteil der Minoritätsträger darstellt, der vom Emitter bis an den Kollektor gelangt und die Rekombination der Minoritätsträger im Basisraum berücksichtigt. An die Stelle der Shockleyschen Beziehung für den Rekombinationsverlust $\beta \approx 1 - \frac{W^2}{2 D_{Min} \tau_B}$ tritt näherungsweise

$$\beta \approx 1 - \frac{m}{2 D_{Min}} \frac{W^2}{\tau_B}, \quad (8)$$

wobei m wieder denselben stromabhängigen Faktor zwischen 1 und 0,5 bedeutet wie vorhin und dem Feldeffekt Rechnung trägt. τ_B ist die Ladungsträger-Lebensdauer in der Basis. β wird also durch den Feldeffekt vergrößert.

In Parenthese sei erwähnt, daß das aufgebaute Feld zu einer Verkürzung der Laufzeit der Ladungsträger und einer annähernden Verdopplung der Grenzfrequenz führt [11]. Bei Drifttransistoren ist durch den eingebauten Konzentrationsgradienten der Dotierung in der Basis bereits bei kleinen Injektionen eine Vergrößerung der Grenzfrequenz um etwa den Faktor 4 gegeben. Bei Hochinjektion wird dieser Effekt durch das Injektionsfeld überspielt und daher die Laufzeit infolge Verringerung des resultierenden Driftfeldes eher verlängert. Der Drifttransistor gleicht dann im Verhalten dem normalen Transistor.

Analog zu β erfährt auch der Oberflächenrekombinationsterm η im Hochinjektionsfall eine Verringerung, indem auch hier die Diffusionskonstante um den Faktor m vergrößert wird. Es ergibt sich für

$$\eta \approx 1 - \frac{m}{D_{Min}} \frac{s L_u W^2}{F} \quad (9)$$

mit L_u = Umfang des Emitters, s = Oberflächenrekombinationsgeschwindigkeit. Kombination von (2, 5a, 7, 8)

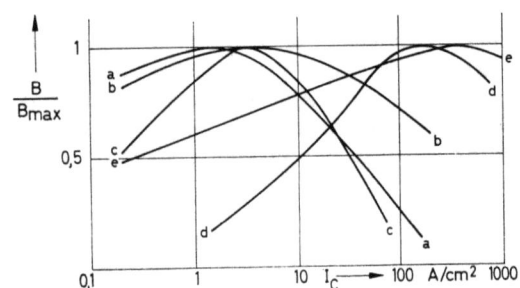

Bild 7. Abhängigkeit der Großsignal-Stromverstärkung B von der Stromdichte:

a) pnp, Ge, legiert mit Ga, $W \approx 50\ \mu m$, $B_{max} \approx 50$;
b) pnp, Ge, legiert mit Al, $W \approx 50\ \mu m$, $B_{max} \approx 50$;
c) npn, Si, legiert, $W \approx 50\ \mu m$, $B_{max} \approx 35$;
d) npn, Si, Mesa, $W \approx 1\ \mu m$, $B_{max} \approx 45$;
e) npn, Si, Planar, $W \approx 1\ \mu m$, $B_{max} \approx 40$.

und (9) ergibt für den Stromverstärkungsfaktor A näherungsweise

$$A \approx 1 - \frac{\sigma_{B0}}{\sigma_E}\frac{W}{L_E}\left(1 + \frac{m}{2 D_{Min}}\frac{W}{q N_B}\frac{I_E}{F}\right) - \frac{m W^2}{2 D_{Min} \tau_B}$$
$$- \frac{m}{D_{Min}}\frac{s L_u W^2}{F} - \text{const} \cdot \frac{N_B}{n_i \sqrt{I_E}} \quad (10)$$
(bei Si-Transistoren).

Die drei Rekombinationsglieder sind maßgebend für den Stromverstärkungsanstieg von kleinen zu größeren Strömen hin. Bei größeren Strömen wirkt diesem Anstieg der Abfall des Emitterwirkungsgrades entgegen. Es muß an dieser Stelle erwähnt werden, daß D_{Min}, τ_B und s direkt von der Injektion und damit vom Strom abhängig sind. (Vergl. hierzu I 1 d). Wie wir noch sehen werden, kann dieser Einfluß erheblich sein.

In Bild 7 ist der Verlauf der Stromverstärkung verschiedener Transistortypen über der Stromdichte aufgetragen. Man erkennt den Einfluß der Emitterdotierung in der Gegenüberstellung von Ga- und Al-legierten Typen (Kurven a, b). Als Gegenstück hierzu ist ein Si-Legierungstransistor mit besonders hochohmiger Basis eingetragen (Kurve c). Der Abfall zu größeren Strömen ist besonders stark (vgl. auch [14]). Weiters ist ein Si-Diffusionstyp eingezeichnet mit besonders hoher Emitterdotierung und sehr dünner Basis (Kurve d). Hier wirkt sich der γ-Abfall praktisch gar nicht aus (der Abfall von B ist auf andere Begrenzungseffekte zurückzuführen). Bei kleinen Strömen ist die Stromverstärkung besonders klein, eine Folge des Rekombinationsstromeffektes im Emitter-pn-Übergang. Durch Anwendung der Planartechnik wird dieser Effekt wesentlich abgeschwächt (Kurve e). Vermutlich liefert die Rekombination in Oberflächennähe den maßgebenden Rekombinationsstromanteil.

Zu I 1 c) Rückläufigkeit der I_{CE0}-Kennlinie

Der besondere Verlauf der Stromverstärkungskurve spiegelt sich in drastischer Weise im Verlauf der Grenzspannung im I_C-U_{CE}-Kennlinienfeld wieder [15]. Er führt im allgemeinen zu einem negativen Kennlinienbereich der I_{CE0}-Kennlinie (offene Basis, $I_B = 0$) Bild 8. Die Erklärung hierfür ist folgende:

Der Sperrstrom ist durch die Beziehung

$$I_{CE0} = \frac{I_{CB0}}{1 - A} \quad (11)$$

mit dem Diodensperrstrom I_{CB0} korreliert.

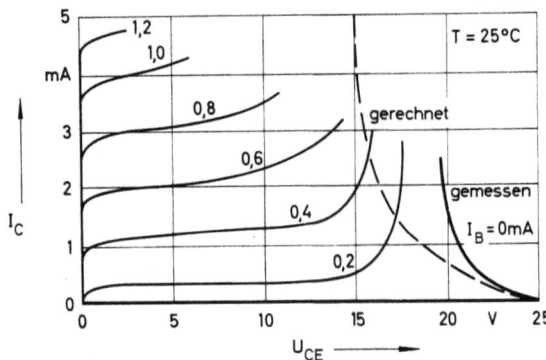

Bild 8. I_{CE0}-Kennlinie eines Silizium-Mesatransistors vom Typ 2 N 706

A = statische Stromverstärkung = $\dfrac{I_C - I_{CB0}}{I_E}$.

Im Bereich hoher Spannungen tritt an den Kollektorelektroden Ladungsträgervervielfachung durch Lawinenbildung ein. Der Multiplikationsfaktor ist (vgl. z. B. [15]) durch eine Beziehung

$$M = \frac{1}{1 - (U/U_{CB0})^n} \quad (12)$$

mit der Spannung U verknüpft, wobei U_{CB0} die Diodendurchbruchspannung bedeutet. $n \approx 3$ bei Ge-pnp-Transistoren, $n \approx 3{,}5$ bei Si-npn-Transistoren (M ist stets ≥ 1). Bei $U = U_{CB0}$ wird $M \to \infty$, die Lawine hat zu einem vollständigen Durchbruch geführt. Der Sperrstrom ist im Lawinenbereich gegeben durch $I_{sp} = M I_{CB0}$. Mit diesem Faktor ist demnach A zu multiplizieren. Daher gilt $I_{CE0} = \dfrac{M I_{CB0}}{1 - AM}$. Wenn $AM \to 1$, geht $I_{CE0} \to \infty$. Es tritt dann I_{CE0}-Durchbruch ein. Kombination beider Formeln ergibt $I_{CE0} = \dfrac{I_{CB0}}{1 - A(U/U_{CB0})^n}$, wobei U die angelegte Diodenspannung U_{CB} bedeutet, die ohne wesentlichen Fehler gleich der Spannung U_{CE} gesetzt werden kann.

Als Durchbruchspannung U_{CE0} erhält man demnach

$$U_{CE0} = U_{CB0} \sqrt[n]{1 - A} = U_{CB0} \frac{1}{\sqrt[n]{1 + B}}. \quad (13)$$

B = statische Stromverstärkung in Emitterschaltung.

Da bei kleinen Strömen, wie oben dargestellt, A mit zunehmendem Strom ansteigt, erkennt man, daß U_{CE0} absinken muß, d. h. also, es tritt eine Rückläufigkeit der I_{CE0}-Kennlinie ein bis zu dem Punkt, an dem A das Maximum erreicht hat. Allerdings wird meist keine quantitative Übereinstimmung mit der angegebenen Beziehung gefunden. Das ist insofern nicht verwunderlich als bei $I_B = 0$ die Strömungsverhältnisse im Transistor anders gestaltet sind als bei der Bestimmung der B-Werte als Funktion des Stromes, wo also ein von Null verschiedener Strom I_B fließt (vgl. hierzu II 1 b).

Von dem Stromwert an, an dem A sein Maximum erreicht hat, sollte U_{CE0} wieder etwas ansteigen, da A abnimmt. Das wird aber häufig nicht beobachtet. Eine Erklärung hierfür wäre, daß die Überschwemmung des Basis- und Kollektorgebietes mit Ladungsträgern zu einer Absenkung der Diodendurchbruchspannung U_{CB0} führen könnte. Es kann auch sein, daß unter der Bedingung $I_B = 0$ die Lage des Maximums von A verschoben ist.

Zu I 1 d) Einfluß der Hochinjektion auf die Lebensdauer und Beweglichkeit der Ladungsträger

Nach dem Modell von *Shockley-Read* und *R. N. Hall* [17, 18], wonach die Rekombination der Ladungsträger über Rekombinationszentren erfolgt, ergibt sich im Hochinjektionsfall für die Ladungsträgerlebensdauer $\tau \approx \tau_0 \frac{1+a\,\delta N}{1+b\,\delta N}$, wobei τ_0 die Lebensdauer bei niedriger Injektion, a und b Konstanten bedeuten, die durch die Eigenschaften der Rekombinationszentren und die Dotierung bestimmt werden, und δN die injizierte Überschußkonzentration bedeutet. Je nachdem, ob $a > b$ oder $a < b$, wird die Hochinjektionslebensdauer $\tau \infty > \tau_0$ oder $\tau \infty < \tau_0$ sein. Im ersten Fall tritt eine Zuschüttung der Rekombinationszentren ein, da sie nicht mehr schnell genug entleert werden. Im zweiten Fall wirkt sich die erhöhte Kollisionswahrscheinlichkeit bei Hochinjektion rekombinationserhöhend aus.

In Untersuchungen von *L. D. Armstrong* u. a. [19] bei pnp-Ge-Legierungstransistoren und von *G. Bemski* [20] bei p-Si wurde ein Anstieg von τ mit zunehmender Injektion um einen Faktor von 2 bis 3 festgestellt (Bild 9). *A. Herlet* [21] hat ein Absinken der Diffusionslänge L an Silizium-$p^+s_pn^+$-Gleichrichtern *) aus der Durchlaßkennlinie ermittelt (Bild 9). Ein analoges Ergebnis erhielt er bei Messungen an Si-npn-Leistungs-Transistoren. In diesem Sinne modifiziert sich das Rekombinationsglied (8) in der Stromverstärkungsformel (10). Man darf annehmen, daß ähnliche Effekte auch hinsichtlich der Oberflächenrekombination s im Oberflächenterm (9) auftreten.

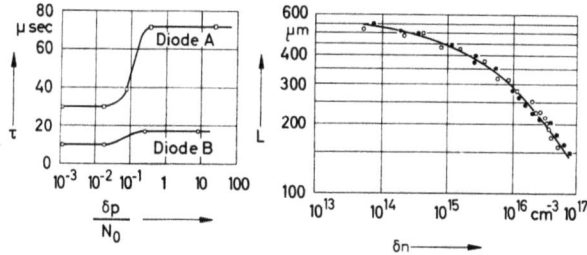

gemessen an Ge-pn-Dioden
($N_0 = 1,5 \cdot 10^{15} cm^{-3}$)
(nach L.D.Armstrong, C.L.Carlson, M.Bentivegna)

gemessen an Si-ps_pn-Dioden
($P_0 = 10^{13}...10^{14} cm^{-3}$)
(nach A.Herlet)

Bild 9. Abhängigkeit der Ladungsträger-Lebensdauer von der Menge der injizierten Ladungsträger

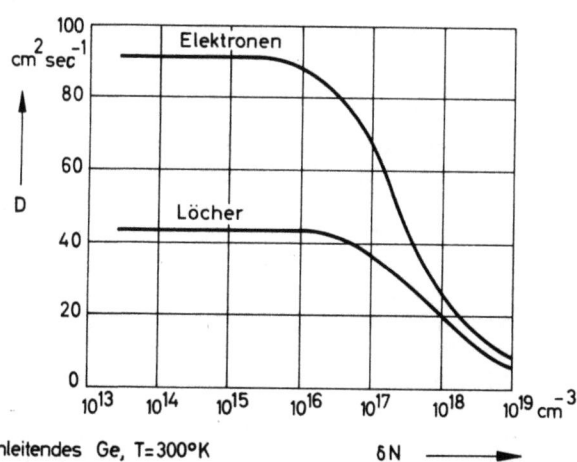

Eigenleitendes Ge, T = 300 °K

Bild 10. Diffusionskonstante von Elektronen und Löchern in Abhängigkeit von der Menge der injizierten Ladungsträger

*) $p^+s_p n^+$ bedeutet eine Zonenfolge: Stark p-leitend, schwach p-leitend, stark n-leitend.

Die Dichte der injizierten Ladungsträger beeinflußt weiter die Beweglichkeit bzw. Diffusionskonstante der Ladungsträger infolge einer vermehrten Streuung der Ladungsträger durch Wechselwirkung zwischen Elektronen und Defektelektronen (Bild 10) [22]. Wie man sieht, geben diese Effekte einen nicht unwesentlichen Beitrag zur Stromabhängigkeit der Stromverstärkung (10). Die Stromabhängigkeit von D_{Min} führt zu einer verstärkten Absenkung von A mit zunehmendem Strom. τ_B und s können A, wie man sieht, von Fall zu Fall vergrößern oder verkleinern. Einen weiteren wesentlichen Einfluß auf den Stromverstärkungsverlauf werden wir in II 1 b) kennenlernen.

Zu II 1) Spannungsabfall am Basiswiderstand

Die *Shockley*sche Transistortheorie [9] behandelt bekanntlich die Ladungsträgerströmung als eindimensionalen Diffusionsvorgang. Sie vernachlässigt insbesondere den Basisstrom, der senkrecht zur Minoritätsträgerströmung fließt. Diesem wird durch die Einführung des Basiswiderstandes in das Ersatzschaltbild Rechnung getragen, und damit wird eine erste Ergänzung der Theorie bereits im Kleinsignalbereich angebracht. Um so stärker sind die Auswirkungen des Spannungsabfalles an r_b im Fall großer Aussteuerung in mehrfacher Hinsicht.

Zu II 1 a) I_{CES}-Kennlinie

Zunächst führt der Spannungsabfall an r_b zu einer Rückläufigkeit der I_{CES}-Kennlinie bei hoher Spannung (Bild 11). Das ist wie folgt zu verstehen [15]. Bei kleinen Strömen ist der Widerstand der Emitterdiode r_e groß gegen r_b. Daher fließt zunächst vorwiegend ein Majoritätsträgerstrom über den Basiskontakt in die Basis, am Emitter-pn-Übergang liegt nur eine sehr kleine Spannung. Mit zunehmendem Strom nimmt r_e ab, wogegen r_b annähernd konstant bleibt, die Emitterdiode beginnt zu injizieren. Aus dem Ersatzschaltbild (Bild 11) entnimmt man für den Kollektorstrom

$$I_C = \frac{M\, I_{CB0}(r_b + r_e)}{r_e + r_b(1 - A \cdot M)}$$

und mit (12) erhält man für die Durchbruchbedingung

$$U_{CES} = U_{CB0} \sqrt[n]{1 - \frac{A}{1+\dfrac{r_e}{r_b}}}. \qquad (14)$$

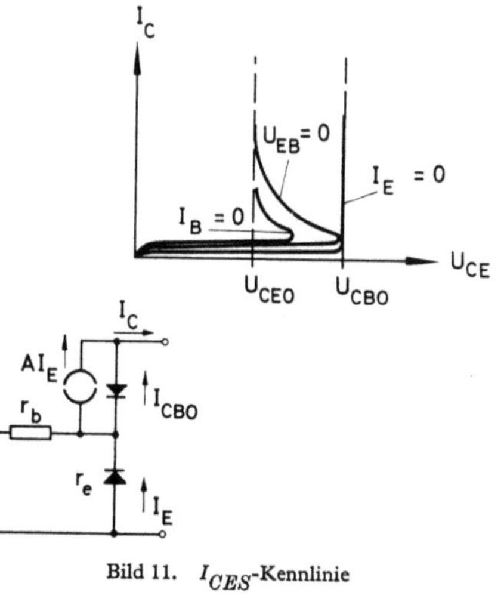

Bild 11. I_{CES}-Kennlinie

Da einerseits mit wachsendem Strom r_e abnimmt, andererseits A wie oben gezeigt ansteigt, nimmt U_{CES} von dem Wert U_{CB0} gegen U_{CE0} ab.

Zu II 1b) Randverdrängung der Ladungsträgerinjektion

Die Strömungsverhältnisse im Transistor werden gegenüber dem vorhin dargestellten Hochinjektionsfall durch folgenden Umstand noch wesentlich modifiziert. Der Spannungsabfall, der durch den Basisstromfluß quer zum Minoritätsträgerstrom hervorgerufen wird, führt zu einer Potentialverteilung am Emitter-pn-Übergang wie in Bild 12 schematisch eingezeichnet. Das heißt, die Injektion erfolgt bevorzugt in den Randgebieten. Wie R. Emeis, A. Herlet und E. Spenke [23] gezeigt haben, kann man bei höheren Stromdichten eine effektive Emitterfläche definieren, die im Falle eines kreisförmigen Emitters als Ring am Emitterrand zu denken ist. Die Größe der effektiven Emitterfläche ergibt sich annähernd zu

$$A_{\text{eff}} \approx 2\pi R_E \sqrt{\frac{D_{\text{Min}} + D_{\text{Maj}}}{D_{\text{Min}}}} L_B$$

(R_E = Emitterradius, L_B = Diffusionslänge in der Basis). Es geht also nicht mehr die Emitterfläche in die effektive Größe, sondern der Emitterumfang oder die Emitterrandlänge ein [24]. Die Breite des wirksamen Ringes ist von der Größenordnung der Diffusionslänge L_B. Auf diesen Effekt der Randverdrängung haben erstmals J. M. Early [25] und N. H. Fletcher [26] aufmerksam gemacht. Fletcher hat auch gezeigt, wie das Ausmaß der Randverdrängung von der Stromdichte abhängig ist, wie also die Randverdrängung mit zunehmendem Strom immer ausgeprägter wird. Nach Fletcher ergibt sich für

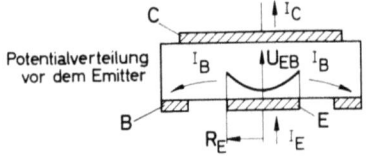
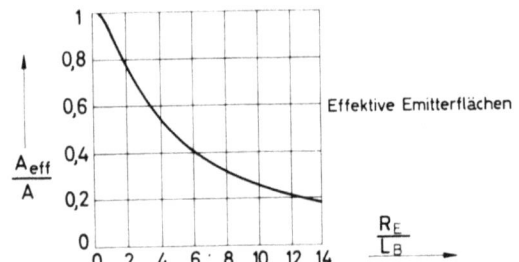

Bild 12. Zur Randverdrängung der Ladungsträgerinjektion

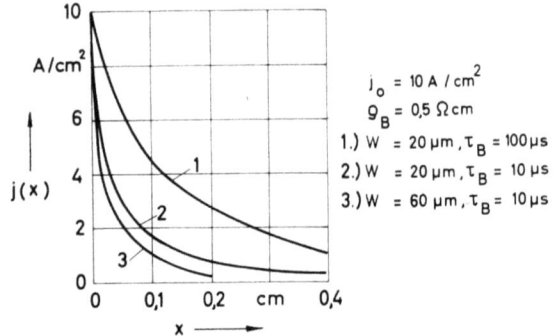

Bild 13. Verteilung der Ladungsträgerinjektion längs des Emitters

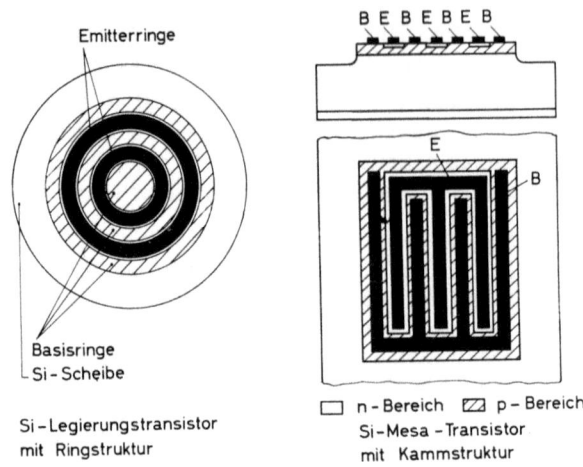

Bild 14. Bauformen für Leistungstransistoren

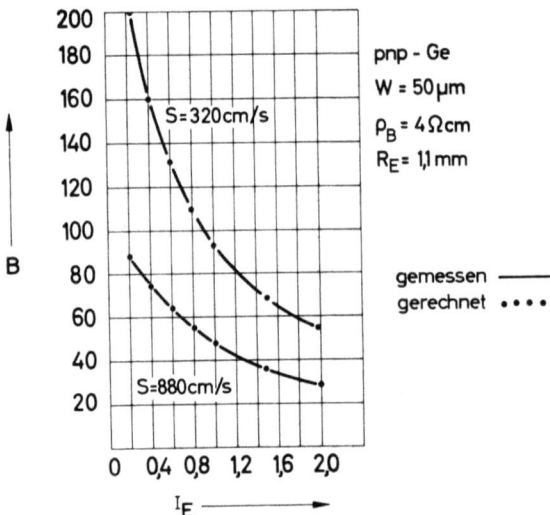

Bild 15. Abhängigkeit der Großsignal-Stromverstärkung B vom Emitterstrom (nach S. Wang und T. T. Wu)

die Stromdichteverteilung in einem zweidimensionalen Modell als Näherung

$$j(x) = j_0 \left[1 + x \sqrt{\frac{\varrho_B}{2W}(1-\alpha)\frac{q}{kT}j_0} \right]^{-2}$$

(x = Abstand vom Emitterrand).

Der Effekt der Randverdrängung wird also um so größer, je höher die Stromdichte, je hochohmiger die Basis, je kleiner die Basisdicke und je kleiner die Stromverstärkung ist. Als Beispiel der Stromdichteverteilung ist Bild 13 gezeigt. Man beachte den besonders starken Einfluß der Lebensdauer der Ladungsträger τ_B.

Aus dem Effekt der Randverdrängung ergeben sich wesentliche Konsequenzen für die Konstruktion von Transistoren. Um zu hohen Strömen zu gelangen, muß man die Geometrie des Emitters so wählen, daß die vorhandene Emitterfläche möglichst gut ausgenutzt werden kann. D. h. bei gegebener Fläche einen möglichst großen Umfang bzw. einen langen Emitterrand in geringem Abstand zum Basisanschluß. Das führt zu streifenförmiger Bauform oder zu der Bauform konzentrischer Ringe (Emitter — Basis abwechselnd) oder zu Kammstrukturen (Bild 14) [27].

Nach S. Wang und T. T. Wu [28] ergibt sich ferner aus der Randverdrängung eine Erhöhung des Einflusses der Oberflächenrekombination auf die Stromverstärkung A. Da die Randverdrängung, wie oben ausgeführt, mit zunehmendem Strom zunimmt, wird der Einfluß der Oberflächenrekombination (9) bei ansteigenden Strömen immer größer. Es konnte gezeigt werden, daß neben dem oben erläuterten Abfall des Emitterwirkungsgrades (5a) ein Teil des Abfalles der Stromverstärkung mit zunehmendem Strom auf diesen zunehmenden Einfluß der Oberfläche zurückzuführen ist (Bild 15). Es sind Kurven gezeigt von pnp-Ge-Leistungstransistoren vor und nach einer Oberflächenbehandlung im Sinne einer Erhöhung von s. Die Kurven sind errechnet mit denselben Parametern, lediglich mit unterschiedlicher Oberflächenrekombinationsgeschwindigkeit s.

Eine weitere Wirkung der Randverdrängung ist nach K. E. Mortenson [29] eine Vergrößerung der Emitter-Diffusionskapazität um den Faktor 1,5 bis 3 gegenüber der eindimensionalen Betrachtung, eine Folge der Erhöhung der Stromdichte infolge des Randverdrängungseffektes. Bei Legierungstransistoren kann man dem dadurch begegnen, daß man das Verhältnis von Kollektor- zu Emitterdurchmesser vergrößert.

Weiter führt nach S. Amer [30] die Randverdrängung zu einer Verlängerung der Diffusionswege der Ladungsträger von Emitterkante zu Kollektorkante und damit zur Verringerung der Grenzfrequenz.

Auf die Auswirkungen der Randverdrängung auf die Eigenschaften von Hochfrequenz-Transistoren soll hier nicht näher eingegangen werden, da sie im folgenden Artikel behandelt werden. Die Randverdrängung wird im Hochfrequenz-Gebiet noch verstärkt durch die Spannungsteilung zwischen Emitterkapazität und Basiswiderstand [31, 32].

Zu II 1c) „Pinch-in-Effekt", zweiter Durchbruch

Der Spannungsabfall am Basiswiderstand führt, wie oben geschildert, im aktiven Betriebszustand des Transistors zur Randverdrängung. Unter gewissen Grenzbelastungen des Transistors kann der umgekehrte Effekt auftreten, nämlich eine Zusammendrängung der Entladung auf den Mittelpunkt von Emitter und Kollektor.

Erstmals wurde dieser „Pinch-in-Effekt" beschrieben von C. G. Thornton und C. D. Simmons [33] an Surface-Barrier-Transistoren. Geht man insbesondere bei gesperrtem Emitter in den Bereich des Lawinendurchbruches, dann beobachtet man bei einem bestimmten Kollektorstrom einen zweiten Durchbruch (Bild 16). Die Erklärung für den Effekt ist folgende. Im Lawinenbereich werden in großem Maße Elektronen und Löcher erzeugt. Der Kollektorsperrstrom I_{C0} wird um den

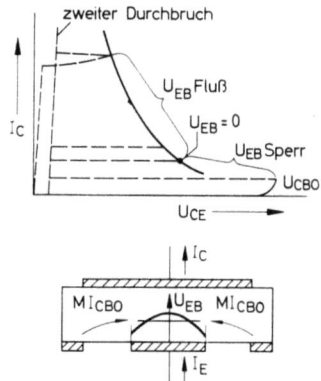

Bild 16. Zum „Pinch-in"-Effekt (zweiter Durchbruch)

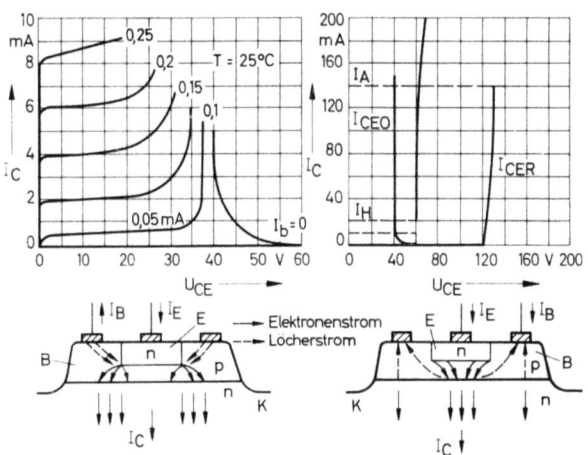

Bild 17. Zweiter Durchbruch bei einem Silizium-Mesatransistor vom Typ 2N 696 (links Verhältnisse im aktiven Bereich, rechts beim zweiten Durchbruch)

Multiplikationsfaktor (12) vergrößert, $I_{sp} = MI_{C0}$. Im Gegensatz zum normalen Betriebszustand, bei dem der Basisstrom zwecks Rekombination mit den vom Emitter injizierten Minoritätsträgern Majoritätsträger in die Basis liefert, fließen hier die in der Lawine erzeugten Majoritätsträger zu einem großen Teil als Basisstrom in den Basiskontakt (vgl. auch Bild 17 unten). Es entsteht ein Spannungsabfall vor dem Emitter, der dazu führt, daß trotz der Sperrspannung am Emitter zentrale Bereiche des Emitter-pn-Überganges in Flußrichtung gesteuert werden, der Emitter also lokal zu injizieren beginnt. Es treten lokal sehr hohe Stromdichten auf, die zu einer starken Verschiebung der Raumladungs-Verhältnisse an der Kollektorsperrschicht führen: Im Bereich der Strömung zieht sich die Raumladungszone in Stromrichtung zum Kollektor hin immer stärker zusammen. Dabei steigt die Feldstärke in diesem Gebiet schließlich so weit an, daß dort ein Durchbruch stattfindet und die Teilspannung an diesem Gebiet zusammenbricht. Je höher die Emittersperrspannung, desto stärker wird die Emitterentladung zusammengedrängt, bei desto kleinerem Kollektorstrom findet der Durchbruch statt.

Das Radialfeld in der Basis führt nicht nur zu einer ungleichmäßigen Trägerinjektion am Emitter, sondern auch zu einer Konzentrierung der vom Emitter injizierten Minoritätsträger zur Kollektormitte hin. F. Weitzsch [16, 34] errechnete unter Berücksichtigung dieses Effektes das Auftreten einer kritischen Stromstärke für den Einsatz des Pinch-in-Effektes. Auch bei Flußsteuerung des Emitters stellt man den zweiten Durchbruch fest, allerdings dann bei höheren Stromstärken [15] (Bild 16). Bei Ge-Legierungstransistoren ist dieser Betriebszustand auf alle Fälle zu vermeiden, da infolge lokaler Überhitzung das Indium flüssig werden und der Transistor durchlegieren kann.

Siliziumtransistoren, insbesondere Diffusionstransistoren (Mesa oder Planar), sind jedoch dagegen unempfindlich und können sogar für schnelle Schaltanwendungen in diesem Bereich mit Vorteil verwendet werden. Es gelingt, durch Ausnutzung des Lawineneffektes besonders kurze Schaltzeiten bei hohen Strömen zu erzielen [35].

Bild 17 zeigt die besonderen Verhältnisse bei Si-Mesatransistoren. Interessanterweise findet hier kein völliger Zusammenbruch der Spannung statt. Im Bereich des „Pinch-in-Effektes" bleibt die Spannung immer noch größer als die I_{CE0}-Durchbruchspannung. Vermutlich ist dies darauf zurückzuführen, daß hier die Kollektor-Raumladungszone zunächst nur gegen den Kollektorkontakt verschoben wird, nicht aber zusammengedrängt wird wie beim Legierungstransistor. Man bewirkt bei derartigen Impulsschaltungen die Flußsteuerung des Emitters durch einen Widerstand in den Zuleitungen zwischen Emitter und Basis. Es ist möglich, extrem kurze Hochstromimpulse von der Größenordnung von Nanosekunden und 1—2 A zu erzeugen. Bild 17 zeigt in Gegenüberstellung die Strömungsverhältnisse in einem npn-Mesatransistor im aktiven und im „Pinch-in"-Bereich. Darüber sind die zugehörigen Kennlinienfelder eingezeichnet.

Zusammenfassend kann man sagen, daß die besonderen Erscheinungen der „großen Aussteuerung" im großen und ganzen qualitativ verstanden werden, ihre quantitative Erfassung stößt aber an verschiedenen Stellen auf außerordentliche Schwierigkeiten, wie dies wohl bereits aus dem hier Besprochenen erkannt werden kann. Mit Rücksicht auf die Kompliziertheit der Theorie (man vgl. z. B. [16, 24, 28, 29, 34]) bedient man sich daher vielfach der ergänzenden Messung an Analogmodellen (z. B. [32]).

Schrifttumsverzeichnis

[1] *Th. Einsele:* Über die Trägheit des Flußleitwertes von Germaniumdioden. Z. angew. Phys. 4 (1952), S. 183—185.

[2] *G. Kohn und W. Nonnenmacher:* Induktives Verhalten von pn-Übergängen in Flußrichtung. AEÜ 8 (1954), S. 561—564.

[3] *V. Kanai:* On the inductive part in the a. c. characteristics of the semiconductor diodes. J. Phys. Soc. Japan 10 (1955), S. 718—720.

[4] *K. Seiler und H. Wucherer:* Die elektrische Trägheit von Halbleiterdioden. Nachrichtentechn. Fachber. Bd. 1 (1955), S. 3—10.

[5] *W. Guggenbühl:* Theoret. Überlegungen zur physikalischen Begründung des Ersatzschaltbildes von Halbleiterdioden bei hohen Stromdichten. AEÜ 10 (1956), S. 483—485.

[6] *E. Spenke:* Das induktive Verhalten von pn-Gleichrichtern bei starken Durchlaßbelastungen. Z. angew. Phys. 10 (1958), S. 65—88.

[7] *L. J. Baranov:* On the inductance character of pn-junction diode impedance at high current densities in the forward direction. Radio Engng. and Electronics übersetzt aus Radiotekhnika i elektronika 5 (1960), Nr. 6, S. 1002—1005.

[8] *B. Schneider und M. J. O. Strutt:* Rauschen von Germanium- und Siliziumtransistoren im Hochstrombereich. AEÜ 13 (1959), S. 495—502.

[9] *W. Shockley, M. Sparks and G. K. Teal:* pn-junctio transistors. Phys. Rev. 83 (1951), S. 151—162.

[10] *C. T. Sah, R. N. Noyce and W. Shockley:* Carrier generation and recombination in pn-junctions and pn-junction characteristic. Proc. IRE 45 (1957), S. 1228—1243.

[11] *W. M. Webster:* On the variation of junction transistor current amplification factor with emitter current. Proc. IRE 42 (1954), S. 914—920.

[12] *E. S. Rittner:* Extensions of the theory of the junction transistors. Phys. Rev. 94 (1954), S. 1161—1171.

[13] *E. R. Hauri:* Zur Frage der Abhängigkeit der Stromverstärkung von Flächentransistoren vom Emitterstrom. Techn. Mitt. PTT 34 (1956), S. 441—451.

[14] *K. Sato and M. Tomono:* Current dependence of α_{cb} in the alloy junction transistor. Solid State Electronics 3 (1961), S. 29—36.

[15] *R. Greenburg:* Breakdown voltage in power transistors. Semiconductor Prod. 4 (1961), Nov., S. 21—25.

[16] *F. Weitzsch:* Zur Belastbarkeit von Transistoren bei intermittierendem Betrieb. Valvo Ber. 7 (1960), S. 1—34.

[17] *W. Shockley and W. T. Read:* Statistics of the recombinations of holes and electrons. Phys. Rev. 87 (1952), S. 835—842.

[18] *R. N. Hall:* Electron-hole recombination in Germanium. Phys. Rev. 87 (1952), S. 387.

[19] *L. D. Armstrong, C. L. Carlson and M. Bentivegna:* pnp-transistors using high emitter efficiency alloy materials. RCA Rev. 17 (1956), S. 37—45.

[20] *G. Bemski:* Lifetime of electrons in p-type silicon. Phys. Rev. 100 (1955), S. 523—524.

[21] *A. Herlet:* Bestimmung der Diffusionslänge L und der Inversionsdichte n_i aus den Durchlaßkennlinien von legierten Si-Flächengleichrichtern. Z. angew. Phys. 9 (1957), S. 155—158.

[22] *N. H. Fletcher:* The high current limit for semiconductor junction devices. Proc. IRE 45 (1957), S. 862—872.

[23] *R. Emeis, A. Herlet* and *E. Spenke:* The effective emitter area of power transistors. Proc. IRE 46 (1958), S. 1220—1229.

[24] *C. Huang, C. M. Chang and M. Weißenstern:* Surface and geometry effects on large base input voltage and input resistance of junction transistors. IRE Trans. ED-6 (1959), S. 154—161.

[25] *J. M. Early:* Design theory of junction-transistors. Bell Syst. Techn. J. 32 (1953), S. 1271—1312.

[26] *N. H. Fletcher:* Some aspects of the design of power transistors. Proc. IRE 43 (1955), S. 551—559 und 1669.

[27] *R. N. Hall:* Power rectifiers and transistors. Proc. IRE 40 (1952), S. 1512—1518.

[28] *S. Wang and T. T. Wu:* On the theory of DC amplification factor of junction transistors. IRE Trans. ED-6 (1959), S. 162—169.

[29] *K. E. Mortenson:* High level transistor operation and transport capacitance. IRE Trans. ED-6 (1959), S. 174—189.

[30] *S. Amer:* Influence of wafer thickness and carrier recombination on the cutoff-frequency of alloy-junction transistors. Solid State Electronics 3 (1961), S. 304—308.

[31] *R. L. Pritchard:* Two-dimensional current flow in junction-transistors at high frequencies. Proc. IRE 46 (1958), S. 1152—1160.

[32] *J. R. A. Beale and A. F. Beer:* The study of large-signal high-frequency effects in junction transistors using analog techniques. Proc. IRE 50 (1962), Jan., S. 66—77.

[33] *C. G. Thornton and C. D. Simmons:* A new high current mode of transistor operation. IRE Trans. ED-5 (1958), S. 6—10.

[34] *F. Weitzsch:* Zum Einschnüreffekt bei Transistoren, die im Durchbruchsgebiet betrieben werden. Arch. elektr. Übertrag. 16 (1962), Jan., S. 1—8.

[35] *J. Haas:* Millimicrosecond avalanche switching circuits utilizing double-diffused silicon Mesa-transistor. *Fairchild-Publication.*

Effekte in Mesatransistoren bei großer Stromdichte

Von **Hugo Rüchardt**, München

Mit 14 Bildern

DK 621.382.3.029.6

1. Einführung

In der vorliegenden Arbeit werden eine Reihe verschiedener Effekte behandelt, die das Verhalten von Mesatransistoren, oder allgemeiner, von Transistoren mit hochohmigen Bahngebietteilen, kennzeichnen. Es handelt sich hierbei um Effekte, die zunächst als Störung des idealen Transistorverhaltens in Erscheinung treten. Durch ein schrittweise vertieftes Verständnis der Vorgänge werden Wege zu ihrer Überwindung gefunden, und zugleich zeigt sich, wie durch sinngemäßes Vorgehen die störenden Effekte zum Teil bewußt vorteilhaft verwendet werden können. Schließlich wird durch einen neuen Gedankengang, der die Raumladungszone des Kollektors in die Mitte stellt, ein Mechanismus gezeigt, in den sich die verschiedenen vorangestellten Beobachtungen zwanglos einbauen. Es ist dabei nicht Ziel der Arbeit, eine mehr oder weniger geschlossene Theorie der Mesatransistoren zu erstellen. Die verschiedenen durch erhöhte Belastung auftretenden Phänomene sollen hingegen so weit wie möglich qualitativ und nur so weit wie nötig quantitativ behandelt werden, da gerade so das für konstruktive Arbeit nötige Verständnis am besten gefördert wird.

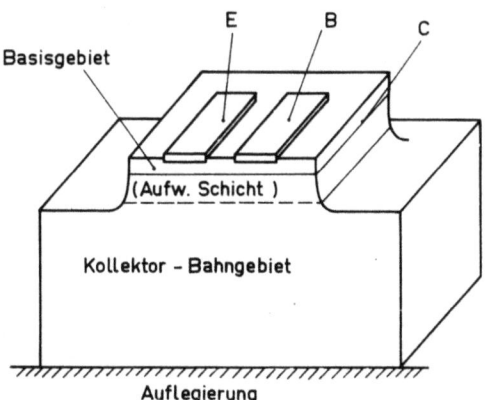

Bild 1. Schema des Mesatransistors

Die experimentellen Resultate sind großenteils bei Betriebsbedingungen gewonnen, die oberhalb des normalen Arbeitsstrombereiches der verwendeten Transistoren liegen; dies soll die auftretenden Hochstromeffekte verdeutlichen. Im Gegensatz zum üblichen Weg bei Hochstromuntersuchungen, vor allem bezüglich der Trägheitserscheinungen, wurde das Hauptgewicht der Messungen auf Kleinsignalgrößen und nicht auf Schalteigenschaften gelegt. Durch gewissermaßen kartographisches Erfassen der entsprechenden Parameter für das ganze Kennlinienfeld wird aber dennoch ein der Großsignalmessung entsprechender Aussagewert erzielt.

Der grundsätzliche Aufbau eines Mesatransistors ist in Bild 1 dargestellt. Er ist gekennzeichnet zunächst durch die sehr dünne, dank der Diffusionstechnik gezielt herstellbare Basiszone. Sie ist besonders an der Emitterseite recht niederohmig und insgesamt hoch dotiert im Vergleich zum anschließenden ausgedehnten Kollektorgebiet. Der Emitter und der Basiskontakt sind als langgestreckte Streifen mit sehr kleinen Flächen auflegiert.

Die im Bild angedeutete Epitaxie- oder Aufwachsschicht wird uns unten noch eingehend beschäftigen.

2. Hochstrominjektion

Da von Mesatransistoren vor allem gute Funktion bei höchster Frequenz verlangt wird, ist gerade auch die Emitter-Raumladungskapazität sehr klein zu halten. Sie bedeutet ja einen echten Nebenschluß zum Injektions- oder Flußleitwert der Emitterdiode, der mit wachsender Frequenz immer schwerer wiegt. Die Größe dieser Kapazität ist der Emitterfläche proportional und steigt mit der Wurzel aus der Basisdotierung. Da der Injektionsleitwert dem Emitterstrom proportional ist, wird man in Mesatransistoren zur Erzielung besten Hochfrequenzverhaltens also von vornherein relativ hohe Ströme bei möglichst kleinen Emitterflächen, d. h. hohe Stromdichten verwirklichen müssen. Ein Beispiel soll dies veranschaulichen: Ein üblicher Mesatransistor mit einer Emittergröße von 250 µm × 50 µm wird bei dem durchaus im Rahmen liegenden Arbeitsstrom von 3 mA eine Stromdichte von 250 A/cm² aufweisen. Ein legierter Ge-Leistungstransistor, z. B. TF 90 (*Siemens*), erreicht mit seinem Pillendurchmesser von ≈ 2,8 mm die gleiche Stromdichte erst bei 15 A, also bei seinem höchsten zulässigen Betriebsstrom. Wir werden im folgenden sehen, daß dennoch die Grenze der ohne Nachteil zulässigen Stromdichten von Seiten des eigentlichen Transistorsystems, also der Mesa, in Mesatransistoren noch etwa zwei Zehnerpotenzen höher liegen.

Hingegen treten viel früher doch Beeinträchtigungen eigener Art in Erscheinung, die durch das Kollektorbahngebiet verursacht werden. Dieses Bahngebiet, das mindestens bei „klassischen", nicht epitaxialen Transistoren den größten und doch zugleich den „dümmsten", am wenigsten strukturierten Teil eines Mesatransistors darstellt, wird uns daher im folgenden hauptsächlich beschäftigen. Das Bahngebiet ist aus zwei Gründen nötig: Einmal fordert die Transistortechnologie eine noch irgendwie handliche Größe des gesamten Germaniumscheibchens. Zum anderen braucht man zur Realisierung der für Hochfrequenztransistoren nötigen kleinen Kollektorkapazitäten, mit zugleich ausreichenden Sperrspannungen, eine an die Basis anschließende hochohmige Kollektorschicht. Es handelt sich dabei um Werte des spezifischen Widerstandes, die je nach Verwendungszweck der Transistoren zwischen etwa 0,1 und 5 Ωcm variieren können. Wir würden nun zunächst den Einfluß dieses Bahngebietes vor allem in Form eines normalen ohmschen Serienwiderstandes sehen. Tatsächlich sind die Verhältnisse ungleich komplizierter, da wir es eben in Wirklichkeit mit einem verteilten Halbleiterwiderstand zu tun haben, in welchem uns Ladungsträger zweierlei Vorzeichen das Leben schwer machen. Auf Grund der relativ geringen Dotierungskonzentration können hier die Minoritätsträgereffekte nicht wie bei den üblichen Legierungstransistoren vernachlässigt werden.

3. Thyristoreffekt

Jedem Entwickler von Mesatransistoren ist ein erster Störeffekt wohl bekannt, der durch das hochohmige Kollektorbahngebiet verursacht werden kann: Selbst geringfügigste Rückinjektion von Minoritätsträgern aus dem Kollektoranschlußkontakt in das Bahngebiet führt sehr leicht zu einer Arbeitspunktinstabilität, bzw. zum Durchschalten des Transistors, zumal bei größeren Strömen, bei denen die normale Stromverstärkung α in große Nähe von 1 zu liegen kommt (Bild 2). Diese als Thyristoreffekt bezeichnete Störung kann nur durch sorgsamste Kontaktausbildung vermieden werden. Dabei erweist es sich am günstigsten, den Kollektorkontakt als pp+-Kontakt zu gestalten (im Falle von pnp-Transistoren), da ein ideal rekombinierender Kontakt sehr schwer sicher zu verwirklichen ist. Auf die an sich bekannte Theorie der gesteuerten Gleichrichter oder Thyristoren, die aufgefaßt werden können als zwei ineinander geschachtelte Transistoren vom pnp- und npn-Typ mit gemeinsamem Kollektor, soll hier nicht näher eingegangen werden. Lediglich die Instabilitätsbedingung $\alpha_{\text{Normal}} + \alpha_{\text{Invers}} = 1$ sei angeführt [1].

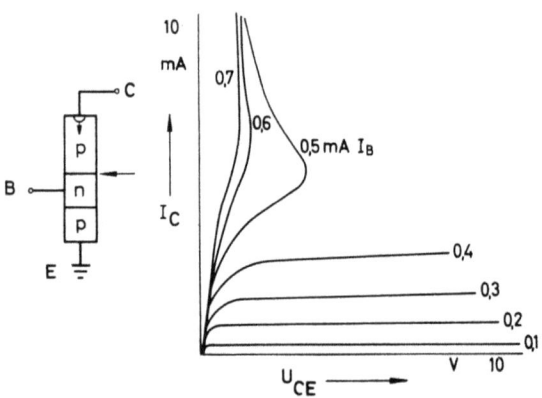

Bild 2. Ausgangskennlinienfeld eines fehlerhaften Transistors mit Rückinjektionseffekt (AFY 12)

4. Kollektor-Volumen-Multiplikation

Neben dieser ersten durch den Bahnteil des Mesatransistors verursachten Instabilitätsquelle findet sich ein weiterer mehr prinzipieller Effekt mit letztlich ganz ähnlicher Auswirkung. Er wurde zuerst untersucht und erklärt von J. Early [2, 3] und ist als α^*-Effekt oder als Kollektor-Volumen-Multiplikation in die Literatur eingegangen. Hier handelt es sich um den Einfluß des Minoritätsträger-Feldstromanteiles im Kollektorbahngebiet auf die Stromverstärkung α. Der Effekt tritt vornehmlich bei hohen Temperaturen auf, gleichgültig, ob diese als Umgebungstemperatur oder durch elektrische Eigenerwärmung gegeben sind. Im folgenden ersetzen wir α durch A, da wir Stromverhältnisse $\frac{I_C}{I_E}$ und nicht differentielle Verhältnisse betrachten wollen. Von zusätzlichen Sperrstromeinflüssen wollen wir dabei absehen. Es gilt ja allgemein als Zusammenhang zwischen Majoritäts- und Minoritäts-Trägerkonzentration für einen Halbleiter $n_{\text{maj}} \cdot n_{\text{min}} = n_i^2$. Für n_i^2 ergibt die Theorie für Germanium:

$$n_i^2 = 3,1 \cdot 10^{32} \cdot T^3 \cdot \exp\left(-\frac{9,1 \cdot 10^3 \text{ grd}}{T}\right) \text{grd}^{-3} \text{ cm}^{-6}. \quad (1)$$

Für Silizium ist der Wert der Gleichgewichtskonzentration n_i um viele Zehnerpotenzen kleiner und ein α^*-Effekt wird hier in der Regel nicht beobachtet. Für relativ hochohmiges Germanium zeigt diese Beziehung, daß die Minoritätsträgerkonzentration bei durchaus vorkommenden Temperaturen bis in die Nähe der Majoritätsträgerkonzentration kommen kann. Letztere ist in der Regel der Dotierungskonzentration gleichzusetzen. Für p-Germanium mit $\varrho_C = 3\,\Omega\text{cm}$ gilt für 100° C etwa

$$\frac{n_{\text{min}}}{n_{\text{maj}}} = 0,25.$$

Eine stark vereinfachte Rechnung soll nun den Einfluß auf die Stromverstärkung A_{gesamt} ergeben. Es gilt für die Feldstärke im Kollektorbahngebiet $E_C = \frac{I_E \cdot A_p}{\sigma_{pC} \cdot F'}$, wobei $I_E A_p$ den normalen Kollektorstrom I_{Cp} bedeutet. A_p ist der Stromverstärkungsfaktor für den Löcherstrom, F' ein effektiver Stromquerschnitt und σ_{pC} die Löcherleitfähigkeit im Kollektorbahngebiet. Dieses Feld führt nun zu einem Elektronenfeldstrom im Kollektorgebiet

$$I_{Cn} = E_C \cdot \sigma_{nC} \cdot F'' = I_E \cdot A_p \cdot K \frac{\sigma_{nC}}{\sigma_{pC}} \quad (2)$$

($F'' =$ effektiver Stromquerschnitt für den Elektronenstrom).

Der gesamte Kollektorstrom ist dann

$$I_C = I_{Cp} + I_{Cn} = I_E \cdot A_p \left(1 + K \frac{\sigma_{nC}}{\sigma_{pC}}\right) = I_E A_p \left(1 + K' \frac{n_{\text{min}}}{n_{\text{maj}}}\right). \quad (3)$$

Der Ausdruck in der Klammer, der einen temperaturabhängigen zusätzlichen Faktor größer 1 zur Stromverstärkung A_p ergibt, wird nun A^* genannt:

$$A^* = 1 + K' \frac{n_{\text{min}}}{n_{\text{maj}}}. \quad (4)$$

Die Konstante $K = F''/F'$ mit einem Wert nahe bei 1 trägt den möglicherweise unterschiedlichen effektiven Stromquerschnitten für die beiden Trägerarten Rechnung. Die Konstante K' enthält zusätzlich das Verhältnis der Trägerbeweglichkeiten.

Bild 3 zeigt gemessene A-Werte und gerechnete A^*-Werte für einen Mesatransistor als Funktionen der Temperatur. Bei der Meßgröße wurde der Einfluß des Diodensperrstromes berücksichtigt. Die gleichartige Tendenz beider Kurven ist durchaus überzeugend, obgleich ja die Meßkurve noch die unbekannte Stromabhängigkeit von A_p mit enthält. Besonders deutlich zeigt sich das

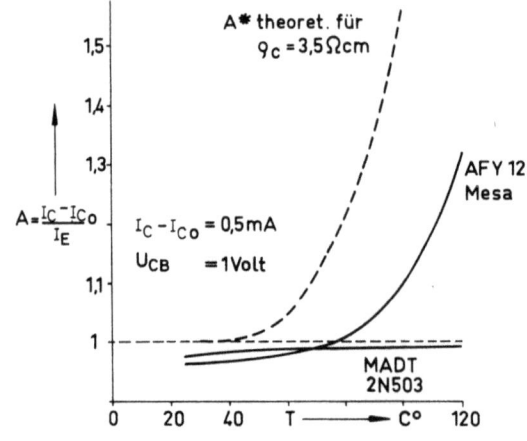

Bild 3 Zum A^*-Effekt in Germanium-Mesatransistoren

völlige Fehlen des A^*-Effektes in einem Transistor mit niederohmigem legiertem Kollektor, wie hier bei einem MADT-Exemplar. Sowie nun die gesamte Stromverstärkung $A = A_p \cdot A^*$ gleich 1 wird, verliert der Transistor in Emitterschaltung seine Steuerfähigkeit durch die Basis und schaltet durch. Die thermische Stabilität derartiger Transistoren ist also stark reduziert, und auch ihre Berechnung wird durch den genannten Effekt erheblich kompliziert [4]. Ein Betrieb bei erhöhter Temperatur erfordert hier besonders sorgfältige Stabilisierungsmaßnahmen, die auf eine mehr oder weniger reine Spannungsansteuerung der Emitterdiode führen. Hochfrequente Signale werden durch den α^*-Effekt weit weniger beeinflußt, da er mit wachsender Frequenz rasch abklingt [5].

Strombegrenzung

In Bild 4 ist ein Kennlinienfeld in Emitterschaltung gezeigt, das durch elektrische Selbstaufheizung des Transistors, verursacht durch stärkere Basisansteuerung, „nach oben weggelaufen" ist. Für eine quantitative Behandlung ist dieses Bild allerdings nicht geeignet, da die Wärmeträgheit des Systems und der zeitliche Stromverlauf bei der Messung nicht genau bekannt sind. Dennoch können wir dem Bild einiges Wesentliche entnehmen. Erstmalig finden wir einen wirklichen Bahnwiderstandseffekt, wie er eben durch das Kollektorgebiet verursacht werden muß. Durch diesen wird der durchgeschaltete Transistor im Strom erneut begrenzt. Wir erkennen allerdings zugleich aus der gekrümmten, noch basisstromabhängigen Begrenzungskurve, daß dieser Bahnwiderstand keineswegs einen konstanten arbeitspunktunabhängigen Wert hat. Ein einigermaßen gerader Verlauf der Begrenzung findet sich höchstens im Bereich sehr kleiner Ströme. Eine Abschätzung des Bahnwiderstandes für Germanium von 3 Ωcm und für eine Emittergröße von 30 μm × 70 μm bei 100 μm Dicke des Bahngebietes führt auf ungefähr 100 Ω. Diese Abmessungen treffen in unserem Beispiel etwa zu, und die Anfangssteigung der Kurve für den durchgeschalteten Zustand bis zu einigen Milliampere Kollektorstrom entspricht recht gut diesem Wert. Für den darauf folgenden Widerstandsanstieg können wir nun einige physikalische Vorgänge zur Erklärung heranziehen.

Die Geschwindigkeit von Ladungsträgern in Halbleitern wächst in starken elektrischen Feldern nicht unbegrenzt mit der Feldstärke an. Der Zusammenhang wurde zuerst von *Shockley* [6] theoretisch behandelt und von

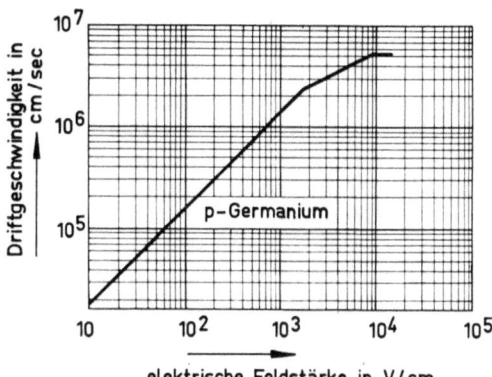

Bild 5. Die Driftgeschwindigkeit in p-dotiertem Germanium als Funktion der Feldstärke

Ryder [7] experimentell untersucht. Das Ergebnis für p-Germanium ist in Bild 5 gezeigt. Bei den in Mesatransistoren auftretenden Stromdichten $j = v N_C q$ kommen wir durchaus in die kritischen Bereiche abfallender Beweglichkeit. So ist für die von uns untersuchten Muster mit $\varrho_C = 3$ Ωcm und einer injizierenden Fläche von 30 μm × 70 μm ein Anwachsen des Bahnwiderstandes von $I_C \approx 7$ mA ab zu erwarten.

Wäre die Stromdichtebegrenzung die einzige Ursache für den Sättigungscharakter der Begrenzungskurve aus Bild 3, so müßte diese bei etwa 14 mA horizontal werden. Die wirklichen Verhältnisse können wir besser verstehen, wenn wir uns klar machen, daß durch den großen Bahnwiderstand die Sperrspannung am Kollektor-pn-Übergang mit wachsendem I_C sehr stark abnimmt und schließlich sogar in eine geringfügige Flußpolung umschlägt. Demzufolge werden Ladungsträger aus dem Basisraum in den Kollektorraum injiziert, so daß dort für den Stromtransport eine erhöhte Trägerdichte zur Verfügung steht, also der Bahnwiderstand abnimmt. Die sich einstellende Begrenzungskurve wird also durch mindestens zwei gegeneinander arbeitende Effekte bestimmt. Auch dieses Phänomen wird uns unten nochmal aus anderer Sicht begegnen.

5. Stromverdrängung

Eine sorgfältige Betrachtung der Hochstromvorgänge zwingt uns, nun noch einen weiteren Effekt mit ins Spiel zu bringen. Es handelt sich um die Stromverdrängung zum Emitterrand hin [8, 9, 10], die sich durch die Basis bis in den Kollektorraum fortsetzt und dort die Wider-

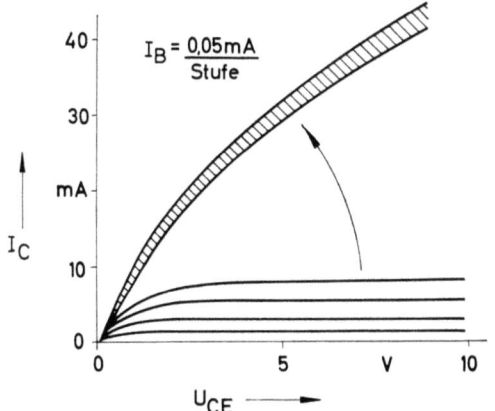

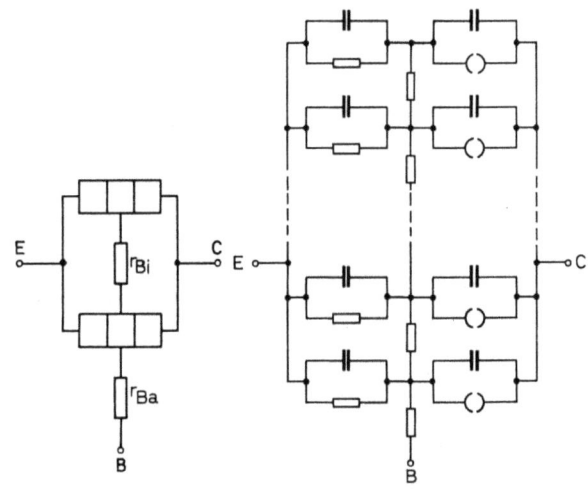

Bild 6. Ersatzschaltbild zur Emitterstrom-Randverdrängung

standsverhältnisse erneut modifiziert. In Bild 6 ist zunächst rechts ein etwas genaueres Transistorersatzschaltbild aufgezeichnet, in welchem die einzelnen Teilgrößen, nämlich Emitter-Flußadmittanz, Basiswiderstand, Kollektorkapazität und Stromgenerator, in einer der Wirklichkeit etwa entsprechenden Form verteilt gezeichnet sind. Unten ist der dem Basiskontakt nächste Emitterrand, oben der basisfernste Emitterteil zu denken. Der von den einzelnen Teilemittern injizierte Strom ist eine exponentielle Funktion der an den Emitterteiladmittanzen liegenden Flußspannung. Da die Spannung zwischen Emitter und Basis fest ist, die einzelnen Parallelwege jedoch verschieden große Spannungsabfälle an unterschiedlichen Basiswiderständen aufweisen, wird durch den untersten (äußersten) Teil des Emitters der größte, durch den obersten (innersten) der kleinste Teilstrom fließen. Diese Stromverdrängung wird sich nach rechts bis in das Kollektorbahngebiet, das im Ersatzschaltbild nicht mitgezeichnet ist, fortsetzen.

Das linke Teilbild zeigt ein primitiveres Modell, das uns zu einer groben zahlenmäßigen Abschätzung des Effektes verhelfen soll. Angenommen, die Teilquerschnitte F_a und F_i des inneren und des äußeren Teiltransistors seien gleich, dann ergibt eine einfache Rechnung für das Verhältnis der Teilgleichströme:

$$\frac{I_{Ea}}{I_{Ei}} = \exp\left[\frac{q}{kT} r_{Bi}(1 - A_i) I_{Ei}\right].$$

(A_i ist die Gleichstromverstärkung des inneren Teiltransistors). Für ein vernünftiges Zahlenbeispiel mit $r_{Bi} = 25\,\Omega$, $A_i = 0{,}95$ und $I_E = 10$ mA folgt $\frac{I_{Ea}}{I_{Ei}} = 1{,}25$. Der Effekt erscheint zunächst gering, er wird jedoch praktisch erheblicher, da wir ja den gesamten Querschnitt sehr grob nur in zwei Teilbereiche zerlegt haben. Wir können auf alle Fälle schließen, daß durch die Stromverdrängung auch die Strombegrenzung im Kollektor in einzelnen Bereichen früher, das heißt bei kleineren Gesamtströmen, als in anderen erfolgen wird. Die Kollektorraumladungszone wird also auch nicht mehr über den ganzen Querschnitt gleich stark ausgebildet sein, ihre Begrenzungsflächen sind keine Äquipotentialflächen mehr. Dies zeigt uns deutlich, wie schwierig eine strenge Theorie des Mesa-Hochstromverhaltens würde.

Die Stromverdrängung hat zur Folge, daß für den maximalen Betriebsstrom in Mesatransistoren nicht so sehr die Emitterfläche wie die wirksame Emitterrandlänge entscheidend ist. Neben ihr ist allerdings noch die Basisdicke von wesentlichem Einfluß. Dies ist aus Bild 7 ersichtlich. Die Strombahn setzt am Emitterrand an und breitet sich mit zunehmendem Abstand auch in der Querrichtung aus, ähnlich wie bei einem Wärme- oder allgemeinen Leitungsvorgang in homogenen Medien. Je dicker die Basis, desto stärker wird der Stromkegel sich bereits erweitert haben, bevor er in den hochohmigen Kollektorraum eindringt, desto später werden demnach Geschwindigkeitsbegrenzungseffekte wirksam werden. Eine geeignete Emitterstruktur mit großer Randlänge, wie sie für Hochstromtransistoren verwendet wird, ist rechts in Bild 7 gezeigt. Entsprechend unserer Gleichung legt man bei solchen Transistoren weiter auf möglichst hohe Basisquerleitfähigkeit Wert. Dies führt zu hohen Basisdotierungen, die wieder mit Forderungen über das Emittersperrverhalten ausgewogen sein müssen.

6. Wechselstromverhalten

Bisher hatten wir uns ausschließlich mit Gleichstromverhältnissen beschäftigt. Wir fanden eine Reihe von Ursachen, die zusammengenommen eine „vorzeitige Sättigung" der Transistoren bewirken, vorzeitig insofern, daß zwischen Basis- und Kollektorkontakt zwar noch Sperrspannung liegt, der Kollektor selbst aber die ankommenden Ladungsträger auf Grund des Spannungsabfalles am Bahngebiet nicht mehr in vollem Maße absaugt. Der im Sinne des idealisierten Transistors ungestörte Kennlinienfeldbereich kann hierdurch erheblich eingeengt sein. Diese Einengung wird nun noch wesentlich stärker, wenn wir auf das Wechselstromverhalten im Hochfrequenz-Kleinsignalbetrieb oder im Schaltbetrieb sehen. Bild 8 soll diese stärkere Beeinträchtigung an Hand des Hochfrequenz-Vierpolparameters y_{21b}, der differentiellen Steilheit, vorführen. Im linken Teilbild findet man zwei charakteristische Flanken des „Steilheitsberges", die durch eine „Gratkurve" getrennt sind. Im Idealtransistor müßte diese Gratkurve nahezu mit der Stromachse zusammenfallen. Das rechte Teilbild zeigt die entsprechenden Gratkurven bei weiteren, niedrigeren Frequenzen und zum Vergleich eine

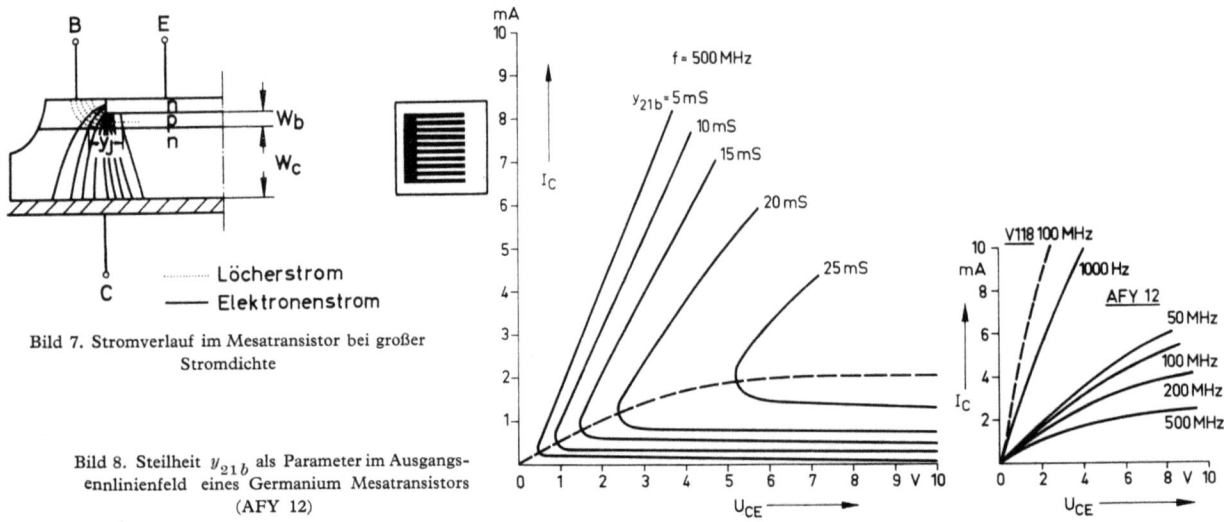

Bild 7. Stromverlauf im Mesatransistor bei großer Stromdichte

Bild 8. Steilheit y_{21b} als Parameter im Ausgangskennlinienfeld eines Germanium Mesatransistors (AFY 12)

100-MHz-Kurve für einen Ge-Mesa-Schalttransistor mit höher dotiertem Grundmaterial.

Geeignete Arbeitspunkte für 500 MHz Arbeitsfrequenz werden für diese Verstärkermuster also bei kaum mehr als etwa 2 mA liegen. Woher kommt diese starke Einschränkung nach hohen Frequenzen? Obgleich wir nachher eine tiefergreifende Erklärung noch entwickeln wollen, sollen zunächst zwei Ursachen aufgeführt werden, die sich aus dem schon oben Behandelten herleiten lassen. Es wurde bereits gesagt, daß die Gleichstromgrenzkurve aus Bild 3 durch eine zur Trägerinjektion führende Flußpolung des Kollektors mitbestimmt wird. Diese Injektion ist wegen der relativ großen Ausdehnung des Kollektorbahngebietes ein sehr träger Effekt und wird bei hohen Frequenzen nicht zu folgen vermögen, so daß ein höherer effektiver Bahnwiderstand wirksam sein wird. Außerdem wirkt sich die Stromverdrängung zum Rand hin bei Hochfrequenz in sehr verstärktem Maße aus. Eine der obigen Gleichstrombetrachtung analoge Rechnung führt auf

$$\frac{I_{ea}}{I_{ei}} = \frac{I_{Ea}}{I_{Ei}} + \frac{q}{kT} r_{bi} (1 - \alpha_i) I_{Ea}.$$

Dabei ist α_i die Hochfrequenz-Kleinsignalstromverstärkung. Mit den gleichen Werten wie in der ersten Rechnung, jedoch bei der α-Grenzfrequenz des Transistors, ergibt sich $I_{ae}/I_{ei} = 3$. Auch dieses Ergebnis ist im tatsächlichen Fall noch drastischer, da lediglich eine grobe Trennung des Transistors in zwei Bereiche vorgenommen wurde. Wenn also eine für vorzeitige Übersättigung ausreichende Gleichstromdichte nur in der alleräußersten Randpartie des Emitters erreicht wird, so wird eine hochfrequente Wechselstromkomponente nahezu vollständig diesem ungünstigen Teilweg folgen und daher den Begrenzungseffekt im vollen Maße erleiden.

Bild 9 zeigt für den gleichen Transistor wie in Bild 8 die unilaterale Leistungsverstärkung als Funktion des Ortes im Kennlinienfeld. Wir finden genau die gleiche Gratkurve wie im Steilheitsdiagramm. Dies ist durchaus verständlich, da eine prinzipielle Änderung des Transistorbetriebes eben an dieser Grenzlinie auftritt. Die zwei steilen Flanken des „Verstärkungsberges" zeigen

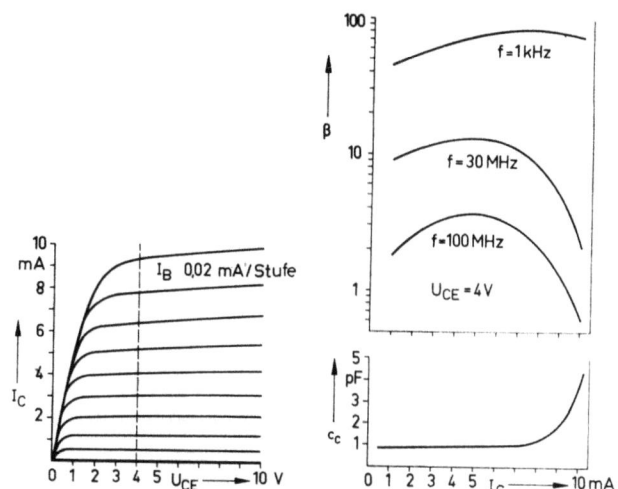

Bild 10. Stromabhängigkeit von Stromverstärkung und Kollektorkapazität bei einem Germanium-Mesa-Verstärkertransistor vom Typ AFY 12

zugleich die beiden Möglichkeiten einer Verstärkungsregelung. Gerade die „Aufwärtsregelung", die unter anderem auf Grund ihres wesentlich günstigeren Kreuzmodulationsverhaltens immer mehr beachtet wird, erkennen wir als einen Effekt des Kollektorbahngebietes. Auch die unterschiedliche Wirkung bei verschiedenen Frequenzen wird verständlich und die nachfolgenden Betrachtungen werden eine gezielte Dimensionierung auch solcher Transistoren ermöglichen. Da die NF-Gratkurve sehr viel steiler verläuft, bleibt der Regelaufwand (Regel-Basisstrom) über einen sehr großen HF-Regelbereich gering.

Bild 10 zeigt noch einmal in anderer Form den Einfluß der Bahnbegrenzung. Diese Darstellung soll vor allem zum Vergleich mit den anschließend zu behandelnden Epitaxial-Transistoren dienen. Wir sehen, daß die Kleinsignalstromverstärkung β bei um so geringeren Kollektorströmen abzusinken beginnt, je höher die Frequenz ist, ähnlich wie die Steilheit nach Bild 9. Zusätzlich ist noch die Kollektorkapazität, gemessen bei 1 MHz, aufgetragen. Es entspricht unserer Vorstellung, daß diese bei etwa 7 mA anzusteigen beginnt, wo auch die Sättigung des Kollektors infolge der Bahnwiderstandseinflüsse einsetzt. Von da an werden Träger über den am Rande gerade schon in Flußrichtung gepolten Kollektor ins Bahngebiet injiziert, so daß sie zu einer stromabhängigen Diffusionskapazität Anlaß geben.

7. Epitaxialtechnik

Zur Vermeidung aller bisher aufgeführten Störeffekte bedürfte es also einer möglichst weit gehenden Beseitigung des Kollektorbahngebietes. Sowohl in einer Arbeit von J. *Early* [11] wie auch einer Veröffentlichung von *Grinich* und *Noyce* [12] wurde bereits festgestellt, daß im Schalterbetrieb maximale spontan geschaltete Energiedichten mit solchen Transistoren erzielt werden, deren Kollektorbahngebiet möglichst niederohmig ist. Wir können dies physikalisch auch so ausdrücken, daß die Grenzstromdichte im Kollektor direkt proportional der Dotierung ist, wogegen der nutzbare Spannungshub zwischen Restspannung und Sperrspannung mit einer geringeren Potenz der Dotierung verläuft.

Die neue Technik, sehr dünne hochohmige Halbleiterschichten auf eine sehr stark dotierte Unterlage aufwachsen zu lassen, die, als Epitaxie bezeichnet, seit etwa

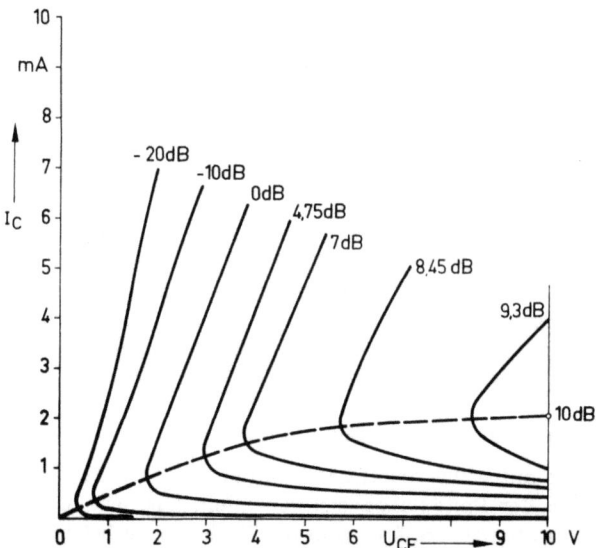

Bild 9. Unilaterale Leistungsverstärkung als Parameter im Ausgangskennlinienfeld eines Germanium-Mesatransistors (AFY 12) bei 500 MHz

zwei Jahren mehr und mehr für Hochfrequenztransistoren eingeführt wurde, scheint als ideales Hilfsmittel das Bahnwiderstandsproblem zu beseitigen und die Transistoren auch für sehr hohe Stromdichten brauchbar zu machen. Inwieweit diese Hoffnung bestätigt ist, soll nun noch betrachtet werden. Gehen wir zurück zu Bild 1, so finden wir dort schon die Struktur eines epitaxialen Mesatransistors. Es wird angestrebt, eine so dünne Schicht aufwachsen zu lassen, daß möglichst lediglich die Kollektorraumladungszone ins hochohmige Gebiet zu liegen kommt und kein Bahnwiderstandseffekt verbleibt. Dies ist zwar besonders im durchgeschalteten Betrieb eines Transistors nicht ganz realisierbar, aber Schichtdicken von nur wenigen Mikrometern können gut erreicht werden; sie bringen schon einen gewaltigen Fortschritt im ganzen Hochstromverhalten. Bild 1 zeigt ein typisches Kennlinienbild für einen epitaxialen Germanium-Mesatransistor. Die geometrischen Abmessungen, insbesondere auch die Emittergröße von 30 μm × 70 μm, sind gegenüber den vorigen Mustern unverändert. Man stellt zunächst zwei Fortschritte fest, die die Aufwachsschicht nebenbei als Geschenk mitbringt: kein Thyristoreffekt und kein α^*-Effekt! Beides wird klar durch die sehr niederohmige (0,01 ... 0,001 Ωcm) p-Schicht, die an die Aufwachsschicht anschließt. Sagten wir doch schon zuvor, ein guter pp+-Kontakt sei der Ausweg bezüglich des Thyristoreffektes. Das Ausbleiben des α^*-Effektes geht aus unserer primitiven Rechnung noch nicht hervor. Eine exaktere Ableitung für Epitaxialtransistoren, die auch zu einer nicht unerheblichen Modifikation des normalen Ausdruckes für den Kollektorsperrstrom I_{CB0} führt, beinhaltet jedoch auch das Wegfallen dieses zweiten Störeffektes. Betrachten wir etwa den Fall einer ganz von der Kollektor-Raumladung ausgefüllten Aufwachsschicht, so bleibt uns lediglich ein ganz niederohmiger Kollektorbahnanteil. Als Folge ergibt sich ein sehr viel kleinerer Kollektorsperrstrom und ein vernachlässigbarer, mit dem Falle des oben aufgeführten MADT-Transistors vergleichbarer α^*-Effekt. Durch diese Verbesserung ist es möglich, einen aufgewachsenen Mesatransistor bis zu wesentlich höheren Stromdichten zu betreiben als bisher. In Bild 11 ist der Stromspannungsverlauf bis 500 mA gezeigt, was einer Stromdichte von 25 000 A/cm² entspricht. Auch fast der doppelte Wert konnte noch ohne Schaden für den Transistor kurzzeitig zugelassen werden. Wir finden nun auch eine völlig lineare Widerstandsbegrenzung, die durch die verschiedenen recht

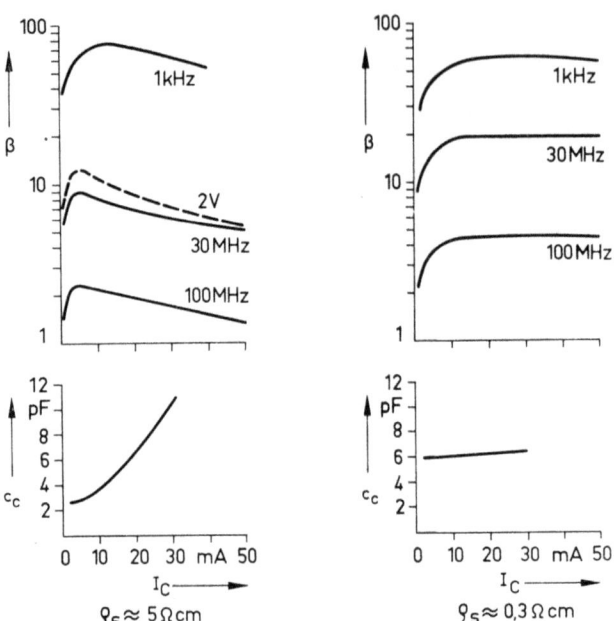

Bild 12. Stromabhängigkeit von Stromverstärkung und Kollektorkapazität bei epitaxialen Germanium-Mesatransistoren mit Aufwachsschichten unterschiedlicher Leitfähigkeit

kleinen verbleibenden Bahnwiderstände mit echt ohmschem Charakter gegeben ist. Der Abfall der Kennlinien nach höheren Spannungen dürfte durch zu starke Systemerwärmung und einen damit verbundenen Abfall der Stromverstärkung zu erklären sein.

Bild 12 zeigt nun auch für epitaxiale Transistoren das Hochfrequenzverhalten. Hier finden wir noch einmal recht interessante Verhältnisse, die uns zu einem tieferen Verständnis des Hochstromverhaltens führen können und die für die sinngemäße Anwendung der Epitaxie von nicht geringer Bedeutung sind. Es sind nebeneinander Meßergebnisse von zwei Mesatransistoren aufgeführt, die in allem außer dem spezifischen Widerstand σ_S der aufgewachsenen Schicht gleich waren. Der rechte Transistor ist in Schicht etwa 20mal stärker p-dotiert als der linke. Die Teilbilder entsprechen, abgesehen vom Strommaßstab und vom Spannungsparameter, ganz denen des Bildes 10. Der hochohmige Transistor zeigt weiter einen deutlichen Abfall der Stromverstärkung sowie der Grenzfrequenz mit wachsendem Arbeitsstrom und eine nicht konstante Kollektorkapazität. Der Anstieg von β bei kleinen Strömen ist hier weniger interessant; er hängt mit der Emitterkapazität zusammen. Der niederohmige epitaxiale Transistor hingegen tut etwa das, was wir uns bei Wegfall des Bahngebietes erhofft haben: Stromverstärkung, Grenzfrequenz und Kapazität bleiben bis zu sehr hohen Stromdichten praktisch unverändert.

Bevor wir nach einer Erklärung hierfür suchen, sei gesagt, daß dieser Sachverhalt gerade den niederohmigen Epitaxialtransistor für viele Schaltaufgaben weiterhin überlegen machen wird, wenn er auch auf Grund höherer Kollektorkapazitäten und geringerer Spannungsfestigkeit seinerseits eigene Grenzen hat.

8. Raumladungsmodifikation

Wir könnten uns damit zufrieden geben, auch das Verhalten der Epitaxialtransistoren allein aus dem bisher Gebrachten zu erklären und die Verhältnisse bei hochohmiger Aufwachsschicht einfach einem verbliebenen

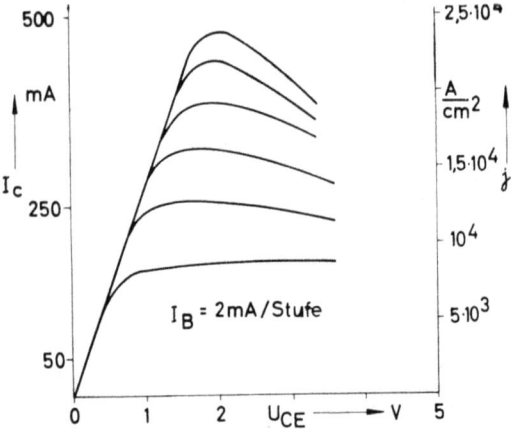

Bild 11. Epitaxialer Germanium-Mesatransistor mit $\varrho_S = 4$ Ωcm

Rest von Kollektorbahneinfluß zuzuschreiben. Eine Zusammenschau aller experimentellen Befunde sowie eine systematische Überlegung erlauben hingegen eine echte Weiterführung der Theorie solcher Transistoren, welche die Kollektorraumladung und ihre Modifikation durch Stromfluß in die Mitte der Betrachtung stellt*).

Die Kollektorraumladungszone eines Transistors wird bekanntlich aufgebaut durch die Ionenrümpfe der Dotierungssubstanz zu beiden Seiten des pn-Überganges. Diese sind durch die angelegte Sperrspannung in einem leicht zu berechnenden Bereich ihrer praktisch freien Elektronen und Defektelektronen entblößt. Der rechnerischen Behandlung liegt dabei lediglich die *Poisson*sche Gleichung $\Delta U = \frac{\varrho}{\varepsilon_r \varepsilon_0}$ zugrunde. Bei den in HF-Transistoren vorkommenden Stromdichten wird jedoch die Konzentration der beweglichen Ladungsträger innerhalb der Kollektor-Raumladungszone unter Umständen vergleichbar oder groß gegen die feste Raumladungsdichte. Letztere ist ja gegeben durch die Dotierungskonzentration, ist also für hoch- und niederohmige Aufwachsschichten sehr verschieden. Sobald die durch die Raumladungszone passierenden Träger genügend zahlreich werden, wird sich, etwa bei fest anliegender Gesamtspannung, zunächst die Feldverteilung und schließlich auch ihre Breite sowie die Lage des Kollektors drastisch verändern. Hierdurch kann letzten Endes eine Basisdickenmodifikation und damit ein Grenzfrequenzabfall bei hohen Strömen hervorgerufen werden. Die Berechnung dieses Problems verlangt eine Abwandlung der Raumladungsdichte ϱ in eine strom- und ortsabhängige Funktion. Dabei ist einmal die Feldstärkeabhängigkeit der Beweglichkeit und zum anderen das Auffächern der Strombahnen bei der Bewegung vom Emitter weg mit zu berücksichtigen. Der Emitterstrom gilt uns als unabhängige Variable, die von außen nach Belieben aufgeprägt werden kann. Der Rechengang ist damit prinzipiell klar. Wegen seiner mathematischen Kompliziertheit und da es möglich ist, durch sorgfältige, aber einfache Überlegungen das Ergebnis weitgehend vorauszusagen, wurde auf seine strenge Durchführung bisher verzichtet. Bild 13 gibt einen Überblick über die Verhältnisse in einem epitaxialen Exemplar (pnp). Zusätzlich zur *Poisson*-Gleichung sind noch der Mindestwert (Grenzgeschwindigkeit überall erreicht) für die Träger-Raumladungsdichte ϱ_+, sowie die Feldintegralbedingung für festanliegende Kollektor-Basis-Spannung aufgeführt. Von weiteren Bahnwiderstandseinflüssen ($r_{b'}$, $r_{c'}$) wird in der vorliegenden Modellüberlegung der Übersichtlichkeit halber abgesehen.

In allen Teilbildern ist das Verhalten der einzelnen Teilschichten des Epitaxialtransistors dargestellt. Bei geringer Injektion herrschen durchaus „klassische" Verhältnisse. Für unser niederohmig-epitaxiales Beispiel gilt dies bis etwa 100 mA. Das hochohmige Exemplar wird hingegen schon bei 5...7 mA richtiger durch die zweite Zeile beschrieben, wo feste und bewegliche Raumladungsschichten in der p_S-Schicht sich gerade etwa kompensieren. Die Feldstärke quer über die Schicht ist in diesem Bereich also näherungsweise konstant. Bei weiterer Stromsteigerung dreht sich der Feldgradient um; ein wachsender Teil der Aufwachsschicht wird „Basisgebiet". Dies ergibt sich formal als Konstruktionsergebnis eines Dreiecks mit wachsender Flankensteilheit bei gleichbleibender Fläche, kausal als Abschirmeffekt der Löcher in der Raumladungszone auf das die Basiselektronen abstoßende Sperrpotential. Die Raumladungsbreite schrumpft wegen der erhöhten Raumladungsdichte zusammen. Dabei bleibt die Raumladung am p_S-p^+-Übergang „hängen". Der Abfall der Raumladungsdichte zum rechten Rand der p_S-Schicht hin muß abnehmen, da die Ladungsträger auf ihrem Flug durch die Schicht ja sicherlich auseinanderfächern, wodurch ihre Dichte abnimmt. Es wird beim Durchdenken dieser Vorgänge klar, daß eine scharfe Trennung zwischen Gebieten mit reinem Diffusionstransport und reinem Feldtransport gerade bei hoher Stromdichte gar nicht mehr möglich ist, ja, daß sich die Übergänge zunehmend verwischen. Die Abhängigkeit der Kollektorlage vom Strom bedingt nun auch eine dem *Early*-Effekt verwandte Kollektor-Diffusionskapazität (Änderung der Basissteuerladung auf Grund der Basisdickenmodifikation). So findet also auch der beobachtete Kapazitätsanstieg, der mit der Grenzfrequenzabsenkung korrespondiert, eine Deutung.

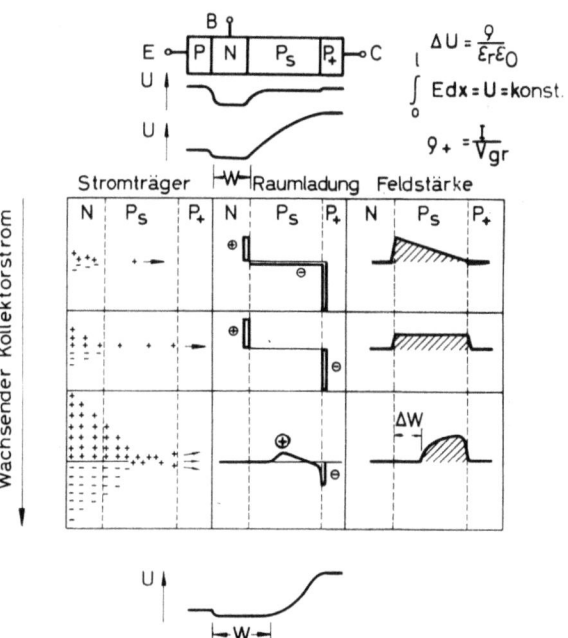

Bild 13. Raumladungsmodifikationen in epitaxialen Transistoren bei großen Stromdichten

Die in Bild 13 verlangte Zunahme der Spitzenfeldstärke im Kollektor bei fester Sperrspannung und ansteigendem Strom kann sehr schön durch die Verfolgung des Kollektor-Emitter-Durchbruches bis zu großen Strömen nachgewiesen werden. Bild 14 zeigt im linken Teilbild das Kennlinienfeld eines hochohmig-epitaxialen (≈ 10 Ωcm) Ge-Mesatransistors im normalen Arbeits-

---

*) Die nachfolgenden Überlegungen wurden vom Autor im Frühjahr 1961 angestellt. Damals waren ihm die Untersuchungen von *C. T. Kirk jun.* noch nicht bekannt, deren Beginn wesentlich weiter zurück liegt und die auch schon seit 15. Januar 1960 in vierteljährlichen *Kurzberichten der Lincoln Laboratories* bekannt gemacht wurden. Sowohl im Ansatz wie in den Ergebnissen herrscht weitestgehend Übereinstimmung. Es erscheint uns jedoch den zu beschreibenden Phänomenen eine wesentlich allgemeinere, für alle modernen Mesa- bzw. Planar-HF-Transistoren fundamentale Bedeutung zuzukommen, als es bei *C. T. Kirk* in seinen Untersuchungen zu extrem schnellen Schalttransistoren zum Ausdruck kommt.

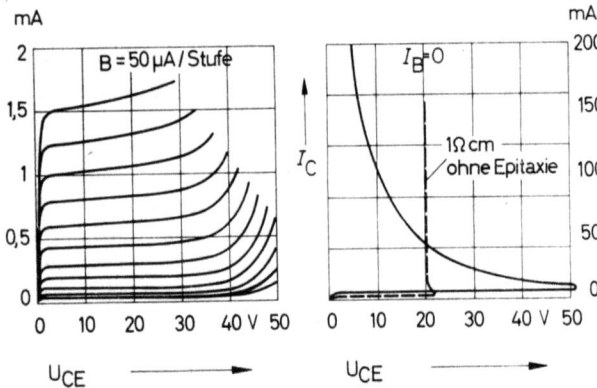

Bild 14. Arbeits- und Sperrkennlinien eines Germanium-Mesatransistors mit hochohmiger Epitaxialschicht

bereich für Stromwerte bis zur beginnenden Raumladungsmodifikation. Das rechte Teilbild mit hundertfach gerafftem Strommaßstab läßt den erwarteten starken Sperrspannungsrückgang deutlich werden. Zu Vergleichszwecken ist die Sperrkennlinie eines nicht epitaxialen, sonst aber gleichartigen Transistors mit Kollektormaterial von 1 Ωcm daneben gestellt. Hier kann die an sich schon starrere Raumladung beliebig nach rechts ausweichen und der Sperrspannungsrückgang bleibt aus.

Das Auftreten einer Raumladungsmodifikation ist auf Grund sehr allgemeiner Beziehungen aus der Elektrizitätslehre notwendig. Wir werden sie in modifizierter Form also sicher auch in nicht epitaxialen Transistoren vorfinden. Dort hatten wir lediglich die Möglichkeit, die beobachteten Phänomene auch anders zu erklären. Diese Erklärungen sind also zu revidieren und durch Raumladungsmodifikationseffekte zu vervollständigen.

Die im Zusammenhang mit dem Leistungsverstärkungsdiagramm gezeigte Aufwärts-Regelmöglichkeit können wir jetzt verstehen als Entkopplung von Eingangs- und Ausgangsdiode (Basisschaltung) durch Ausweitung der feldfreien Basis. Hierbei ist durch gewollt hochohmige und dicke Kollektorschichten eine Grenzfrequenzabnahme bei gesteigertem Arbeitsstrom um viele Oktaven möglich.

Wenn wir noch einmal einen Vergleich mit dem MADT-Transistor oder allgemeiner mit dem pnip-Transistor ziehen, so finden wir bei letzterem von vorne herein schon bei kleinsten Strömen einen Feldstärkeverlauf in der Raumladung, der irgendwo zwischen den beiden unteren Zeilen unserer schematischen Darstellung liegt. Man hat schon bei kleinsten Strömen eine Kollektordiffusionskapazität und einen gewissen Einfluß der Stromdichte auf die wirksame Basisdicke zu erwarten. Bei p_sp-Transistoren passiert dies erst von einer bestimmten kritischen Stromstärke an. Hierin dürfte prinzipiell bei einem Vergleich, unter Annahme gleicher geometrischer Abmessungen, ein echter Vorteil des epitaxialen Mesatransistors für hohe Stromdichten liegen.

Schrifttumsverzeichnis

[1] *C. W. Müller, J. Hilibrand*: IRE Trans. ED-5 (1958), S. 2—5.

[2] *J. M. Early*: Bell Syst. Techn. J. 32 (1953), S. 1271—1312.

[3] *L. P. Hunter*: Handbook of Semicond. Electronics (1956), Kapitel 4.

[4] *L. P. Hunter*: Handbook of Semicond. Electronics (1956), Kapitel 13.

[5] *W. Rosinski*: Colloque International sur les dispositifs à Semiconducteurs 1961, S. 201—208.

[6] *W. Shockley*: Bell Syst. Techn. J. 30 (1951), S. 990—1034.

[7] *E. J. Ryder*: Phys. Rev. 90 (1953), S. 766—769.

[8] *R. Ehmeis, A. Herlet, E. Spenke*: Proc. IRE 46 (1958), S. 1220—1229.

[9] *N. H. Fletcher*: Proc. IRE 45 (1957), S. 862—872.

[10] *R. L. Pritchard*: Proc. IRE 46 (1958), S. 1152—1160.

[11] *J. M. Early*: IRE Trans. ED-6 (1959), Nr. 3, S. 322—325.

[12] *V. H. Grinich, R. N. Noyce, R. T. Kikochima*: IRE Wescon Conv. Rec. (1959), Part 3, S. 49.

Vergleich von Verstärker- und Schalttransistoren

Von **W. Engbert**, Heilbronn

Mit 8 Bildern

DK 621.382.3

A. Einleitung

Die Anwender von Transistoren brauchen Daten, die auf die Schaltungsdimensionierung zugeschnitten sind. So ist es üblich, bei der Kleinsignalverstärkung für höhere Frequenzen mit Vierpolkoeffizienten in der Dimension eines Leitwertes zu rechnen und für breitere Frequenzbereiche sogenannte Ortskurven anzugeben, die den Frequenzverlauf der Transistorleitwerte nach Real- und Imaginärteil zeigen. Im Schalterbetrieb interessiert jedoch eine andere Größe: die Zeit, z. B. welche Anstiegs- oder Abfallzeiten entstehen im Transistorausgang, wenn er im Eingang durch einen bestimmten Strom- oder Spannungssprung umgeschaltet wird? Die beiden so unterschiedlichen Aussagen müssen unter Umständen für den gleichen Transistortyp gemacht werden; im Transistor selbst treffen sich also das Gemeinsame und das spezifisch Trennende der beiden Betriebsarten.

B. Vergleich der statischen Größen

1. Die Arbeitsbereiche

Beim Kleinsignalverstärker wird nur ein sehr kleiner Teil (A in Bild 1), beim Großsignalverstärker das gesamte Kennlinienfeld, soweit es einigermaßen linear verläuft (der nicht schraffierte Teil B in Bild 1), verwendet. Im A-Bereich soll die Neigung der Kennlinien möglichst flach sein (Innenwiderstand hoch), im B-Bereich sollen die Abstände der Kennlinien für gleiche I_B-Stufen gleichmäßig sein, d. h. die Gleichstromverstärkung B soll über einen großen Strombereich möglichst konstant sein.

Im Schalterbetrieb ohne besondere Frequenzforderungen wird das „aktive" Gebiet B beim Umschalten entlang der Arbeitswiderstandsgeraden R_L durchlaufen, der Transistor wird die längere Zeit entweder im „Ein"-Zustand (schraffiertes Restspannungsgebiet) oder im „Aus"-Zustand (schraffiertes Reststromgebiet) gehalten.

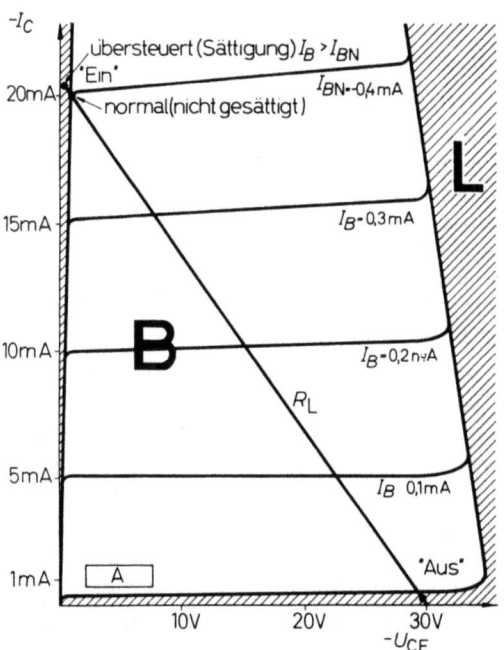

Bild 1 Die Arbeitsbereiche

2. Die NF-Transistoren

Die Anforderungen an das Reststromgebiet sind von beiden Anwendungsbereichen her gleich, die Restströme sind so klein wie möglich zu machen. Im aktiven Bereich besteht eine weitere gleiche Forderung, wenn es sich verstärkerseitig um Großsignal- oder Leistungsbetrieb handelt: der Arbeitsbereich soll seine Begrenzungslinie (L in Bild 1) möglichst weit zu hoher Leistung hin haben. Auf den sonstigen Verlauf der Kennlinien im aktiven Bereich kommt es beim Schalttransistor nicht an, dafür ist aber bei ihm der Restspannungsbereich wichtig. Die Forderung nach kleiner Restspannung bringt es mit sich, daß hier der erste Unterschied in der Dimensionierung der beiden Transistorarten entsteht.

2.1 Die Kollektorrestspannung

Theoretisch sollte die Kollektor-Emitter-Restspannung auch bei großen Strömen stets kleiner als 0,1 Volt sein, gleichgültig, ob es sich um einen Germanium- oder Siliziumtransistor handelt. Man beobachtet aber vor allem beim Siliziumtransistor oft sehr viel größere Restspannungen. Ein Grund dafür ist der Kollektorbahnwiderstand, der bei den normalen Mesakonstruktionen ohne Zwischenschichten durch die relativ dicke, hochohmige Kollektorzone gegeben ist. Eine Abhilfe ist die Verwendung von sehr niederohmigem Kristallmaterial, das die Kollektorzone bildet, wobei man aber wegen der dann sehr niedrig werdenden Kollektorsperrspannung gezwungen ist, eine hochohmigere, dünne Zwischenschicht (Epitaxialschicht) einzufügen. Ein weiterer Grund für die größere Restspannung ist der Basiswiderstand, davon allerdings nur der Teil, welcher entlang der Kollektorfläche einen Spannungsabfall hervorruft. Diesen Effekt kann man in reiner Form bei den Legierungstransistoren beobachten, weil hier wegen der sehr niederohmigen Kollektorzone praktisch kein Kollektorbahnwiderstand vorliegt. Die Kollektorfläche wird deshalb beim Legierungstransistor für Schaltzwecke so klein wie möglich gemacht (symmetrischer Transistor). Dabei geht die Signalstromverstärkung β zurück, was beim Schalttransistor nicht wichtig, beim Verstärkungstransistor jedoch unerwünscht ist. Damit ist ein wesentlicher Unterschied zwischen dem (legierten) Schalt- und Verstärkungstransistor gegeben.

2.2 Das Transistorgehäuse

Wegen der Impulsbelastung des Schalttransistors ist bei sonst vergleichbaren maximalen Strom- und Spannungswerten der Wärmeableitungsbedarf geringer als beim Verstärker, sein Gehäuse entspricht dem der Kleinsignaltransistoren, oder es ist eine Stufe kleiner als bei den ausgesprochenen Leistungstransistoren für Verstärkerzwecke.

In Tafel 1 sind die Anforderungen und Transistorbaumaßnahmen für die jeweilige Anwendungsart zum Vergleich gegenübergestellt, ohne das Frequenzverhalten zu beachten.

Tafel I. Transistoranforderungen, NF, statisch

Analogbetrieb	Digitalbetrieb

Signalstromverstärkung β hoch
    Kristall hohe Lebensdauer der Ladungsträger
    Kollektorfläche $>$ Emitterfläche
    Basisschicht dünn
    Oberflächenreflexionsschicht
	Gleichstromverstärkung B hoch bei hohem Strom
	    Emitter stark dotiert
	    Basisschicht gleichmäßig dünn

$\beta =$ konstant bis zu hohem Strom für Großsignalverstärker
    Emitter stark dotiert
    Basisschicht gleichmäßig dünn
	Restspannung klein
	    Kollektorfläche $\approx$ Emitterfläche
	    Basis stark dotiert

Arbeitsbereich groß für Großsignalverstärkung
    Intrinsicschicht vor Kollektor
    Kollektormultiplikation klein
	Arbeitsbereich groß
	    Intrinsicschicht vor Kollektor, Epitaxialschicht
	    Kollektormultiplikation klein

C. Vergleich der Frequenzgrößen

1. Die charakteristischen Größen des Verstärkertransistors

1.1 Transitfrequenz f_T. Das ist diejenige Frequenz, bei der die Stromverstärkung β (Emitterschaltung) bei idealem 6-db-Abfall je Oktave gleich 1 werden würde. Sie deckt sich in vielen Fällen mit der Frequenz, bei der β tatsächlich gleich 1 wird ($\beta =$ 1-Frequenz $f_{\beta 1}$). Ergänzend zu f_T sollte noch die α-Grenzfrequenz f_α angegeben werden, das ist diejenige Frequenz, bei der die Stromverstärkung α in Basisschaltung auf den 0,71-fachen NF-Wert abgesunken ist. Theoretisch unterscheiden sich die beiden Grenzfrequenzen um den Faktor 1,21 ... 2

$$f_\alpha = 1{,}21 \ldots 2 \cdot f_T, \qquad (1)$$

wobei der Faktor um so größer ist, je mehr Driftwirkung in der Basiszone durch einen entsprechenden Dotierungsgradienten erzeugt wird. (In der Praxis entsteht oft ein entsprechender Faktor allein durch die Wirkung des verteilten Basiswiderstandes.)

1.2 Die β-Grenzfrequenz f_β. Das ist diejenige Frequenz, bei der die Stromverstärkung β (Emitterschaltung) auf den 0,71fachen NF-Wert abgesunken ist. Über den NF-Wert β_0 sind f_T und f_β miteinander verknüpft.

$$f_T = \beta_0 \cdot f_\beta. \qquad (2)$$

1.3 Die $r_b \cdot C_c$-Zeitkonstante. Das Produkt aus Basiswiderstand und wirksamer, innerer Kollektorsperrschichtkapazität.

1.4 Die Emittersperrschichtkapazität C_e im Arbeitspunkt.

2. Charakteristische Größen des Schalttransistors

2.1 Die Kollektorstromzeitkonstante τ_c. Das ist die Zeit, welche gebraucht wird, um die im „Ein"-Zustand im Basisraum vorhandenen Diffusionsladungen auf den e-ten Teil abzusenken, wenn die Ladungen frei über den Kollektor abfließen können. Bild 2 zeigt die Idealvorstellung vom Abflußvorgang. Im „Ein"-Zustand hat sich im Basisraum ein Diffusionsdreieck mit der Diffusionsneigung p_{Ein}/W gebildet, die ein Maß für den Kollektorstrom I_C darstellt. Nach τ_c ist die Ladungsmenge (Fläche des Diffusionsdreiecks) auf $1/e$ abgesunken, ebenso die Neigung der Dreieckshypotenuse (d. h. der Kollektorstrom). Der Abfluß der Ladungen nimmt proportional der verbliebenen Ladungsmenge ab, so daß eine zeitliche e-Funktionsentladung des Basisraumes erfolgt (Bild 2). Zur Zeit $t = 0$ ist die Emitterleitung unterbrochen worden, damit keine Ladungen mehr zufließen.

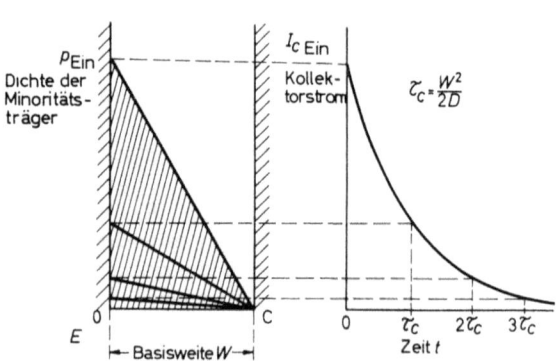

Bild 2 Zeitlicher Kollektorstromverlauf beim Abschalten des Emitterstromes
$D =$ Diffusionskonstante der Minoritätsträger

2.2 Die Basisstromzeitkonstante τ_p. Das ist die Entladezeit der in den Basisraum im „Ein"-Zustand eindiffundierten Ladungsträger (auf den e-ten Teil), wenn die Basisleitung unterbrochen wird ($=$ Emitterschaltung). Beim pnp-Transistor sind es die Elektronen, welche die eindiffundierte Löcherladungsmenge im Basisraum festhalten; ihre Abflußmöglichkeiten bestimmen die Entladezeit. Als solche sind vorhanden:

a) Volumenrekombinationen: Diese sind proportional der vorhandenen Ladungen, der „Abfluß" nimmt also proportional der verbliebenen Ladungsmenge ab, so daß eine e-Funktions-Entladung erfolgt.

b) Oberflächenrekombinationen: Diese sind proportional der Überschußdichte p, welche mit geringer werdender Ladungsmenge abnimmt, so daß ebenfalls eine e-Funktions-Entladung erfolgt.

c) Abfluß von Elektronen (pnp-Transistor) über die Emittersperrschicht, der gegenläufig zur Injektion der Löcher ist. Nach Maßgabe des Injektionswirkungsgrades des Emitters fließt dieser Elektronenstrom proportional der Löcherdichte in der Basiszone ab, also auch hier wieder eine e-Funktions-Entladung. Alle drei Effekte zusammen ergeben eine Entladezeitkonstante, die man auch als effektive Lebensdauer der Ladungsträger im Basisraum bezeichnen kann. Die Zeitkonstante ist wieder dem Verlauf des Kollektorstromes zu entnehmen wie in Bild 2, wobei lediglich statt τ_c die Größe τ_p ($\tau_p \gg \tau_c$) einzusetzen ist.

τ_p ist über die Gleichstromverstärkung B_N mit τ_c verknüpft:

$$\tau_p = B_N \cdot \tau_c. \qquad (3)$$

Diese Beziehung hat zur Folge, daß man sich von diesen drei Größen zwei beliebig auswählen kann, um den Transistor zu charakterisieren, im allgemeinen wird B_N und τ_c genommen.

Für den übersteuerten Zustand gibt es eine ähnliche Charakterisierung:

$$\tau_s = B_N \cdot \tau_{cs}. \qquad (4)$$

Da B_N als charakteristische Größe bekannt ist, braucht man aus Gl. (4) nur noch eine Größe, τ_s. Für das Schaltverhalten auf Grund der Diffusionsvorgänge sind also die Größen τ_c, τ_s und B_N wichtig. Zum besseren Verständnis wird aber im folgenden nicht nur τ_s, sondern auch τ_{cs} besprochen.

2.3 Die Basisstrom-Speicherzeitkonstante τ_s. Das ist die Entladezeit (auf den e-ten Teil) der in den Basisraum durch Übersteuerung zusätzlich eindiffundierten Ladungsträger Q_s, wenn die Basisleitung unterbrochen wird. Zu den Rekombinations- und Abflußmöglichkeiten, die im Zusammenhang mit τ_p angegeben wurden, kommen noch Oberflächenrekombinationen an der Kollektorseite hinzu, weil wegen der Polung der Kollektordiode in Durchlaßrichtung die Minoritätsträgerdichte hier größer als 0 ist. Außerdem fließen noch Elektronen (pnp-Transistor) nach Maßgabe des Kollektorinjektionswirkungsgrades über die Kollektorsperrschicht ab. Der gesamte Entladeprozeß erfolgt zeitlich nach einer e-Funktion [Bild 3, (I_B)]. Es fließt während der Entladung ein konstanter Kollektorstrom I_C, bis

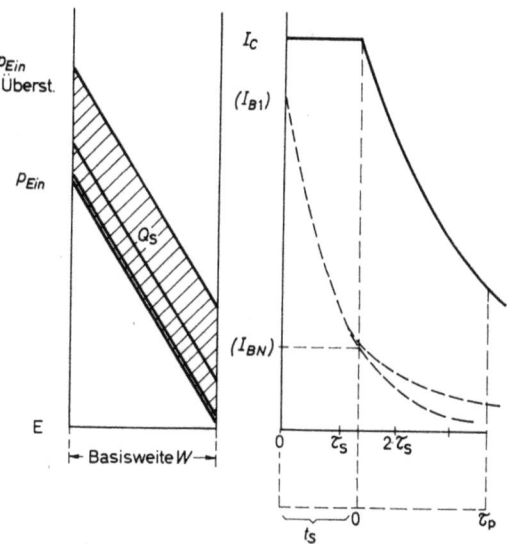

Bild 3 Übersteuerung. Speicherzeit bei Übersteuerung
$m = \dfrac{I_{B1}}{I_{BN}} = 4$ kein Absaugstrom ($k = 0$)

der gedachte Strom $(I_B)-(I_{BN})$, der hier das Maß für die Rekombinationstätigkeit in Q_s abgibt, auf (I_{BN}) abgesunken ist. Dann setzt die Entfernung der normalen Ladungen ein mit einem I_C-Abfall entsprechend der τ_p-Zeitkonstanten. Die Größe $\dfrac{I_{B1}}{I_{BN}}$ nennt man den Übersteuerungsfaktor m.

2.4 Die Kollektorstrom-Speicherkonstante τ_{cs}. Das ist die Zeit, welche vergeht, wenn die Überschußladung Q_s nur durch einen Strom $(m-1) \cdot I_C$ abgeführt wird. Schaltet man den übersteuerten Transistor durch Unterbrechung der Emitterleitung ab, dann fließen die Ladungen Q_s als I_C = const. ab und die Speicherzeit wird

$$t_s = \tau_{cs} \cdot (m-1). \qquad (5)$$

Basisschaltung $I_E = 0$

$$m = \frac{I_{B1}}{I_{BN}}.$$

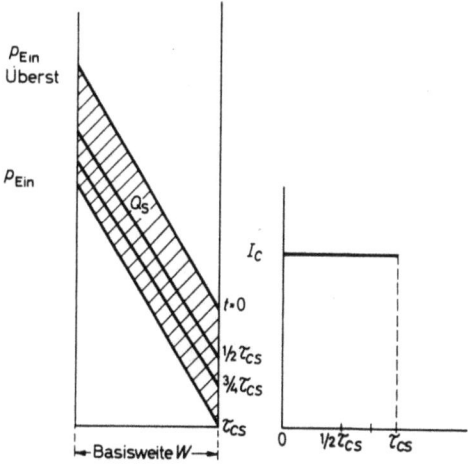

Bild 4 Abführung der Übersteuerungsladung durch I_C = Konst. $m = 2$

Bild 4 gibt die Speicherzeit für $m = 2$ wieder. Es ist dann $t_s = \tau_{cs}$.

2.5 Die Emittersperrschichtkapazität C_e bei einer Sperrspannung von $1\,\text{V} - \delta$ (δ = Diffusionsspannung der Emittersperrschicht).

2.6 Die effektive Kollektorsperrschichtkapazität C_c.

3. Vergleiche zwischen den charakteristischen Verstärker- und Schaltergrößen

Die beiden Schaltergrößen τ_p und τ_c stehen mit den entsprechenden Verstärkergrößen f_β und f_T in Beziehung:

$$\tau_p = \frac{1}{\omega_\beta} = \frac{1}{2\pi f_\beta} \qquad (6)$$

$$\tau_c = \frac{1}{\omega_T} = \frac{1}{2\pi f_T} \qquad (7)$$

Diese Gleichungen gelten streng nur für den Fall, daß im Strom- und Spannungsbereich des Schalttransistors f_β und f_T konstant sind. Praktisch bestehen sie aber auch, wenn als Arbeitspunkt im Verstärkerbetrieb für f_β und f_T der „Ein"-Zustand gewählt wird ($I_C = I_{Ein}$, $U_{CE} = U_{CE\,rest}$).

τ_c und τ_p geben viel unmittelbarer die physikalischen Vorgänge im Transistor wieder als f_T und f_β. Es sind Aufenthaltszeiten der Ladungsträger im Basisraum. τ_c ist die Verweilzeit beim Durchlaufen des Basisraums, die den sonst freien Abfluß über den Kollektor zeitlich bestimmt; zur Erreichung eines kleinen τ_c muß also die

Basisweite klein gemacht werden. τ_p ist die Lebensdauer der Ladungsträger (bis auf den über die Emittersperrschicht abfließenden Teil), die der Hersteller durch die Wahl des Kristallmaterials (Golddotierung) oder Oberflächenbehandlung (rauhe Oberfläche ergibt erhöhte Oberflächenrekombination) steuern kann.

4. Die Bedeutung der charakteristischen Größen für den Anwender von Transistoren

4.1 f_β. Daraus leitet sich die Eingangskapazität C des inneren Transistors (d. h. ohne r_b) ab

$$C_i = \frac{I_c}{2\pi f_\beta \cdot \beta_0 \cdot U_T} \qquad (8)$$

$U_T = 26\,\mathrm{mV}$ (bei $T = 300\,^\circ\mathrm{K}$), $\beta_0 =$ Stromverstärkung bei tiefer Frequenz.

f_β ist diejenige Frequenz, bei der in der Emitterschaltung der kapazitive Eingangsleitwert gleich dem ohmschen ist (innerer Transistor ohne r_b).

4.2 τ_p. Dieses ist die entscheidende Zeitgröße für den Schalterbetrieb in Emitterschaltung, nämlich die Zeitkonstante der Kollektorstromflanke beim plötzlichen Abschalten des Basisstromes I_{BN} auf Null. Als Abfallzeit t_f bezeichnet man nicht die Zeit, bis der Strom auf den e-ten Teil abgesunken ist, sondern auf 10 %. Daraus ergibt sich für die Emitterschaltung

$$t_f = \tau_p \cdot 2{,}3. \qquad (9)$$

Der ideale e-Funktionsabfall tritt aber nur auf, wenn die Lebensdauer der Ladungsträger oder, anders ausgedrückt, die Zeitkonstante τ_p über den ganzen Strombereich konstant ist und kein verteilter Basiswiderstand wirksam ist. Bei hohem Strom ist meistens τ_p (oder β) niedrig, bei kleinem Strom hoch (bei sehr kleinem Strom wieder niedrig). Das wirkt sich beim Stromabfall so aus, daß zunächst der Abfall steiler verläuft, dann aber in einen flacheren Schwanzstrom ausläuft (der dann wieder bei sehr kleinem Strom stärker abfällt). Der flachere Schwanzstrom braucht aber nicht zu stören, weil man in der Praxis das Abschalten mit einem Absaugstrom $I_{B\,aus}$ vornimmt. Setzt man seine Größe in Beziehung zu I_{BN} (des normal im „Ein"-Zustand fließenden Basisstromes)

$$\frac{I_{B\,aus}}{I_{BN}} = k \qquad (10)$$

dann verkürzt sich die Abfallzeit auf

$$t_f = \tau_p \cdot 2{,}3 \cdot \log \frac{k+1}{k+0{,}1} \qquad (11)$$

Für $k = 1$, d. h. wenn der Absaugstrom genau so groß wie der Einschaltstrom I_{BN} gemacht wird, ist t_f bereits um den Faktor 0,26 verkürzt worden. Es spielt dann nur

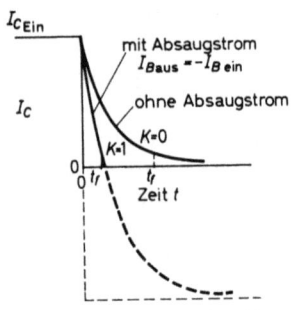

Bild 5 Abfallzeiten mit und ohne Absaugstrom

der erste, steilere Teil des e-Funktionsabfalls eine Rolle (Bild 5).

Die Anstiegszeit in der Emitterschaltung ergibt sich aus der gleichen Konstanten τ_p, wenn der Transistor mit $I_{BN} =$ konstant sprungartig eingeschaltet wird.

$$t_r = \tau_p \cdot 2{,}3. \qquad (12)$$

(Erreichung des Endwertes b. a. 10 %.)

Auch hier wieder wird der Auslauf in die I_c-Gerade verändert, wenn ein verteilter Basiswiderstand in Erscheinung tritt oder wenn bei großem Strom τ_p (oder β) kleiner ist (Bild 6).

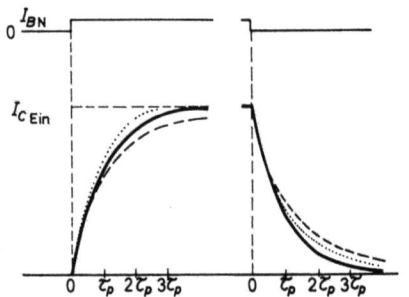

Bild 6 Anstiegs- und Abfallflanke des Kollektorstromes,
ausgezogen: τ_p oder β stromunabhängig = konst.
punktiert: τ_p oder β bei hohem Strom kleiner.
Keine Übersteuerung.
gestrichelt: Wirkung eines verteilten Basiswiderstandes

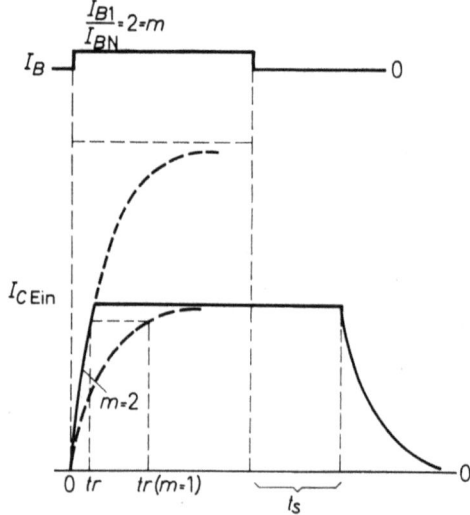

Bild 7 Übersteuerung. Verkürzung der Anstiegszeit t_r
Entstehung der Speicherzeit t_s

Wendet man eine Übersteuerung an ($I_B > I_{BN}$ in Bild 1) mit dem Übersteuerungsfaktor $m = \dfrac{I_{B1}}{I_{BN}}$ dann kann man wieder die Wirkung des Schwanzstromes vermeiden und erhält die kürzere Anstiegszeit (Bild 7)

$$t_r = \tau_p \cdot 2{,}3 \log \frac{m}{m-0{,}9} \qquad (13)$$

Mit der Übersteuerung ist das Auftreten der Speicherzeit t_s verbunden, während der nach Abschalten des Transistors der Kollektorstrom noch konstant weiterfließt.

4.3 τ_s. Daraus leitet sich die Speicherzeit in der Emitterschaltung ab, die proportional τ_s ist, von der Übersteuerung abhängt und durch den Absaugfaktor verkürzt werden kann:

$$t_s = \tau_s \cdot 2{,}3 \cdot \log \frac{k+m}{k+1} \qquad (14)$$

4.4 τ_c. Die sehr kleine Zeitkonstante τ_c ist ein Maß für die Anstiegs- und Abfallzeit in der nicht übersteuerten Basisschaltung. Es gelten die Formeln (9) und (12), nur daß an Stelle von τ_p die Größe τ_c eingesetzt werden muß. Der Transistor ist dabei über die Emitterzuleitung gesteuert, indem I_E plötzlich mit $I_E =$ konstant ein- und mit $I_E = 0$ ausgeschaltet wird. Durch Übersteuerung und Absaugen kann diese Zeit noch etwas verkürzt werden, allerdings nicht in dem Maße, wie es die Formeln (11) und (13) angeben würden, wenn man τ_p durch τ_c ersetzt und die Übersteuerung an Stelle von I_{BN} auf I_{EN} bezieht. Das liegt daran, daß das Abfließen und Zufließen der Ladungen durch die Diffusionsvorgänge bestimmt wird, die keinen idealen e-Funktionsablauf bewirken (Bild 8).

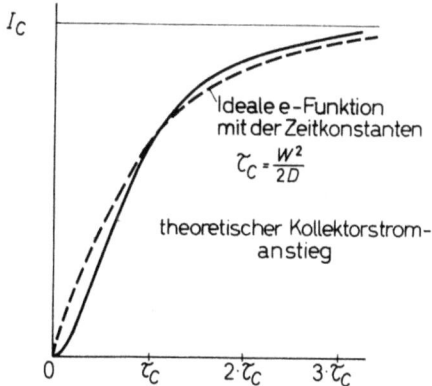

Bild 8 Kollektorstromanstieg bei Stromeinschaltung
$I_E =$ konst. Transistor ohne Driftfeld.
(nach R. Paul, Nachrichtentechnik 11 (1961) S. 164, Bild 1)
$W =$ Basisweite $D =$ Diffusionskonstante der Minoritätenträger

4.5 τ_{cs}. Damit ist die Speicherzeit in der Basisschaltung gegeben, wenn kein Absaugstrom angewendet wird, Gl. (5). Das Absaugen der Ladungen über den Emitter, vor allem der Ladungen, die von der Kollektorrandfläche stammen, ist ein komplizierter Vorgang, der nicht durch die einfache Größe k, die zusammen mit τ_{cs} in Gl. (14) eingesetzt ist, erfaßt wird. Wegen der geringen Bedeutung der Übersteuerung in Basisschaltung (die Steuerleistung ist zu groß) wird nicht weiter darauf eingegangen.

4.6 C_c. Die effektive Kollektorsperrschichtkapazität C_c macht sich im Zusammenhang mit dem Verbraucherwiderstand R_L als Ausgangszeitkonstante $R_L \cdot C_c$ bemerkbar, die in den Formeln für die Anstiegs- und Abfallzeit zu der Größe τ_c addiert werden muß (in den Formeln mit τ_p muß $R_L C_c \cdot B_N$ hinzugefügt werden). Beim Verstärkertransistor ist diese Kapazität im Zusammenwirken mit dem Basisbahnwiderstand wichtig, weil die Zeitkonstante $r_b \, C_c$ den Innenwiderstand festlegt. Diese Größe mit f_a zusammen ergibt ein Maß für die Schwinggrenze

$$f_{\max} = \sqrt{\frac{f\alpha}{8\pi \cdot r_b C_c}} \quad (15)$$

Bei dieser Frequenz ist die mögliche Leistungsverstärkung V_p auf 1 abgesunken (Basisschaltung). Wenn man den Transistor weiter unterhalb $f_{\max}$ bei der Frequenz f betreibt, kann man grob die mögliche Verstärkung (Emitterschaltung) aus der Formel berechnen

$$V_p = \frac{f_T}{f^2 \cdot 8\pi \cdot r_b \cdot C_c} \quad (16)$$

Auch für den Schalttransistor hat $f_{\max}$ die Bedeutung, daß hier das Aufhören des Transistors als aktives Element vorliegt, die Steuerleistung im Transistoreingang ist gleich der Ausgangsschaltleistung geworden. Wandeln wir f_a in Gl. (15) in die Zeitkonstante τ_c um, ebenso $f_{\max}$ in $\frac{1}{2\pi \cdot \tau_{\min}}$, so ergibt sich eine Grenzzeitkonstante für den Schalttransistor

$$\tau_{\min} = 2\sqrt{\tau_c \cdot r_b \cdot C_c \cdot \frac{1}{1,2 \ldots 2}} \quad (17)$$

Die Kollektorkapazität taucht also beim Schalttransistor im Zusammenhang mit 2 Widerständen auf: einmal mit dem Lastwiderstand R_L, den der Anwender in gewissem Umfang festlegen kann, als Zeitkonstante $R_L \cdot C_c$ und das andere Mal mit r_b als Zeitkonstante $r_b \cdot C_c$.

4.7 Die Emittersperrschichtkapazität C_e. Beim Verstärkertransistor mit hochdotierter Basiszone (Drift, Mesa-, Planartyp) beobachtet man die Wirkung der Emittersperrschichtkapazität an der Abnahme von f_T bei kleiner werdendem Arbeitspunktstrom. In erster Näherung sollte f_T unabhängig vom Strom sein, nimmt jedoch proportional $\frac{1}{I_c}$ ab, beginnend bei dem Strom

$$I_c = U_T \, 2\pi f_T \cdot C'_e \quad (18)$$

$U_T =$ Temperaturspannung $= 0{,}026$ V
$f_T =$ Transitfrequenz unabhängig von I_c
$C'_e =$ Emittersperrschichtkapazität im Arbeitspunkt.

Wenn man also den Verstärkertransistor bei kleinem Arbeitspunktstrom I_c betreibt, setzt die Emittersperrschichtkapazität die Verstärkung herab.

Beim Schalttransistor gibt die Emittersperrschichtkapazität Anlaß zu einer Verzögerungszeit t_d im Kollektorstrom, weil erst die Aufladung dieser Kapazität beim Einschalten des Transistors über $I_{BN} =$ const. erfolgen muß.

$$t_d = \frac{2 C_e \cdot (U_{BE} + \delta)}{I_{BN}} \quad (19)$$

$$t_d = \frac{2 C_{e1} \cdot \sqrt{U_{BE} + \delta}}{I_{BN}} \quad (20)$$

$C_e =$ Emittersperrschichtkapazität bei U_{BE} („Aus"-Zustand)
$\delta =$ Diffusionsspannung der Emittersperrschicht
$C_{e1} =$ Emittersperrschichtkapazität bei $1\,\mathrm{V} - \delta$.

Die in der Emittersperrschicht befindliche Ladungsmenge ist um so größer, je höher die Sperrschichtspannung $(U_{BE} + \delta)$ ist (die Kapazität C_e verläuft dagegen proportional $\frac{1}{\sqrt{U_{BE} + \delta}}$), weil die Ladungsmenge je Flächeneinheit $\varrho \cdot s$ ist ($s =$ Sperrschichtweite, $\varrho =$ Störstellendichte). Im „Ein"-Zustand ist die Sperrschichtweite $s = 0$ gesetzt.

Die Verzögerungszeit nimmt also proportional $\sqrt{U_{BE} + \delta}$ zu. Die Verzögerungszeit t_d durch die Emittersperrschichtkapazität C_e wird gleich der Basisstromzeitkonstanten τ_p, wenn

$$C_e = \frac{I_c \cdot \tau_c}{2 (U_{BE} + \delta)} \quad (21)$$

ist. Das entspricht der Gl. (18) für den Verstärkertransistor, nur daß an Stelle von U_T die Größe $2 \cdot (U_{BE} + \delta)$ tritt. Auch die Kollektorkapazität hat in der Emitter-

Tafel II

Analogbetrieb	Digitalbetrieb
β-Grenzfrequenz f_β hoch Transitfrequenz f_T hoch $$f_\beta = \frac{f_T}{\beta}$$ β = Signalstromverstärkung in Emitterschaltung. Weil β hoch sein soll, wird f_T durch eine möglichst dünne Basisschicht hochgetrieben. $$f_T = \frac{2D}{W^2} \frac{1}{2\pi}$$ Schwinggrenze $f_{\max}$ hoch, $$f_{\max} = \sqrt{\frac{f\alpha}{8 \cdot r_b \cdot C_c}}.$$ $r_b \cdot C_c$ wird klein gemacht durch möglichst kleine Kollektorflächen (C_c), diffundierte Basiszone (r_b). Grenzfrequenz f'_T bei kleinem Arbeitspunktstrom hoch Wenn $I_b < \dfrac{2\pi f'_T \cdot C'_e \cdot 0{,}026}{1}$, wird $f'_T = \dfrac{I_c}{2\pi C'_e \cdot 0{,}026}$. Die Emittersperrschichtkapazität wird durch möglichst kleine Emitterfläche herabgesetzt.	Basisstromzeitkonstante τ_p klein Kollektorstromzeitkonstante τ_c klein $$\tau_p = B \cdot \tau_c,$$ B = Gleichstromverstärkung in Emitterschaltung. Weil B nicht sehr hoch sein braucht, wird τ_p klein gemacht durch Rekombinationsstörstellen (Golddotierung). τ_c wird durch die Basisschichtweite W gesteuert: $$\tau_c = \frac{W^2}{2D}$$ D = Diffusionskonstante. Grenzzeitkonstante $\tau_{\min}$ klein, $$\tau_{\min} = 2\sqrt{\tau_c \cdot r_b \cdot C_c}.$$ $r_b \cdot C_c$ wird mit den gleichen Maßnahmen wie beim Verstärkertransistor behandelt. C_c muß auch noch wegen der Übergangszeiten klein gemacht werden: $$t_r = t_f = (\tau_c + R_L \cdot C_c) B_N \cdot 2{,}3.$$ Keine Übersteuerung, Emitterschaltung. In Basisschaltung wird $B_N = 1$. Verzögerungszeit t_d klein, $$t_d = \frac{2 \cdot C_e (U_{BE} + \delta)}{I_{BN}}.$$ C_e wird wie beim Verstärkertransistor durch eine möglichst kleine Emitterfläche niedrig gemacht. Die Speichergrößen τ_s und τ_{cs} haben kein Pendant zum Verstärkertransistor. τ_s wird klein gemacht durch starke Oberflächenrekombinationen auf der Kollektorseite und durch schlechten Injektionswirkungsgrad der Kollektorsperrschicht (dünne, nicht stark dotierte Kollektorzone). τ_{cs} wird klein durch eine möglichst gleichmäßig dünne Basiszone vor der ganzen Kollektorfläche.

schaltung einen Einfluß auf die Zeit t_d, die aber oft vernachlässigt werden kann, wenn C_c bei Transistoren mit großem C_e, d. h. mit diffundierter Basiszone, relativ klein ist und die U_{BE}-Änderung wenig die Sperrschichtspannung U_{CB} beeinflußt. In der Basisschaltung ist kein Einfluß von C_c auf t_d vorhanden. Erst bei dem eigentlichen Kollektorstromanstieg wandert die Kollektorspannung gegen Null, und die dann notwendige Beladung der Kollektorsperrzone wird durch eine Formel (19) ähnliche Gleichung erfaßt:

$$\tau_p v_c = \frac{C_c \cdot U_{CB}}{I_{BN}} \qquad (22)$$

Hier ist δ vernachlässigt worden und der Faktor 2 fortgefallen, weil unter C_c die effektive Kollektorkapazität verstanden wird. Wenn sich die Kollektorsperrschichtkapazität mit $\dfrac{1}{\sqrt{U_{CB}}}$ ändert (homogen dotierte Kollektor- und Basiszone), wird die effektive Kollektorkapazität $C_c = 2 \cdot C'_c$, wobei C'_c die Kollektorsperrschicht-

kapazität im „Aus"-Zustand ist. Bei Transistoren mit diffundierter Basis (Drift-Transistoren) oder Epitaxial-Zwischenschicht kann der Faktor zwischen 1 ... 2 liegen.

In Basisschaltung wird

$$\tau_c v_c \approx \frac{C_c \cdot U_{CB}}{I_E} \qquad (23)$$

Es wird $\dfrac{U_{CB}}{I_E} = R_L$ und $\dfrac{U_{CB}}{I_{BN}} = R_L \cdot B_N$ gesetzt, und man findet in den Formeln über die Anstiegs- und Abfallzeiten, in denen τ_c bzw. τ_p vorkommen, als additive Zeitkonstanten $R_L C_c$ bzw. $R_L C_c \cdot B_N$.

5. Die Anforderungen an die charakteristischen Größen und die entsprechende Dimensionierung des Transistors

Tafel II enthält eine Gegenüberstellung der für das Frequenzverhalten charakteristischen Größen und der für die jeweilige Anwendungsart geeigneten Dimensionierungs-Maßnahmen.

Zur Frage der Sperrschichtberührung bei Transistoren

Mitteilung der VALVO G. m. b. H., Hamburg

Von **K. Wagner** und **F. Weitzsch**, Hamburg

Mit 9 Bildern

DK 621.382.332

Bei großen Spannungsaussteuerungen, wie sie vor allem bei Schalterstufen und Verstärker-Endstufen auftreten, gelangt man häufig bis ins sogenannte Durchbruchsgebiet der Transistoren. Insbesondere gilt dies für den Schalterbetrieb, bei dem man oft, um die Spannungsfestigkeit der Transistoren so weitgehend wie möglich auszunutzen, größere Bereiche des Durchbruchsgebietes beim Umschalten bewußt durchschreitet. In diesem Gebiet kann sich unter bestimmten Bedingungen ein „Durchbruch" zwischen Kollektor und Emitter in der Art einstellen, daß mit zunehmender Kollektor-Emitter-Spannung ein fast unbegrenztes Ansteigen des Kollektorstromes erfolgt, d. h. praktisch ein Kurzschluß zwischen Kollektor und Emitter eintritt. Normalerweise liegt diesem Kollektor-Emitter-Durchbruch folgender Mechanismus zugrunde. Durch die in der Kollektordiode mit zunehmender Kollektor-Basis-Sperrspannung immer stärker in Erscheinung tretende Ladungsträger-Multiplikation infolge Stoßionisation wird ein lawinenhaftes Anwachsen des Kollektorsperrstromes ausgelöst und in Gang gehalten. Man nennt diese Art Durchbruch daher **Lawinendurchbruch** (engl. avalanche breakdown). Das Lawinendurchbruchsgebiet erstreckt sich im allgemeinen von der $I_B = 0$-Durchbruchskennlinie bis zur I_{CB0}-Grenzkennlinie, d. h. der Durchbruchskennlinie für $I_E = 0$, im wesentlichen etwa so, wie es der schraffierte Bereich des schematischen Bildes 1 darstellt[1]). Auf eine nähere Beschreibung des Zustandekommens und der Gestalt der Kennlinien im Lawinendurchbruchsgebiet können wir hier verzichten. Wir wollen jedoch im Hinblick auf spätere Vergleiche mit andersartigen Kennlinien festhalten, daß eine eindeutige Zuordnung der Durchbruchskennlinien zu den jeweils eingestellten positiven Basisströmen I_B oder Basis-Emitterspannungen U_{BE} besteht, insbesondere, daß mit zunehmenden Werten von I_B bzw. U_{BE} diese Durchbruchskennlinien bei höheren Kollektor-Emitter-Spannungen $-U_{CE}$ liegen.

Neben dieser bekannteren Durchbruchserscheinung ist noch eine andere Art von Kollektor-Emitter-Durchbruch bzw. -Kurzschluß möglich, der durch die sogenannte Sperrschichtberührung (engl. punch-through effect) ausgelöst wird. Dieser **Sperrschichtberührungsdurchbruch**, für den insbesondere Legierungstransistoren mit hochohmigem Basismaterial oder kleinen Basisweiten anfällig sind, soll im folgenden näher behandelt werden.

Sperrschichtberührung und Zustandekommen des Sperrschichtberührungsdurchbruchs bei im aktiven Bereich betriebenem Transistor

In Bild 2a sind schematisch die Verhältnisse in der Basiszone für einen (pnp-)Legierungstransistor, der im aktiven Betriebsbereich ($U_{EB} > 0$, $U_{CB} < 0$) betrieben wird, skizziert. Normale Legierungstransistoren, auf die wir uns im folgenden beschränken, sind in der Kollektor- und Emitterzone stets wesentlich höher dotiert, also niederohmiger als in der Basiszone ($\varrho_B \gg \varrho_C$ bzw. ϱ_E). w_0 ist der Abstand der beiden (bei einem Legierungstransistor) abrupten Störstellen- bzw. pn-Übergänge. Bei Anlegen einer Sperrspannung über einen pn-Übergang, wie es hier auf der Kollektorseite geschieht, wandert die Raumladungszone merklich in die Basiszone hinein zum Emitterübergang hin und verkleinert die effektive Basisweite w unter Umständen beträcht-

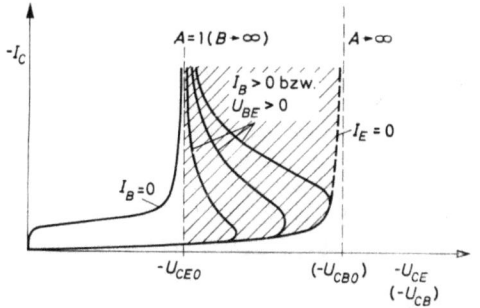

Bild 1. Skizze eines Kennlinienfeldes mit Lawinen-Durchbruchsgebiet

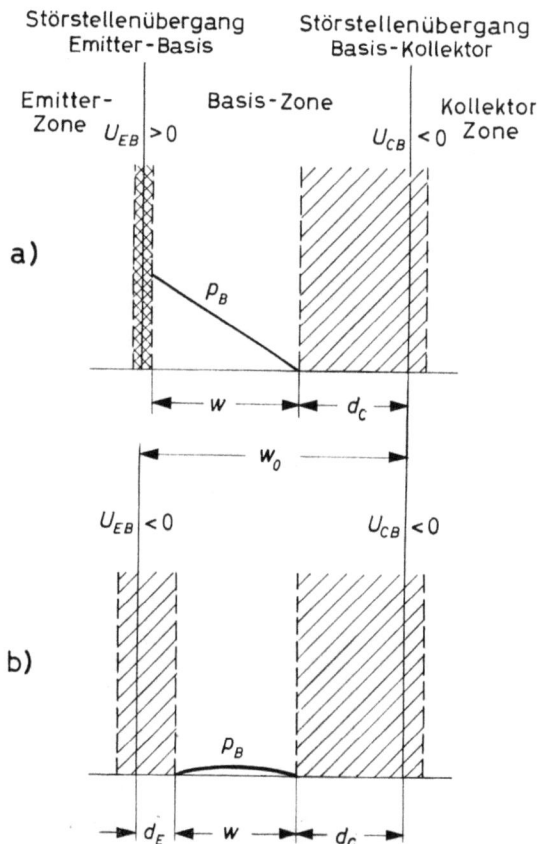

Bild 2. Schematische Darstellung der Raumladungsgebiete und der Minoritätsdichte bei Legierungstransistoren.
a) Emitterdiode leitend, Kollektordiode gesperrt
b) Emitter- und Kollektordiode gesperrt

---

[1]) Wir beschränken uns hier der Einfachheit halber auf pnp-Transistoren. Die Ergebnisse lassen sich jedoch selbstverständlich ohne Einschränkung sinngemäß auf npn-Transistoren übertragen.

lich. Hierauf hat vor Jahren *Early* hingewiesen, weshalb man meist vom *Early*-Effekt spricht. Die Raumladungszone der in Durchlaßrichtung gepolten Emitterdiode reicht demgegenüber nur ganz unbedeutend in die Basiszone hinein.

Der Abstand d_C in Bild 2a ist unter der angenommenen Voraussetzung ($\varrho_B \gg \varrho_C$) gegeben durch

$$d_C = \sqrt{2\,\varepsilon\,\varepsilon_0\,\mu_n\,\varrho_B\,(-U_{CB'} + \varphi_0)} \approx \sqrt{2\,\varepsilon\,\varepsilon_0\,\mu_n\,\varrho_B\,(-U_{CB})} \quad (1)$$

mit

μ_n Elektronen-(Majoritätsladungsträger-)Beweglichkeit in der (n-dotierten) Basiszone,

φ_0 Diffusionspotential des Kollektor-pn-Überganges (ca. 200 mV),

ϱ_B spez. Widerstand der Basiszone, d. h. des Ausgangskristalls.

Bei hochohmigem Basismaterial oder kleinem Übergangsabstand w_0 ist es leicht möglich, daß bei U_{CB}-Werten, die noch weit unterhalb der Kollektor-Basis-Durchbruchsspannung U_{CB0} liegen (vgl. Bild 1), die kollektorseitige Raumladungszone bis zum Emitterübergang reicht, d. h. $d_C \approx w_0$ wird bzw. w verschwindet. In diesem Fall spricht man dann von der Sperrschichtberührung, und die Kollektor-Basis-Sperrspannung U_{CB}, bei der dies eintritt, ist die sogenannte Sperrschichtberührungsspannung (engl. punch through voltage) U_{CBpt}. Da bei vorwärts gepolter Emitterdiode $U_{EB} \ll -U_{CBpt}$ gilt, ist überdies die zugehörige Kollektor-Emitterspannung praktisch $U_{CE} = U_{CBpt}$. Mit $d_C = w_0$ folgt aus Gl. (1)

$$-U_{CBpt} = \frac{w_0^2}{2\,\varepsilon\,\varepsilon_0\,\mu_n\,\varrho_B}. \quad (2)$$

Bei Germanium erhält man mit

$$\varepsilon = 16 \text{ und } \mu_n = 3{,}6 \cdot 10^3 \text{ cm}^2\text{ V}^{-1}\text{ s}^{-1}$$

für Gl. (2) den Ausdruck

$$-U_{CBpt} \approx \frac{w_0^2}{\varrho_B} \cdot 10^8 \frac{\Omega}{\text{cm}} \text{ V}. \quad (2\text{a})$$

Man sieht, daß wegen des quadratischen Zusammenhanges vor allem eine kleine Basisweite w_0 leicht zur Sperrschichtberührung führen kann. Als Zahlenbeispiel mögen Werte dienen, wie sie bei Ge-HF-Legierungstransistoren vorkommen können. Für $\varrho_B = 2\,\Omega\,\text{cm}$ ergibt sich nach Gl. (2a)

$w_0/\mu\text{m}$	16	14	12	10	8	6
$-U_{CBpt}/\text{V}$	128	98	72	50	32	18

Bei Siliziumtransistoren sind die Werte von ε und μ_n kleiner, und man kann mit Spannungen rechnen, die bei gleichen Werten von ϱ_B und w_0 mindestens 5…6mal höher sind.

Aus Bild 2a ist qualitativ leicht einzusehen, wie es zum Kollektor-Emitter-Durchbruch bei Sperrschichtberührung kommt. Mit abnehmender effektiver Basisweite w wird (bei konstanter Spannung $U_{EB} > 0$) das Diffusionsgefälle der Defektelektronen (p_B, Minoritätsladungsträger) immer steiler, d. h. der Kollektorstrom, der diesem Gradienten direkt proportional ist, steigt rapide an.

Hinzu kommt, daß mit abnehmender Weite w, d. h. mit Verkleinerung des „Diffusionsraumes" in der Basiszone, die Volumen- und Oberflächenrekombination merklich zurückgehen, so daß im Grenzfall der Sperrschichtberührung die Stromverstärkung $A \approx 1$ wird bzw. B über alle Grenzen wächst. Zwischen Kollektor und Emitter besteht dann praktisch ein Kurzschluß, und der Kollektorstrom wird nur durch die im äußeren Kollektorkreis liegenden Widerstände begrenzt. Bei in Durchlaßrichtung gepolter Emitterdiode wirkt sich dieser Durchbruch also ähnlich aus wie der Lawinendurchbruch für $A = 1$ (Durchbruchskennlinie für $I_B = 0$ in Bild 1).

Die Sperrschichtberührungsspannung $-U_{CBpt}$ nach Gl. (2) läßt sich verhältnismäßig gut bestimmen. Ein sehr einfaches Verfahren, das wir bei unseren Messungen hier angewendet haben, ist das folgende: Man mißt mit einem hochohmigen Spannungsmesser (Eingangswiderstand > 1 MΩ) bei offenem Emitter ($I_E \approx 0$) die Emitter-Basisspannung U_{EB} in Abhängigkeit von der angelegten Kollektor-Basissperrspannung $-U_{CB}$. Während man bei kleineren $-U_{CB}$-Werten die sogenannte Emitterflußspannung U_{EBF} mißt, steigt mit zunehmender Spannung $-U_{CB}$ bei Sperrschichtberührung die Spannung $-U_{EB}$ fast sprungartig an (vgl. Bild 3a und b). Das Kollektorpotential „greift" sozusagen unmittelbar auf den Emitter durch.

Sperrschichtberührung bei gesperrtem Transistor

Für einen im aktiven Betriebsbereich betriebenen Transistor läßt sich, wie wir gesehen haben, das Zustandekommen des Sperrschichtberührungsdurchbruchs relativ leicht erklären. Nicht ganz so einfach ist dies bei gesperrtem Transistor. In Bild 2b ist schematisch unter den gleichen Voraussetzungen wie bei Bild 2a die Lage der Raumladungszonen und die Defektelektronendichte p_B für den gesperrten Transistor ($U_{EB} < 0$, $U_{CB} < 0$) skizziert, wobei für $U_{CB} < 0$ der gleiche Wert wie bei Bild 2a sowie $-U_{EB} < -U_{CB}$ angenommen wird. Bei gesperrter Emitterdiode wandert die emitterseitige Raumladungszone in gleicher Weise wie auf der Kollektorseite in die Basiszone hinein. Für den Abstand d_E gilt ebenfalls die Gl. (1), wobei an Stelle von $-U_{CB}$ lediglich $-U_{EB}$ einzusetzen ist. Mit zunehmender Sperrung der Emitter- oder Kollektordiode wird demnach die effektive Basisweite w ebenfalls immer kleiner und verschwindet schließlich, wenn sich beide Sperrschichten im Innern des Basisraumes berühren. Da die Minoritätsladungsträgerdichte p_B, wie auch in Bild 2b angedeutet, bei gesperrtem Transistor sehr klein wird, dürfte es hiernach bei der Sperrschichtberührung keinen Durchbruch zwischen Kollektor und Emitter geben. Überraschenderweise beobachtet man jedoch auch bei gesperrtem Transistor einen solchen Durchbruch, nämlich jedesmal genau dann, wenn U_{CE} ($= U_{CB} - U_{EB}$) gleich dem Wert der Sperrschichtberührungsspannung U_{CBpt} nach Gl. (2) wird, und zwar interessanterweise weitgehend unabhängig davon, welche Sperrspannung $-U_{EB}$ über der Emitterdiode steht.

Bevor wir auf die nähere Erklärung dieses Verhaltens eingehen, wollen wir in Bild 3a und b zuerst die an zwei Transistorexemplaren gewonnenen Meßergebnisse zeigen. Es handelt sich bei diesen beiden Transistoren um

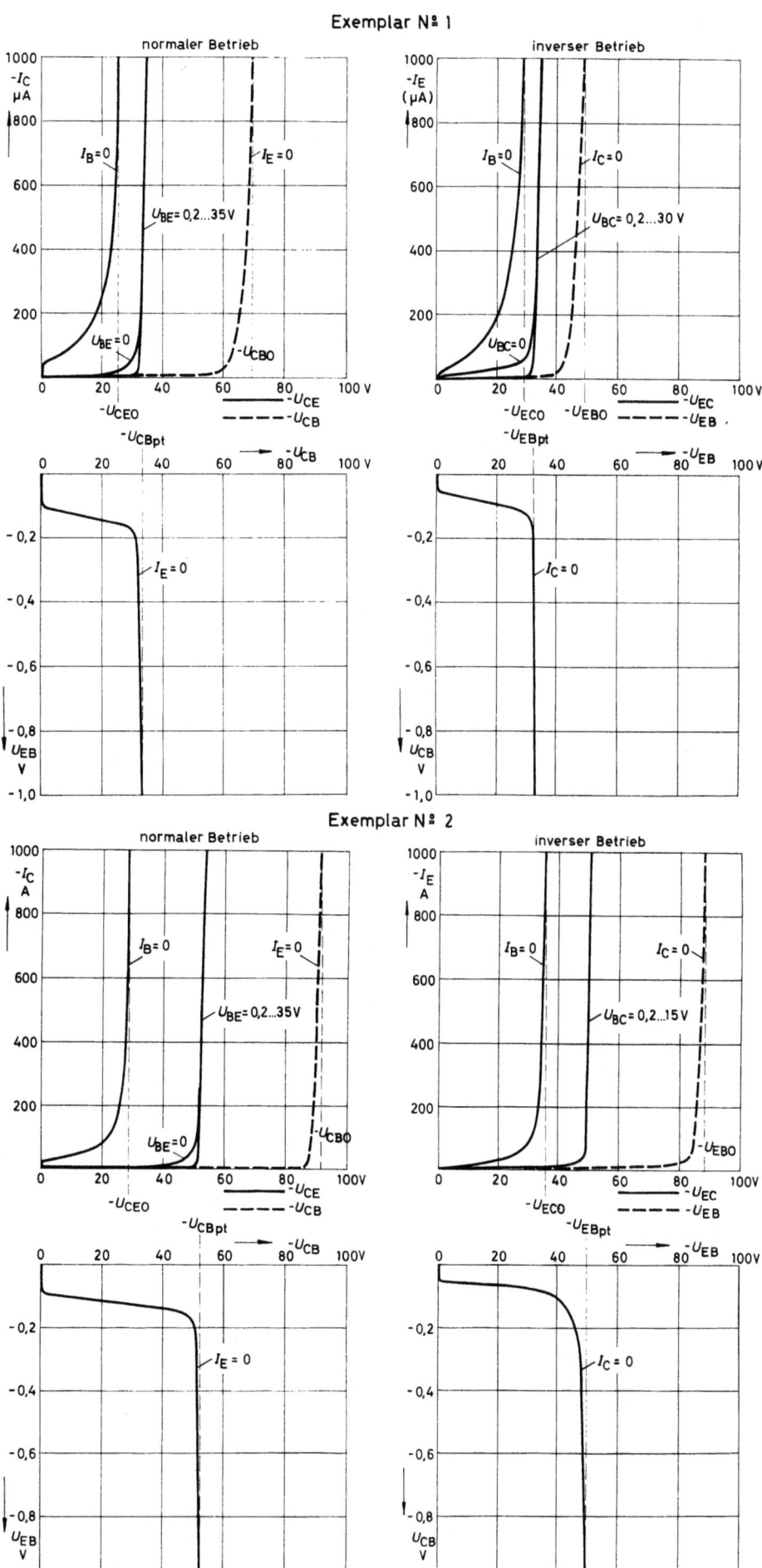

Bild 3. Gemessene Durchbruchskennlinien an zwei Exemplaren, deren Sperrschichtberührungsspannungen im Lawinendurchbruchsgebiet liegen

links: a) rechts: b)

Exemplare eines schnellen Germanium-pnp-Schalttransistors vom Legierungstyp mit $\beta = 1$-Grenzfrequenzen von im Mittel 10 MHz und Sperrschichtberührungsspannungen $-U_{CBpt} > 20$ V. Die Werte für ϱ_B liegen zwischen 1,5 ... 2 Ωcm und der Mittelwert von w_0 bei etwa 10 µm. Die Bilder 3a und b zeigen die Verhältnisse sowohl bei normalem Betrieb als auch bei inversem Betrieb. In beiden Betriebsarten treten innerhalb der Meßgenauigkeit die gleichen Werte für die Sperrschichtberührungsspannungen $-U_{CBpt}$ und $-U_{EBpt}$ auf (34 V bei Expl. Nr. 1 und etwa 50...52 V bei Expl. Nr. 2), was der Theorie nach auch notwendig sein muß, da bei diesem Typ die Dotierungen sowohl auf der Kollektor- als auch auf der Emitterseite hoch sind. Wie die unteren Teilbilder von Bild 3a und b zeigen, ist es hier möglich, die Sperrschichtberührungsspannungen nach der weiter oben bereits erläuterten Methode recht genau zu bestimmen. Die Transistoren wurden so ausgewählt, daß die Sperrschichtberührungsspannung $-U_{CBpt}$ oberhalb $-U_{CE0}$, der Lawinendurchbruchsspannung für $I_B = 0$ (vgl. Bild 1) lag. Sperrschichtberührungsdurchbruch bei nicht gesperrtem Transistor ($U_{EB} > 0$), wie er im vorangehenden Abschnitt beschrieben wurde, kann bei diesen Exemplaren demnach mit wachsender Spannung $-U_{CE}$ nicht auftreten, da sich zuerst der Lawinendurchbruch ausbildet.

Da U_{CBpt} im Gegensatz zu U_{CE0} auch von w_0 abhängt, ist es ebenso möglich, daß $-U_{CBpt}$ kleiner als $-U_{CE0}$ wird. In diesem Fall kann der Lawinendurchbruch für $I_B = 0$ erst gar nicht in Erscheinung treten, so daß man nur den Sperrschichtberührungsdurchbruch beobachtet. Ein Lawinendurchbruch tritt in diesem Fall nur als Durchbruch zwischen Kollektor und Basis auf, d. h. erst dann, wenn U_{CB} sich dem Wert U_{CB0} nähert und $-U_{CE} < -U_{CBpt}$ ist.

Aus den Bildern 3a und b geht deutlich hervor, daß sich, im Gegensatz zum Verhalten der Kennlinien im eingangs erwähnten Lawinendurchbruchsgebiet, die Lage der Durchbruchskennlinie bei Sperrschichtberührung durch eine Veränderung der Basis-Emittersperrspannung nicht beeinflussen läßt. Sie ist in weiten Grenzen unabhängig von U_{BE}. Außerdem liegt ein echter Kollektor-Emitterdurchbruch vor. Der Basisstrom bleibt im Gegensatz zum Lawinendurchbruch vernachlässigbar klein gegenüber dem rasch anwachsenden Kollektorstrom, vorausgesetzt allerdings, daß U_{CB} bzw. U_{EB} noch nicht in die Nähe ihrer Lawinendurchbruchswerte U_{CB0} bzw. U_{EB0} kommen. Wird $U_{CB} \approx U_{CB0}$ oder $U_{EB} \approx U_{EB0}$, dann setzt auf jeden Fall der Lawinendurchbruch über die Kollektor-Basisstrecke bzw. Emitter-Basisstrecke ein. Sehr schön wird dieses Verhalten durch die in Bild 4 dargestellten Meßkurven wiedergegeben. Bei beiden Exemplaren wurde $-U_{CE}$ konstant gehalten, und zwar auf einem Wert, der nur geringfügig unter dem Wert für die jeweilige Sperrschichtberührungsspannung liegt (vgl. hierzu Bild 3a und b). Gemessen wurden der Kollektorstrom und der Basisstrom in Abhängigkeit von der Basis-Emitterspannung. Der Stromanstieg ist hier die Folge des Lawinendurchbruchs.

Bei gemessenem Basis- und Kollektorstrom läßt sich auch der Emitterstrom bestimmen. Beim Transistor Nr. 2, der Lawinendurchbruchsspannungen von $-U_{CB0} \approx 90$ V und $-U_{EB0} \approx 88$ V hat, ist annähernd $I_B = -I_C$ und daher $I_E \approx 0$. (Der Emittersperrstrom

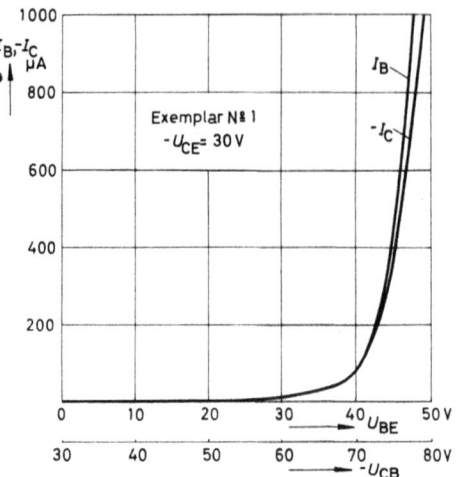

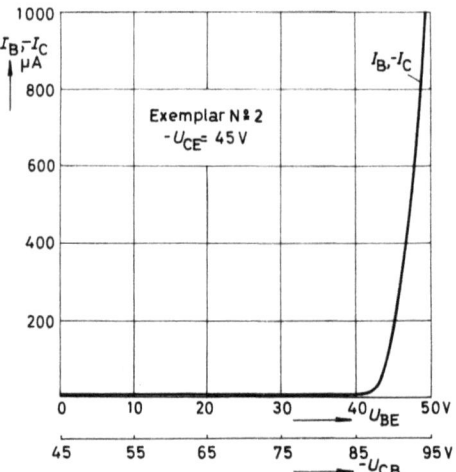

Bild 4 Gemessene Durchbruchskennlinien für den Fall, daß die Kollektor-Emitterspannung $-U_{CE}$ dicht unterhalb der Sperrschichtberührungsspannung $-U_{CBpt}$ gehalten wird

ist im ganzen dargestellten Bereich kleiner als 8 µA.) Beim Transistor Nr. 1 dagegen, der Lawinendurchbruchsspannungen von $-U_{CB0} \approx 70$ V und $-U_{EB0} \approx 48$ V hat, kommt neben dem Lawinendurchbruch der Kollektordiode auch der der Emitterdiode ins Spiel; es fließt ein negativer Emitterstrom ($I_E = -I_C - I_B$).

Das in diesem Abschnitt beschriebene Verhalten des Transistors bei gesperrter Kollektor- und Emitterdiode ist zunächst nicht einzusehen, wenn man nur die Potentialverhältnisse und die Dichte p_B entlang einer zentralen Achse durch den Transistor betrachtet. Es ist notwendig, zu einer räumlichen Betrachtungsweise überzugehen.

Potential in den Raumladungszonen und Minoritätsdichte in der Basiszone

Für eine Übersicht soll das folgende vereinfachte Modell zugrunde gelegt werden. Der Transistor habe sowohl kollektorseitig als auch emitterseitig eine sehr hohe Lawinendurchbruchsspannung, so daß keine störenden Strommultiplikationen auftreten. Die Kollektor- und Emitter-p-Zone (pnp-Transistor) sei so hoch dotiert, daß die auf diese Zone entfallenden Spannungsabfälle vernachlässigbar klein sind. Die Störstellenübergänge sollen abrupt verlaufen; der Einfluß der Majoritätsströme soll geringfügig sein. Wir benötigen im folgenden dann lediglich die *Poisson*sche Gleichung für das Potential φ

$$\Delta \varphi = - \frac{q}{\varepsilon \varepsilon_0} [p - n - (N_A - N_D)]. \quad (3)$$

(N_A ist die Akzeptorendichte, N_D die Donatorendichte.) Weiter nehmen wir an, daß die Raumladungsgebiete der Sperrschichten nahezu vollständig von beweglichen Ladungsträgern entblößt sind, so daß bei einem pnp-Transistor innerhalb der Raumladungsgebiete in der Basiszone

$$\Delta \varphi = - \frac{q}{\varepsilon \varepsilon_0} N_D = - \frac{1}{\varepsilon \varepsilon_0 \mu_n \varrho_B} \quad (4)$$

gilt, worin ϱ_B wieder der spezifische Widerstand des Basismaterials ist. Außerhalb der Raumladungsgebiete werde vorläufig eine beliebig gute Leitfähigkeit angenommen.

Betrachtet man die Berechnung der Ausdehnung einer Sperrschicht als Randwertaufgabe, so ist für diese charakteristisch, daß nicht wie bei den meisten Potentialaufgaben Randbedingungen an festen räumlichen Grenzen gegeben sind; vielmehr müssen die Grenzen so gelegt werden, daß ein bestimmtes Potential und bei diesem Potential ein verschwindender Gradient in der Normalenrichtung der Potentiallinien eingenommen wird.

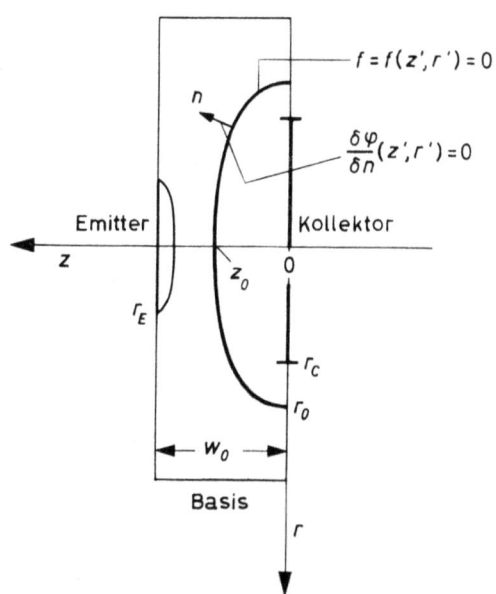

Bild 5. Zur Betrachtung des Typs der Randwertaufgabe für die Berechnung der Raumladungszone bei gesperrter Kollektordiode

In Bild 5 ist ein Transistormodell skizziert, das rotationssymmetrisch um die z-Achse zu denken ist. Bei einer Spannung $U_{CB} < 0$ zwischen Kollektor und Basis (pnp-Transistor) lautet die Aufgabe

$$\frac{\partial^2 \varphi}{\partial z^2} + \frac{1}{r} \frac{\partial}{\partial r} \left(r \frac{\partial \varphi}{\partial r} \right) = - \frac{1}{\varepsilon \varepsilon_0 \mu_n \varrho_B}. \quad (5)$$

(r ist die radiale Koordinate des in Zylinderkoordinaten geschriebenen rotationssymmetrischen Modells.)

Die Randbedingungen für den Rand des Raumladungsgebietes (Kollektorsperrschicht) sind

$$\varphi(z', r') = -U_{CB'} + \varphi_0,$$

$$\frac{\partial \varphi}{\partial n}(z', r') = 0.$$

z' und r' sind die Punkte der ausgezogenen Kurve [eine Ortsfunktion $f(z', r') = 0$] in Bild 5; φ_0 ist das Diffusionspotential. Der Gradient in der Richtung der Normalen der Potentiallinien ist

$$\frac{\partial \varphi}{\partial n} = \left[\left(\frac{\partial \varphi}{\partial z} \right)^2 + \left(\frac{\partial \varphi}{\partial r} \right)^2 \right]^{1/2}.$$

Die restlichen Randbedingungen sind

$$\frac{\partial \varphi}{\partial r}(z, 0) = 0 \quad \text{für} \quad 0 < z < z_0,$$

$$\frac{\partial \varphi}{\partial z}(0, r) = 0 \quad \text{für} \quad r_C < r < r_0,$$

$$\varphi(0, r) = 0 \quad \text{für} \quad 0 < r < r_C$$

(wenn das Potential Null an den kollektorseitigen Störstellenübergang festgelegt wird).

Diese Aufgabe kann mit den üblichen Separationsansätzen nicht mehr ohne weiteres gelöst werden. In einigen Grenzfällen lassen sich jedoch einfache Abschätzungen angeben.

Ist z. B. die Kollektorfläche genügend groß gegenüber einer betrachteten Ausdehnung des Raumladungsgebietes in die Basiszone, dann kann man sicher die Randstücke unberücksichtigt lassen, und die Aufgabe reduziert sich auf

$$\frac{\partial^2 \varphi}{\partial z^2} = - \frac{1}{\varepsilon \varepsilon_0 \mu_n \varrho_B} \quad (6)$$

mit

$$\frac{\partial \varphi}{\partial z}(z_0) = 0,$$

$$\varphi(0) = 0.$$

Die Bezeichnungen gehen aus der Skizze in Bild 6 hervor. Die Lösung ist

$$\varphi = \frac{1}{2 \varepsilon \varepsilon_0 \mu_n \varrho_B} z (2 z_0 - z). \quad (7)$$

Aus $\varphi(z_0) = -U_{CB'} + \varphi_0$ kann der Ort z_0 berechnet werden, es ist

$$z_0 = d_C = \sqrt{2 \varepsilon \varepsilon_0 \mu_n \varrho_B (-U_{CB'} + \varphi_0)} \quad (8)$$

($U_{CB'} < 0$). Dies ist die schon mit Gl. (1) angegebene Formel.

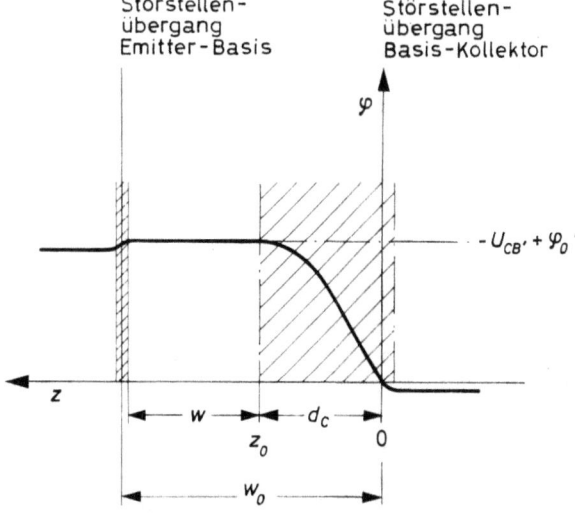

Bild 6. Potential im Zentrum des Transistors bei gesperrter Kollektordiode

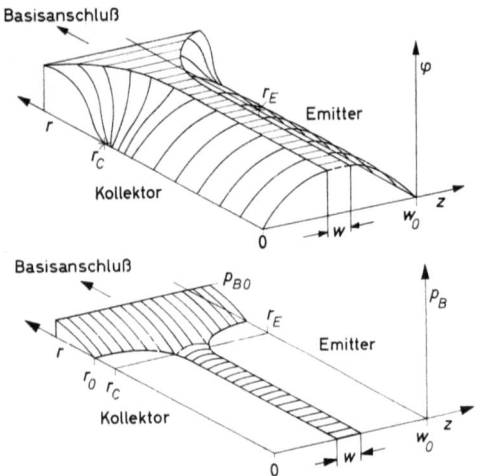

Bild 7. Schematische Darstellung der Verhältnisse bei $U_{CE} = 0$ und gesperrter Kollektor- und Emitterdiode.
oben: Potential
unten; Minoritätsdichte

Wir betrachten nun nacheinander verschiedene Fälle, aus denen das Verhalten eines gesperrten Transistors bei Sperrschichtberührung deutlich wird.

In Bild 7 wurde in einem einfachen Modell angenommen, daß beide Transistordioden gleiche Sperrspannungen haben — $U_{CB} = -U_{EB}$. Im oberen Teilbild ist das Potential über der z, r-Ebene skizziert. (Der Einfachheit halber haben wir gleiche Durchmesser für Emitter und Kollektor angenommen.) Beide Raumladungsgebiete reichen weit in die Basiszone hinein. Das Potential zwischen den Raumladungsgebieten ist vom Basisanschluß her vorgeschrieben.

Im unteren Teilbild ist die Minoritätsdichte skizziert. Man erkennt, daß an den Rändern von Emitter und Kollektor ein stärkeres Dichtegefälle vorhanden ist, das jeweils den Sperrströmen von Emitter- und Kollektordiode entspricht. In der eigentlichen Basiszone dagegen kann bei immer geringer werdender Volumrekombination kein Dichtegefälle existieren, so daß auch die radiale Komponente des Basisstromes dort sehr klein wird. Sie wird überdies klein, weil die Fläche des zugehörigen Stromflusses klein wird. Im Zentrum der Basiszone fließt überhaupt kein Strom. Der Widerstand in dem stehengebliebenen Teil wird zwar mit wachsenden Sperrspannungen immer größer; dies bedeutet jedoch nicht, daß dort ein Potentialgefälle entsteht. Selbst wenn die Sperrströme über das stehengebliebene Stück der Basiszone fließen würden, erhielte man nur einen geringfügigen Potentialabfall gegenüber den hohen Sperrspannungen.

Bei $d_E = d_C = w_0/2$ tritt Sperrschichtberührung ein, d. h. bei einer Spannung

$$-U_{CB} = -U_{EB} \approx \frac{1}{4}(-U_{CBpt}). \qquad (9)$$

Es erhebt sich nun die Frage, wie sich das Potential nach Eintreten der Sperrschichtberührung verhält, wenn also das Potential am Basisanschluß größer als $-U_{CBpt}/4$ ist.

Würde keine Komponente des Potentials in der radialen Koordinate vorhanden sein — dies sollte man auf den ersten Blick für das Zentrum der Basiszone annehmen —, dann würde in der Umgebung von $r = 0$ in Bild 7 längs der Koordinate z nach Gl. (7) eine Parabel für das Potential vorliegen mit dem Maximalwert

$$\varphi_{max} = \frac{w_0^2}{8\,\varepsilon\varepsilon_0\,\mu_n\,\varrho_B} = -\frac{U_{CBpt}}{4}.$$

Wenn das Potential an der Basis aber weiter anwächst, muß auf jeden Fall eine Komponente in der radialen Richtung hinzukommen.

Dies Verhalten läßt sich abschätzend wie folgt beschreiben. Eine die homogene Potentialgleichung befriedigende Lösung ist

$$\varphi_h = a \sin\left(\frac{\pi z}{w_0}\right) I_0\left(\frac{\pi}{w_0} r\right), \qquad (10)$$

worin $I_0(\xi)$ die modifizierte Besselfunktion nullter Ordnung vom Argument ξ ist. Sie wächst monoton und stetig an. Bei kleinen Werten von r und Ersatz der Sinusfunktion durch eine Parabel erhält man näherungsweise

$$\varphi_h \approx 4 a \frac{z}{w_0}\left(1 - \frac{z}{w_0}\right)\left(1 + \frac{1}{4}\frac{\pi^2}{w_0^2} r^2\right). \qquad (11)$$

Aus der Superposition der ursprünglichen Lösung Gl. (7) mit $z_0 = w_0/2$ und Gl. (11) folgt

$$\varphi = \frac{w_0}{2\,\varepsilon\varepsilon_0\,\mu_n\,\varrho_B} z \left(1 - \frac{z}{w_0}\right)\left[1 + a'\left(1 + \frac{1}{4}\frac{\pi^2}{w_0^2} r^2\right)\right]$$

oder mit Einführung von φ_{max}

$$\varphi\bigg|_{z = \frac{w_0}{2}} = \varphi_{max}\left[1 + a'\left(1 + \frac{1}{4}\frac{\pi^2}{w_0^2} r^2\right)\right].$$

Ist z. B. an der Stelle $r = r_C$ das Potential φ_C, dann wird nach Eliminieren von a'

$$\varphi\bigg|_{z = \frac{w_0}{2}, r = 0} = \varphi_{max} + (\varphi_C - \varphi_{max})\frac{1}{1 + \frac{\pi^2 r_C^2}{4 w_0^2}}. \qquad (12)$$

Das Potential kann also im Zentrum der Basiszone anwachsen, wenn das Potential bei $r = r_C$ größer ist als der Maximalwert φ_{max} bei fehlender r-Komponente des Potentials. Für $r_C \gg w_0$ ist jedoch das Anwachsen sehr gering.

In der Ebene $r = 0$ gilt also praktisch Gl. (7). In Bild 8 oben ist das Potential gezeichnet für $U_{BE} = U_{BC}$. Die z-Komponenten der elektrischen Feldstärke sind am Emitter und Kollektor so gerichtet, daß noch keine Minoritätsträger (Defektelektronen) in die Basiszone eintreten können. Dies ist auch dann der Fall, wenn das Potential am Basisanschluß wächst — es entsteht lediglich ein Potentialanstieg in der radialen Koordinate.

Wird nun bei festgehaltener Sperrspannung am Emitter $-U_{EB}$ die Kollektorsperrspannung $-U_{CB}$ vergrößert, dann verschiebt sich das Maximum des Potentials zum Emitter hin, wie es für die Ebene $r = 0$ in Bild 8 unten skizziert ist.

Formelmäßig ergibt sich für $w_0 \ll r_C$ für die Stelle des Maximums

$$z\bigg|_{\varphi_{max}} = \frac{w_0}{2} + \frac{\varepsilon\varepsilon_0\mu_n\varrho_B}{w_0}(U_{CB} - U_{EB})$$

oder

$$z\bigg|_{\varphi_{max}} = \frac{w_0}{2}\left(1 + \frac{U_{CE}}{U_{CBpt}}\right).$$

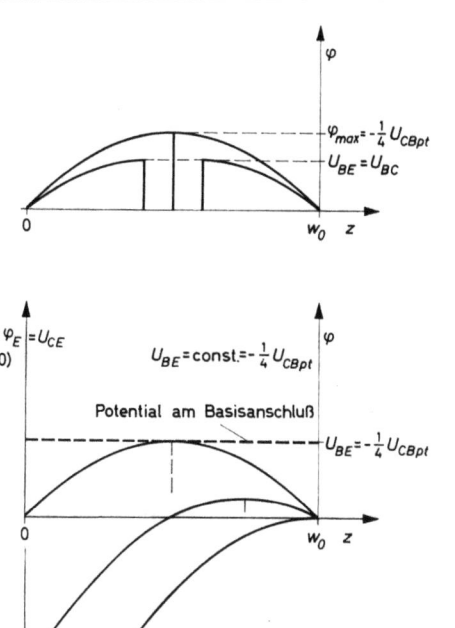
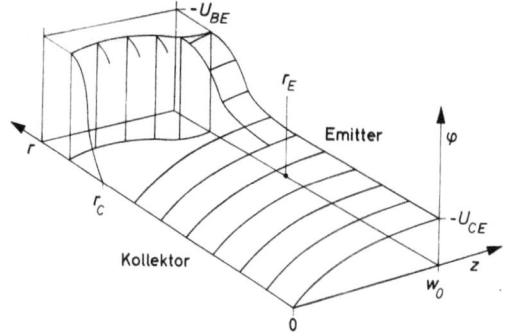

Bild 8. Potential im Zentrum des Transistors für verschiedene Fälle.
oben: $U_{BE} = U_{BC}$
unten: $U_{BE} = -U_{CBpt}/4$ und Änderung der Kollektor-Emitterspannung U_{CE}

Bild: 9. Schematische Darstellung des Potentials bei gesperrter Kollektor- und Emitterdiode für den Grenzfall $U_{CE} = U_{CBpt}$

Dieser Wert hängt also nur von der Kollektor-Emitterspannung U_{CE} ab. Sobald $-U_{CE} = -U_{CB} + U_{EB} = -U_{CBpt}$ geworden ist, erreicht das Maximum den Emitter-pn-Übergang $[z(\varphi_{\max}) = w_0]$.

Liegt das Potential auf der Emitterseite fest, wie beim Betrieb in Emitterschaltung, dann können unbegrenzt Defektelektronen der p-Zone durch die ganze Basiszone fließen, da für die Defektelektronen der Potentialberg auf der Emitterseite abgebaut ist, d. h. die Feldstärke die Richtung wechselt und den Eintritt von Defektelektronen in das Raumladungsgebiet erlaubt. Es tritt Kurzschluß auf, obwohl beide Transistordioden gesperrt sind. Dies erfolgt also gerade bei der Spannung

$$U_{CE} = U_{CB} - U_{EB} = U_{CBpt}.$$

Für diesen Grenzfall haben wir das Potential noch einmal räumlich in Bild 9 skizziert.

Man kann das Verhalten des Transistors nach eingetretener Sperrschichtberührung auch etwa folgendermaßen beschreiben. Zwischen Emitter und Kollektor hat man es mit einem Transistor zu tun, dessen Basisstrom Null ist. Das Potential an der Basis aber ist über einen sehr großen Widerstand mit der Stelle maximalen Potentials in der Basiszone verbunden. Dieses Potential sorgt lediglich dafür (wenn es höher als das am Emitter und Kollektor ist), daß das Raumladungsgebiet die ganze Basiszone durchgehend ausfüllt.

Unsere quantitativen Überlegungen erklären das besondere Verhalten des Transistors bei Sperrschichtberührung im gesperrten Betriebszustand recht gut. Wir haben zwar für unsere Deutung zur Vereinfachung einen symmetrisch aufgebauten Transistor ($r_C = r_E$) zugrunde gelegt. Es läßt sich jedoch leicht einsehen, daß sich unsere Ergebnisse ebenso auch auf unsymmetrische Transistoren ($r_C > r_E$) ausdehnen lassen. Die Verhältnisse werden auch nicht wesentlich geändert, wenn, wie in unserem praktischen Beispiel von Bild 3a und b, bereits Ladungsträger-Multiplikation einsetzt, bevor U_{CE} den Wert U_{CBpt} erreicht hat, d. h. wenn $-U_{CE0} < -U_{CBpt}$ ist. Der zum Basisanschluß fließende Multiplikationsstrom (hauptsächlich bestehend aus einem Elektronenfeldstrom) ändert die Potentialverhältnisse im Außenbereich ($r > r_C$) erst dann, wenn der eigentliche Lawinendurchbruch der Kollektordiode bzw. der Emitterdiode einsetzt. Die Potentialverteilung im Innern des Basisraumes ($r < r_C$) bleibt vom Multiplikationsstrom weitgehend unberührt.

Zusammenfassend läßt sich über die Sperrschichtberührung und ihre praktischen Auswirkungen folgendes sagen. Der Effekt ist in erster Linie bei Legierungstransistoren für hohe Frequenzen oder hohe Sperrspannungen zu erwarten. Neben den Angaben über $-U_{CB\max}$, $-U_{EB\max}$ oder $-U_{CE0}$ sowie Angaben über die Lage einzelner Lawinendurchbruchskennlinien ist bei solchen Typen unbedingt auch die Angabe der Sperrschichtberührungsspannung (punch-through voltage) U_{CBpt} erforderlich. Sie gibt dem Anwender unmittelbar an, wie groß die Kollektor-Emitterspannung $-U_{CE}$ im Betrieb höchstens werden darf. Da die Transistoren auch beim Schalterbetrieb überwiegend in Emitterschaltung betrieben werden, ist $-U_{CBpt}$ gleichzeitig der obere zulässige Grenzwert für die Kollektorversorgungsspannung. Eine nur geringfügige Überschreitung dieses Grenzwertes, z. B. infolge Betriebsspannungsschwankungen, würde bei gesperrtem Transistor entsprechend Bild 3a und b einen momentanen Kollektor-Emitter-Kurzschluß zur Folge haben, und zwar unabhängig davon, welche Basis-Emitter-Sperrspannung anliegt. HF-Transistoren, die nach den heute gebräuchlichen Diffusionstechniken hergestellt werden, wie z. B. diffusionslegierte Transistoren, sog. Mesatransistoren mit und ohne Epitaxialschicht u. a. m., werden vom Sperrschichtberührungseffekt kaum betroffen, da bei diesen Typen die Kollektorzone stets hochohmiger als die Basiszone ist, so daß sich die kollektorseitige Sperrschicht hauptsächlich in die Kollektorzone und nicht, wie in Bild 2 bei den Legierungstypen, in die Basiszone erstreckt.

Der Transistor als ladungsgesteuertes Bauelement
(Intermetall Gesellschaft für Metallurgie und Elektronik m. b. H., Freiburg i. Br.)

Von H. P. Kleinknecht

Mit 13 Bildern

DK 621.382.3

1. Einführung

Die normale Beschreibungsweise des Transistors geht gewöhnlich davon aus, daß der Kollektorstrom eine Funktion des durch den Emitter zufließenden Minoritätenstromes ist. Der Kollektorstrom I_C (siehe Bild 1a), der von der Batterie U_{CC} durch die Last getrieben wird, ist also gesteuert vom Emitterstrom I_E. Dabei wird als Differenz der Beträge von Emitter- und Kollektorstrom ein kleiner Strom I_B aus dem Basisanschluß herausfließen. Durch eine mehr oder weniger formale Transformation können diese Zusammenhänge zwischen den drei Strömen auf die Emitterschaltung (Bild 1b) umgeschrieben werden, und man gelangt zu der Konfiguration, wo der im Ausgangskreis fließende Kollektorstrom I_C vom Basisstrom I_B gesteuert wird.

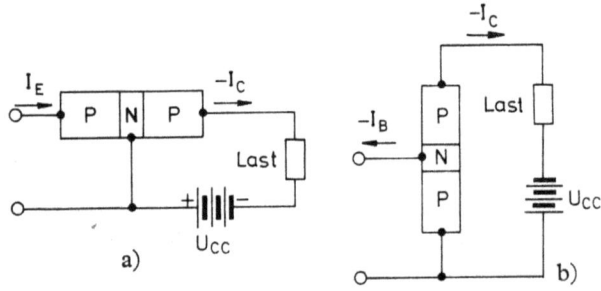

Bild 1. Basis- und Emitter-Schaltung

Der Transistor wird dabei also als stromgesteuertes Bauelement betrachtet. Das ist genau umgekehrt wie bei der Elektronenröhre, wo bekanntlich der Strom im Ausgangskreis (Anodenstrom) im allgemeinen als Funktion der Spannung an der Eingangselektrode (Gitter) angesehen wird. Diese Dualität macht den Vergleich dieser beiden Verstärkerelemente untereinander und mit anderen Verstärkerarten schwierig.

Besondere Komplikationen treten jedoch in dieser Betrachtungsweise bei der Behandlung von Schaltvorgängen im Transistor auf, d. h. bei großen diskontinuierlichen Änderungen des Eingangsstromes. Jetzt hängt nämlich der Kollektorstrom nicht mehr eindeutig vom Eingangsstrom ab, sondern vielmehr von der Konzentration und Verteilung der Minoritäten in der Basiszone. Diese hängen ihrerseits aber nicht nur vom Eingangsstrom, sondern auch von der Zeit und von der am Eingang und am Ausgang liegenden Schaltung ab.

Diese Schwierigkeiten werden erleichtert durch eine andere Betrachtungsweise, nämlich dadurch, daß man den Transistor als ein ladungsgesteuertes Bauelement auffaßt (englisch: Charge Control). Mit anderen Worten, man betrachtet nicht mehr den Basis- oder Emitterstrom als die primäre Steuergröße, sondern die Ladung in der Basiszone, d. h. die Gesamtzahl der Minoritätsträger in der Basis, die durch diese Ströme erzeugt wird.

Auch die Elektronenröhre kann als ladungsgesteuertes Bauelement aufgefaßt werden. Darüber hinaus läßt sich diese Art der Beschreibung auf eine ganze Reihe anderer Verstärkerelemente anwenden, bei denen ein Strom zwischen zwei Elektroden im Ausgangskreis durch eine dritte Elektrode gesteuert wird. Man hat damit ein Prinzip in der Hand, das es ermöglicht, alle diese Verstärkerelemente in ihren wesentlichen Zügen einheitlich zu beschreiben und an Hand einheitlicher Formeln ihre prinzipiellen Eigenschaften und Funktionsgrenzen zu vergleichen.

Es zeigt sich ferner, daß der Kollektorstrom eines Schalttransistors mit guter Näherung in sehr viel einfacherer Weise von der Basisladung als vom Basis- (oder Emitter-)Strom abhängt und daß der Kollektorstrom der Basisladung, im Gegensatz zum Basisstrom, fast momentan folgt, und zwar bis zu Frequenzen in der Nähe der α-Grenzfrequenz. Der Kollektorstrom ist in dieser Näherung also außer durch die Basisladung keine explizite Zeitfunktion mehr. Die Basisladung ist aber bei gegebener Stromeinspeisung I_B aus der Rekombinationsrate leicht als Funktion der Zeit zu berechnen. Damit ergibt sich unmittelbar der Kollektorstrom als Funktion der Zeit. Auf diese Weise wird die Berechnung der Schaltzeiten speziell bei Stromansteuerung und für mittlere Schaltgeschwindigkeiten sehr einfach.

Die Betrachtungsweise der Ladungssteuerung stellt wie gesagt eine Näherung dar, die das Minoritätengeschehen in der Basiszone in summarischer Weise erfaßt. Es werden mit ihrer Hilfe keine neuen Ergebnisse gewonnen, die nicht auch auf die konventionelle, exaktere Weise gewonnen werden konnten oder hätten gewonnen werden können. Ihr Vorteil ist vielmehr der der größeren Einfachheit, Durchsichtigkeit und Einheitlichkeit.

Das Ladungssteuerungs-Prinzip wurde zuerst und am eingehendsten von *J. J. Sparkes* und *R. Beaufoy* [1, 2, 3, 4, 5] behandelt. Während sich diese Autoren im wesentlichen auf Schalttransistoren beschränkt haben, wurde dasselbe Prinzip von *E. O. Johnson* und *A. Rose* [6] sowie von *R. D. Middlebrook* [7] dazu benutzt, um den Transistor mit anderen Verstärkerelementen zu vergleichen. Weitere Arbeiten über Schaltvorgänge wurden z. B. von *A. N. Baker* [8], von *J. A. Ekiss* und *C. D. Simmons* [9] und von *Y. Cho* [10] geschrieben; eine Behandlung dieses Problems mit graphischen Darstellungen stammt von *A. Kruithof* [11]. *A. N. Baker* und *W. G. May* [12] haben sich mit der Ausweitung des Ladungssteuerungs-Prinzips für schnellere Schalter befaßt, und weitere Arbeiten über die Messung der Ladungs-Steuerungs-Parameter stammen von *R. P. Nanavati* [13] und *P. Ercoli* [14]. Eine zusammenfassende Darstellung ist von *D. E. Hooper* und *A. R. T. Turnbull* [15] verfaßt worden.

Im vorliegenden Referat soll zunächst im folgenden Abschnitt am Beispiel des idealen Transistors in das Ladungssteuerungs-Prinzip eingeführt werden. Dies wird dann im 3. Abschnitt zum Vergleich mit anderen Verstärkerelementen verwendet. Während sich diese Betrachtungen lediglich auf Kleinsignalgrößen beziehen, wird in den darauffolgenden Abschnitten ausschließlich auf das Schaltverhalten von Transistoren eingegangen.

Zu diesem Zweck werden im 4. Abschnitt einige Ladungssteuerungs-Parameter definiert und physikalisch erläutert. Daraus werden im 5. Abschnitt die Schaltzeiten berechnet, und schließlich wird gezeigt, wie diese Parameter im Prinzip gemessen werden können.

2. Der ideale Transistor

Im folgenden wollen wir uns in der Bezeichnungsweise auf den pnp-Transistor beschränken. Die nachfolgenden Ausführungen lassen sich aber ganz entsprechend auf den npn-Transistor anwenden. Wir betrachten den Transistor in der Emitterschaltung. Solange der Transistor ausgeschaltet ist, d.h. solange beide pn-Verbindungen in Sperrichtung vorgespannt sind ($U_{BE} > 0$, $U_{CB} < 0$), ist die Löcherdichte in der Basis nahezu Null, und der Kollektorstrom ist vernachlässigbar klein. Nach dem Einschalten, d. h. nach dem Anlegen einer Flußspannung am Emitter ($U_{BE} < 0$), werden Löcher vom Emitter in die Basis injiziert. Diese Löcher bewegen sich durch Diffusion oder in einem Driftfeld in der Zeit τ_c zum Kollektor, werden dort von der negativen Kollektorspannung abgesaugt und führen zu einem Kollektorstrom I_C. Dadurch stellt sich bei einem gegebenen Injektionsstrom ($\approx I_C$) eine quasistationäre Löcherverteilung in der Basis ein, deren Gesamtladung Q_B bestimmt ist durch den Kollektorstrom I_C und die Laufzeit τ_c der Löcher in der Basis. In der Zeit τ_c ist nämlich gerade die Ladung Q_B einmal durch die Basiszone hindurch in den Kollektor hineingeflossen. Es ist also

$$I_C = \frac{Q_B}{\tau_c}. \qquad (1)$$

Da in der Basiszone Raumladungsneutralität herrschen muß, ist die Injektion der Löcher beim Einschalten des Transistors begleitet von einem Hereinströmen von Elektronen durch den Basiskontakt, und zwar von genau so vielen Elektronen, als nötig sind, um die Ladung Q_B der quasistationären Löcherverteilung zu kompensieren, also einer Elektronenladung $-Q_B$.

Man kann diesen Sachverhalt auch so auffassen, daß der Basisstrom primär überschüssige Elektronen in die Basiszone hineinführt, deren negative Raumladung die Injektion von Löchern aus dem Emitter zur Folge hat. Da diese Löcher aber laufend vom Kollektor abgesaugt werden, müssen dauernd neue Löcher vom Emitter nachströmen, und zwar so lange, als ein Elektronenüberschuß in der Basiszone aufrechterhalten wird.

Im stationären Zustand ist es zur Aufrechterhaltung der Elektronenladung in der Basis nur nötig, diejenigen Elektronen zu ersetzen, die durch Rekombination mit einem vorbeieilenden Loch verschwunden sind. Der stationäre Basisstrom I_B ist also gleich der Rekombinationsrate der Löcher in der Basis

$$I_B = \frac{Q_B}{\tau_p}, \qquad (2)$$

wo τ_p die Löcherlebensdauer in der Basis ist. Aus Gl. (1) und (2) ergibt sich für die Stromverstärkung

$$\beta \equiv \frac{I_C}{I_B} = \frac{\tau_p}{\tau_c}. \qquad (3)$$

(Bei dieser Herleitung wurde das Abfließen von Elektronen aus der Basis in den Emitter hinein vernachlässigt, d. h. es wurde der Emitterwirkungsgrad gleich Eins angenommen.)

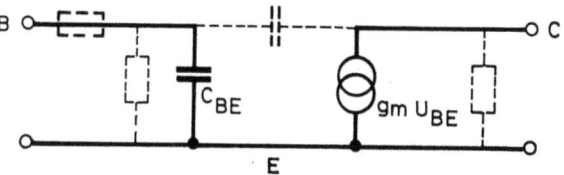

Bild 2. Der ideale Transistor

Ist die Rekombinationsrate klein, so wird der Basisstrom I_B klein sein (und β groß). Beim idealen Transistor, bei dem die Rekombination vernachlässigt werden kann, verschwindet der Steuerstrom I_B. D. h. man kann dann überhaupt nicht mehr von einer Stromsteuerung sprechen. In diesem Fall ist die Steuerung durch eine (verlustlos aufgebrachte) Ladung die einzig mögliche Art der Beschreibung. Der obigen Gleichung (1) kommt also eine fundamentale Bedeutung zu.

In Bild 2 ist mit den ausgezogenen Linien das Ersatzschaltbild für kleine Aussteuerungen eines solchen idealen Transistors aufgezeichnet. Es besteht lediglich aus zwei Elementen, der Eingangskapazität C_{BE} und dem Ersatzstromgenerator $g_m U_{BE}$. Die Größen dieser beiden Elemente lassen sich sehr einfach berechnen: Man kann zeigen (z. B. nach H. Krömer [16]), daß die Basisladung Q_B in Diffusions- wie in Drifttransistoren für nicht zu hohe Ströme proportional zur Löcherdichte p in der Nähe des Emitter-pn-Übergangs ist

$$Q_B \sim p \sim \exp\left(\frac{U_{EB}}{kT/e}\right). \qquad (4)$$

Daraus ergibt sich

$$C_{BE} = \frac{\partial (-Q_B)}{\partial U_{BE}} = \frac{\partial Q_B}{\partial U_{EB}} = \frac{Q_B}{kT/e}. \qquad (5)$$

Die Steilheit ist dem Betrage nach

$$g_m = \frac{\partial I_C}{\partial U_{BE}} = \frac{\partial I_C}{\partial Q_B}\frac{\partial Q_B}{\partial U_{BE}} = \frac{C_{BE}}{\tau_c}. \qquad (6)$$

Beim letzten Glied dieser Gleichung wurde von Gl. (1) Gebrauch gemacht. Wie wir später sehen werden, gilt Gl. (1) bis zu Frequenzen, die der Laufzeit τ_c entsprechen. Dementsprechend erstreckt sich die Gültigkeit von Gl. (6) ebenfalls bis zur α-Grenzfrequenz.

Die in Bild 2 gestrichelt gezeichneten Teile stellen die in realen Transistoren zusätzlich auftretenden parasitären Elemente dar. Es sind dies der Basiswiderstand, die Eingangs- und Ausgangsleitwerte und die Kollektorkapazität. Man gelangt damit ganz zwanglos zum sogenannten Hyprid-Π-Ersatzschaltbild von Giacoletto [17].

In der vorangegangenen Überlegung war Q_B die Ladung der zur Aufrechterhaltung des Kollektorstromes verfügbaren Löcher. Demzufolge ist die hier betrachtete Kapazität C_{BE} die Diffusionskapazität des Transistors. Eine eventuell ins Gewicht fallende Emitter-Raumladungskapazität wäre als weiteres parasitäres Element in Bild 2 einzuzeichnen.

3. Vergleich mit Unipolartransistor, Elektronenröhre und Spacistor

Die Gleichung (1) gilt nicht nur für Transistoren, sondern für alle Verstärkerelemente, bei denen die zwischen den beiden Ausgangselektroden fließende Ladung von der Ladung an der Eingangselektrode abhängt, und

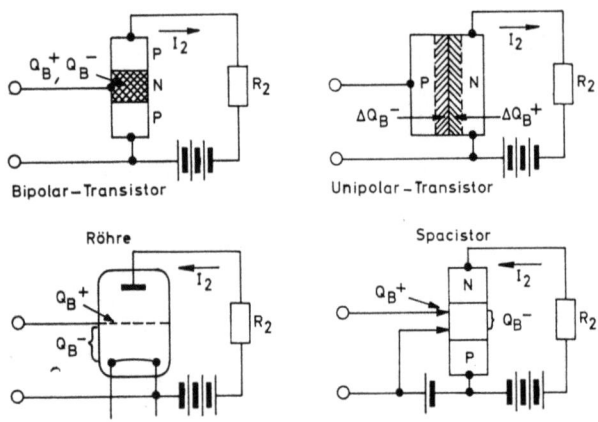

Bild 3. Ladungsgesteuerte Verstärker-Elemente

zwar so, daß eine Änderung der Ladung an der Eingangselektrode zu einer gleich großen, aber entgegengesetzten Änderung der für den Stromtransport im Ausgangskreis verfügbaren Ladung führt. Bild 3 erläutert dies an verschiedenen Beispielen.

Für den Fall des Bipolaren Transistors wurde bereits ausgeführt, daß die Ladung der Löcher Q_B^+, die zum Transport des Ausgangsstromes durch die Basis benötigt werden, entgegengesetzt gleich der Elektronenladung Q_B^- ist, die von der Eingangselektrode zufließt. Es ist also

$$\Delta Q_B^+ = -\Delta Q_B^-. \quad (7)$$

Beim Unipolar-Transistor wird der Strompfad im Ausgangskreis zwischen Quelle und Senke mehr oder weniger eingeengt durch die Sperrschicht, die durch die Spannung an der Steuerelektrode erzeugt wird. Die Vergrößerung dieser Sperrschicht bedeutet aber ein Verschwinden einer Zahl von Elektronen aus dem n-Teil, dem „Channel", deren Ladung ΔQ_B^- entgegengesetzt gleich ist der Ladung der Löcher ΔQ_B^+, die aus dem p-Teil ausgeräumt werden. Wir haben somit auch hier eine Ladungsänderung im aktiven Teil des Ausgangskreises hervorgerufen durch eine gleichgroße und entgegengesetzte Ladungsänderung an der Eingangselektrode.

Als drittes Beispiel ist die Vakuum-Elektronenröhre gezeichnet. Unter der Annahme, daß das elektrische Feld im Gebiet zwischen Gitter und Anode groß ist gegenüber demjenigen zwischen Kathode und Gitter, d. h. bei hoher Anodenspannung und kleiner Gitterspannung, ist im Gitter-Anodenraum das Feld $E = E_a$ groß und unabhängig von der Gitterspannung. An der Kathode ist das Feld $E \approx 0$. Dann gilt die Poisson-Gleichung

$$\frac{dE}{dx} = \frac{\varrho}{\varepsilon \varepsilon_0}, \quad (8)$$

wo ϱ die Raumladung und ε bzw. ε_0 die relative bzw. absolute Dielektrizitätskonstante ist. Die Integration von der Kathode bis zur Anode liefert

$$\varepsilon \varepsilon_0 E_a = \int \varrho \, dx = Q_B^- + Q_B^+, \quad (9)$$

wo $-Q_B^-$ die Elektronenladung im Vakuum und Q_B^+ die auf dem Gitter sitzende positive Steuerladung bedeutet. Da die linke Seite der Gl. (9) konstant ist, gilt für Änderungen von Q_B^- und Q_B^+ wieder die Gl. (7).

Ganz entsprechend wie bei der Vakuumröhre liegen die Verhältnisse beim Spacistor, der von H. Statz und Mitarbeitern [18] erfunden wurde. Hier tritt an Stelle des Vakuums das Innere einer pn-Sperrschicht. Man hat innerhalb der Sperrschicht einen Emitter als Kathode, und eine Steuerelektrode.

Für alle diese Bauelemente gelten also Gl. (7) und Gl. (1), die wir in der allgemeinen Form für den Ausgangsstrom I_2 noch einmal anschreiben

$$I_2 = \frac{Q_B}{\tau_c}. \quad (10)$$

Hier ist, wie gesagt, Q_B die Größe der gesteuerten Ladung im aktiven Bereich des Ausgangskreises, oder auch, da wir uns nur für Stromänderungen interessieren, wegen Gl. (7) die Größe der steuernden Ladung auf der Steuerelektrode. τ_c ist die Laufzeit durch den aktiven Bereich. Ferner kann auch die allgemeingültige Gl. (6) übernommen werden

$$g_m = \frac{C_1}{\tau_c} \quad (11)$$

zusammen mit dem ausgezogenen Teil des Ersatzschaltbildes Bild 2 für den idealen Verstärker, bei dem wir lediglich C_{BE} durch die allgemeinere Bezeichnung C_1 für die Eingangskapazität und U_{BE} durch U_1 ersetzen wollen.

Um mit einem solchen idealen Verstärker bei einer oberen Grenzfrequenz, z. B. f_1, noch verstärken zu können, ist es nötig, daß die in der positiven Halbwelle aufgebrachte Ladung Q_B in der negativen Halbwelle wieder von der Steuerelektrode abfließen kann. Zu diesem Zweck muß ein Widerstand R_1 parallel zum Eingang des idealen Verstärkers gelegt werden (Bild 4) von der Größe

$$R_1 = \frac{1}{2\pi f_1 C_1}. \quad (12)$$

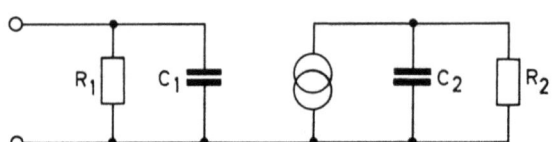

Bild 4. Zur Grenzfrequenz des idealen Verstärkers

Dann ist die Stromverstärkung für niedrige Frequenz unter Benutzung von Gl. (11) und (12)

$$\beta = \frac{\partial I_2}{\partial I_1} = \frac{\partial I_2}{\partial U_1} \frac{\partial U_1}{\partial I_1} = g_m R_1 = \frac{1}{2\pi \tau_c f_1}. \quad (13)$$

Das Stromverstärkungs-Bandbreite-Produkt ist demnach

$$\beta f_1 = \frac{1}{2\pi \tau_c}. \quad (14)$$

Die Ausgangskapazität C_2 ist in der Regel gegeben durch die Größe des Verstärkerelements, d. h. durch seine Leistung. Damit liegt die Größe des zu wählenden Lastwiderstandes R_2 ebenfalls fest, wenn der Ausgangskreis auf dieselbe Bandbreite f_1 angepaßt wird. Dann ist

$$R_2 = \frac{1}{2\pi f_1 C_2}. \quad (15)$$

Man erhält damit und mit Gl. (12) die Leistungsverstärkung

$$v_N = \frac{\Delta I_2^2 R_2}{\Delta I_1^2 R_1} = \beta^2 \frac{C_1}{C_2}. \quad (16)$$

Damit haben wir auf sehr einfache Weise Faustformeln für die ganze Gruppe der oben definierten Verstärkerelemente gewonnen. Sie enthalten allerdings nicht den Einfluß der parasitären Elemente wie z. B. des Basiswiderstandes bei bipolaren Transistoren. Sie gestatten jedoch eine vergleichende Abschätzung der grundlegenden Grenzen der Hochfrequenzverstärkung dieser Bauelemente. Dies ist weitgehend von *Johnson* und *Rose* [6] durchgeführt und diskutiert worden. Wir wollen hier nur das Allerwichtigste anführen.

Es werde eine bestimmte Grenzfrequenz f_1 und eine bestimmte Leistung, also eine bestimmte Querschnittsfläche, und deshalb eine bestimmte Ausgangskapazität C_2, verlangt. Dann ist es günstig, die Laufzeit τ_c klein und die Eingangskapazität C_1 groß zu machen. Die Kapazität C_1 ist ja im Grunde der Reziprokwert der Energie, die nötig ist, um eine bestimmte Steuerladung auf die Eingangselektrode zu bringen. Je größer C_1 ist, desto kleiner ist diese Energie. Damit ist auch sofort klar, daß unsere Größe C_1 nur die zur Steuerung wirksame Ladung Q_B betrifft. Streukapazitäten und, beim Transistor, die Emitter-Raumladungskapazität, sind, wie oben erwähnt, nicht als Teil von C_1 zu betrachten.

Die Laufzeit τ_c ist bei vergleichbarer Geometrie am kleinsten bei Vakuum-Röhren, weil sich die Elektronen durch hohe Spannung fast unbeschränkt beschleunigen lassen. Beim Unipolar-Transistor und beim Spacistor ist τ_c begrenzt durch die sich bei Feldern von einigen Kilovolt pro cm sättigenden Trägergeschwindigkeiten von etwa $6 \cdot 10^6$ cm/sec in Ge und Si. Der Bipolare Transistor (als Drift-Transistor) hat bei gleicher Geometrie ein etwa dreimal größeres τ_c.

Diesen Nachteil macht der Bipolar-Transistor jedoch wieder mehr als gut durch die sehr viel höhere Kapazität C_1. Während die anderen Elemente Eingangskapazitäten haben, die etwa den geometrischen Elektrodenabständen entsprechen, hat der Bipolar-Transistor eine etwa 100mal höhere Eingangskapazität. Dies kommt daher, daß sich beim Bipolar-Transistor die Löcher- und Elektronenwolke in der Basis vollständig durchdringen, d. h. daß sich die steuernde und die gesteuerte Ladung unendlich nahekommen. Dies prägt sich aus in Gl. (5), wo sich C_1 als Quotient aus der großen Gesamt-Basisladung und der sehr kleinen Spannung kT/e ergibt. Dadurch wird das Verhältnis C_1/C_2 beim Bipolar-Transistor von der Größenordnung 100, während es bei den anderen Verstärkerarten von der Größenordnung Eins ist.

Dies führt zu einer Überlegenheit des Bipolar-Transistors über den Unipolar-Transistor und den Spacistor bezüglich der Hochfrequenzleistungsverstärkung, eine Erkenntnis, die sich inzwischen auch durch die technische Entwicklung der letzten Jahre bestätigt hat. Die hochfrequenzmäßige Überlegenheit der Vakuumröhre über den Transistor andererseits ist im Prinzip nach Gl. (13) und (16) auf die sehr viel kürzere Laufzeit τ_c zurückzuführen.

4. Die Ladungs-Steuerungs-Parameter

Im folgenden soll das Ladungs-Steuerungs-Prinzip zur Behandlung des Schaltverhaltens von Transistoren herangezogen werden. Zu diesem Zweck müssen wir einige Ladungs-Steuerungs-Parameter definieren. Diese Parameter sollen so gewählt werden, daß sie erstens in einfacher Weise mit den physikalischen Größen des Transistors zusammenhängen, also auch anschaulich sind, daß zweitens aus ihnen in einfacher Weise die Schaltzeiten berechnet werden können, und daß sie drittens der direkten Messung zugänglich sind. Diese Parameter sollen also die Rolle echter Kenngrößen spielen.

Der erste Parameter, die Laufzeit τ_c, ist bereits in Gl. (1) definiert worden. Sie ist bekanntlich mit der α-Grenzfrequenz $\omega_\alpha = 2\pi f_\alpha$, also einer Klein-Signal-Größe, und andererseits mit der Basisdicke W und der Löcherdiffusionskonstanten D, also mit den Transistor-Konstruktionsgrößen, verknüpft durch

$$\tau_c \approx \frac{1,22}{\omega_\alpha} \approx \begin{cases} \dfrac{W^2}{2D}, & I_C \text{ klein} \\ \dfrac{W^2}{4D}, & I_C \text{ groß} \end{cases} \quad (17)$$

Der letzte Term der Gleichung gilt nur für Transistoren mit homogener Basis. Der zusätzliche Faktor 1/2 bei hohem Strom kommt von dem Feld her, das durch die hohe Elektronenkonzentration aufgebaut wird (siehe z. B. W. M. *Webster* [19]).

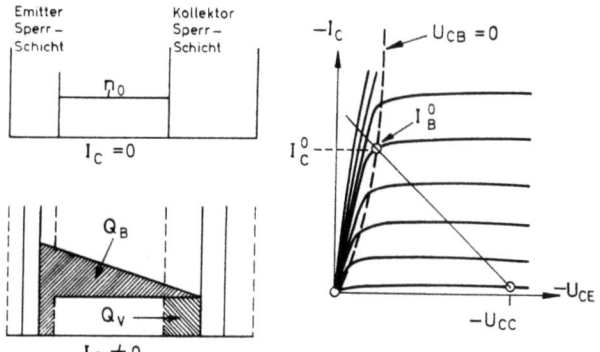

Bild 5. Ladungsverteilung und Kennlinie

Beim Einschaltvorgang durchläuft der Transistor das in Bild 5 gezeichnete I_C-U_{CE}-Kennlinienfeld entlang der Arbeitslinie vom „Aus"-Zustand ($U_{CE} = U_{CC}$) bis zum „Ein"-Zustand. Dieser letztere liegt entweder im Sättigungsgebiet, also links der gestrichelten Kurve, oder auf der Sättigungsgrenze, der gestrichelten Kurve, die durch $U_{CB} = 0$ gekennzeichnet ist.

Es ist deshalb zweckmäßig, den Parameter τ_c für einen Arbeitspunkt auf der Sättigungsgrenze zu definieren und ihn dann, ebenso wie die anderen Größen an der Sättigungsgrenze, mit einem Index „0" zu versehen.

$$\tau_{c0} \equiv \frac{Q_B}{I_C}\bigg|_{U_{CB}=0} \equiv \frac{Q_B^0}{I_C^0}. \quad (18)$$

Links oben in Bild 5 ist die Elektronendichte n_0 in der Basiszone eines Diffusionstransistors (d. h. mit homogener Basis) in ausgeschaltetem Zustand gezeichnet. Rechts und links davon sind die Ausdehnungen von Emitter- und Kollektorsperrschicht angedeutet. Darunter sind die Verhältnisse im eingeschalteten Zustand gezeichnet, wie es z. B. einem Punkt auf der Sättigungsgrenze entspricht. Der Gleichgewichtsdichte ist jetzt die Ladung Q_B überlagert, die im wesentlichen den injizierten Löchern entspricht (Diffusions-Dreieck). Beim Einschalten wird aber außerdem die Emitter-Basis-Spannung positiver, weswegen sich die Emittersperrschicht verkleinert. Die dadurch frei werdenden Donatoren müssen neutralisiert, oder, anders ausgedrückt, die Emitterraumladungs-Kapazität muß aufgeladen werden. Dazu muß eine zusätzliche Elektronenmenge durch den Basiskontakt zufließen. Da diese Zusatzladung wegen der relativ kleinen Änderung der Emitterspannung klein ist, wird sie zweckmäßigerweise als ein Teil von Q_B betrachtet. Dadurch wird τ_{c0} etwas mehr stromabhängig. Die Definitionsgleichung (18) bleibt aber bestehen.

Bei endlich großer Last tritt beim Einschalten auch eine Verkleinerung der Kollektorsperrschicht ein, die im Gegensatz zur Emittersperrschicht wegen der größeren Spannungsänderung am Kollektor beträchtlich sein kann. Die dazu nötige Elektronenladung Q_v muß ebenfalls von der Basisklemme zufließen. Sie soll, ebenfalls wieder auf die Sättigungsgrenze bezogen, als zweiter Parameter definiert werden und sei mit Q_v^0 bezeichnet. Sie stellt die Umladung der Kollektorraumladungs-Kapazität von $U_{CB} \approx -U_{CC}$ auf $U_{CB} = 0$ dar.

$$Q_v^0 \approx \int_{-U_{CC}}^{0} C_C \, d U_{CB}. \qquad (19)$$

Damit wird die zum Einschalten benötigte Ladung

$$Q_{\text{Ein}} = Q_B^0 + Q_v^0 = \tau_{c0} I_C^0 + Q_v^0. \qquad (20)$$

Als dritter Parameter sei die Stromverstärkung an der Sättigungsgrenze definiert.

$$\beta_0 \equiv \frac{I_C}{I_B}\bigg|_{U_{CB}=0} = \frac{I_C^0}{I_B^0}. \qquad (21)$$

Diese Größe ist für kleine Ströme durch Gl. (3) und für große Ströme durch die Theorie von *Webster* [19] gegeben.

Für die Beschreibung des Schalttransistors im Sättigungsbereich, d. h. für $U_{CB} > 0$, ist ein weiterer, vierter Parameter notwendig. In der Sättigung führt eine Erhöhung der Löcherinjektion vom Emitter her nicht mehr zu einer wesentlichen Erhöhung des Kollektorstromes. Der Kollektor-pn-Übergang sammelt die zusätzlichen Löcher nicht mehr ein, da er in Flußrichtung vorgespannt ist. Infolgedessen erhöht sich die Ladung der Löcher in der Basis weiter um den Betrag Q_{BS} (siehe Bild 6). Diese überschüssigen Löcher können nur durch Rekombination als Überschuß-Basisstrom abfließen:

$$I_{BS} = I_B - I_B^0 = \frac{Q_{BS}}{\tau_s}. \qquad (22)$$

τ_s ist also die Rekombinationszeit der überschüssigen Löcher. Sie ist aber in der Regel etwas kleiner als τ_p, die Rekombinationszeit im aktiven Kennlinienbereich, weil im Sättigungsbereich wegen der anderen Löcherverteilung die Oberflächenrekombination einen stärkeren Einfluß hat. Wie definieren τ_s als unseren vierten und letzten Parameter

$$\tau_s \equiv \frac{Q_{BS}}{I_{BS}} \approx \frac{1{,}22 \, (\omega_\alpha + \omega_{\alpha I})}{\omega_\alpha \, \omega_{\alpha I} \, (1 - \alpha \alpha_I)}. \qquad (23)$$

Im letzten Teil von (23) ist die Verknüpfung von τ_s mit den Kleinsignalgrößen angedeutet, wie sie z. B. von *Beaufoy* und *Sparkes* [2] abgeleitet worden ist (α ist die Stromverstärkung in Basisschaltung, ω_α die α-Grenzfrequenz; die Indizes „I" beziehen sich auf die inverse Schaltungsart). Diese Verknüpfung ist jedoch nur annähernd richtig, da die Kleinsignalgrößen im aktiven und nicht im Sättigungsbereich gemessen werden.

In Bild 6 ist die Ladung Q_{BS} im stationären Sättigungszustand den Ladungen Q_B^0 und Q_v^0 gleichmäßig überlagert gezeichnet. Dies ist nicht streng richtig, da vom Emitter her ein Zusatzstrom der Größe I_{BS} hereinfließt, der dort einen höheren Löchergradienten mit sich bringt als am Kollektor. Der relative Unterschied der Gradienten am Emitter und am Kollektor ist aber nur von der Größenordnung $1/\beta$, also bei einem guten Transistor vernachlässigbar klein.

Damit haben wir vier Ladungssteuerungs-Parameter definiert: die Laufzeit τ_{c0}, die Ladung der Kollektorkapazität Q_v^0, die Stromverstärkung β_0 und die Sättigungszeitkonstante τ_s. Diese Parameter sollen nun zur Berechnung der Schaltzeiten benützt werden.

5. Die Schaltzeiten

Die fundamentale Gleichung (1) gilt streng genommen nur für den stationären Zustand, da I_C in jedem Zeitpunkt proportional zum Löcherdichtegradienten am Kollektor, und nicht direkt Q_B proportional ist. Wir können aber zeigen, daß sich die zur jeweiligen Ladung Q_B gehörige stationäre Verteilung innerhalb einer Zeit einstellt, die kleiner als die Laufzeit τ_c ist.

Bild 7 zeigt die exakt berechnete Löcherverteilung (p) in der Basis eines Diffusionstransistors zu verschiedenen Zeiten nach dem Einschalten durch eine stufenförmige Erhöhung des Emitterstromes in Basisschaltung (ausgezogene Linien), während die vollkommene Gültigkeit von Gl. (1), also die quasistationäre Verteilung, durch die gestrichelten Geraden wiedergegeben wird. Entsprechend dem konstanten Emitterstrom ist der Löcher-

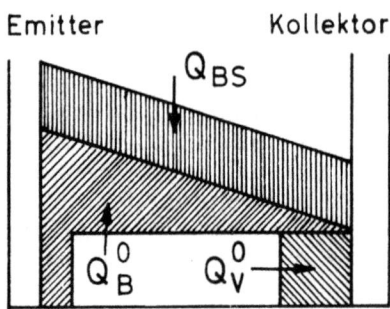

Bild 6. Sättigung

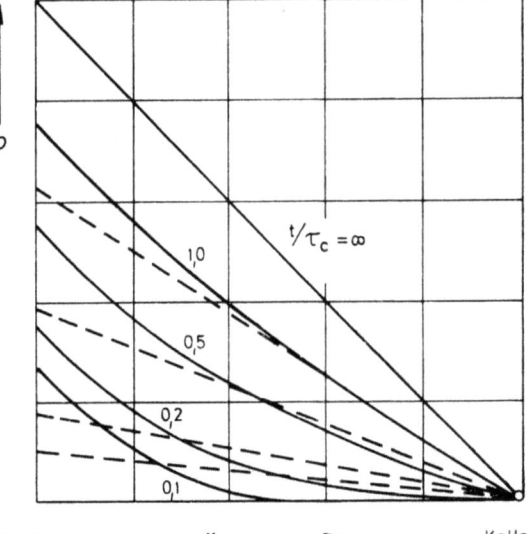

Bild 7. Löcherdichte zu verschiedenen Zeiten nach dem Einschalten durch eine Emitterstromstufe in Basisschaltung (nach *Hooper* und *Turnbull* [15])

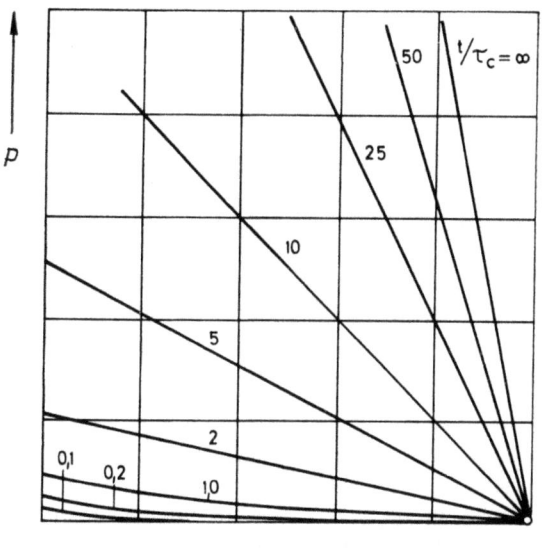

Bild 8. Löcherdichte zu verschiedenen Zeiten nach dem Einschalten durch eine Basisstromstufe in Emitterschaltung ($\beta=50$).
Der vertikale Maßstab ist 5 mal größer als in Bild 7. (nach *Hooper* und *Turnbull* [15])

gradient am Emitter konstant. Der Gradient am Kollektor, und damit der Kollektorstrom, ist für $t < 0{,}22\,\tau_c$ gleich Null und wächst dann erst allmählich an. Man sieht, daß für $t \geq \tau_c$ die Gl. (1) eine gute Näherung darstellt.

Wesentlich besser ist Gl. (1) erfüllt in der Emitterschaltung. Dies zeigt Bild 8, wo die Löcherdichte nach einer Basisstromstufe in Emitterschaltung dargestellt ist. Jetzt ist $I_E = -I_B - I_C$ nur solange konstant, als $I_C = 0$ ist, d. h. für $t \leq 0{,}22\,\tau_c$. Dann nimmt I_E in gleichem Maße zu wie $-I_C$, d. h. die Gradienten am Emitter und Kollektor nehmen in gleichem Maße zu, wodurch die Löcherdichte-Kurven für den größten Teil der Schaltzeit nahezu Gerade werden.

Damit ist gezeigt, daß Gl. (1) bis zu Frequenzen von der Größe $1/2\pi\tau_c$, also der Grenzfrequenz, in jedem Zeitpunkt angenähert gültig ist. Eine Verbesserung dieser Näherung für schnellere Schaltvorgänge kann erreicht werden durch Berücksichtigung der Verzögerungszeit, d. h. der Zeit, die verstreicht, bevor der Kollektorstrom anfängt zu fließen. (Näheres siehe *Baker* und *May* [12]).

Wir benützen aber hier die einfache Gl. (1). Q_B kann als Funktion der Zeit aus der Ladungsbilanzgleichung bei gegebener Stromansteuerung berechnet werden und ergibt dann mit Gl. (1) den Kollektorstrom I_C als Funktion der Zeit.

Dies sei zunächst erläutert am Beispiel eines emittergeerdeten Transistors, der durch eine Basisstromstufe I_{B1} zur Zeit $t=0$ eingeschaltet wird (siehe Bild 9). Hierbei soll der Einfachheit halber der Basisstrom positiv gezählt werden, wenn Elektronen in die Basis hineinfließen, also umgekehrt wie bei der normalen Vorzeichenfestlegung. Wir wollen uns dabei auf einen Transistor mit Emitterwirkungsgrad Eins, d. h. auf nicht zu hohe Ströme, beschränken. Die Gleichung für die Ladungsbilanz in der Basis lautet dann für $t > 0$

$$I_{B1} = \frac{Q_B}{\tau_p} + \frac{d(Q_B + Q_v)}{dt}. \qquad (24)$$

Die Ladung Q_v der Kollektorkapazität hängt in jedem Moment mit der Ausgangsspannung, und diese wieder mit I_C und wegen Gl. (1) mit Q_B zusammen. Da Q_v eine relativ kleine Korrektur von Q_B darstellt, kann dieser Zusammenhang durch die lineare Beziehung $Q_v/Q_B = Q_v^0/Q_B^0$ angenähert werden.

$$I_{B1} = \frac{Q_B}{\tau_p} + \left(1 + \frac{Q_v^0}{Q_B^0}\right) \frac{dQ_B}{dt}. \qquad (25)$$

Die Integration von 0 bis t bzw. 0 bis Q_B liefert mit $\tau_p = \tau_{c0}\beta_0$ die Exponentialfunktion

$$Q_B = \tau_p I_{B1}\left[1 - \exp\left(-\frac{t}{\beta_0(\tau_{c0} + Q_v^0/I_C^0)}\right)\right]. \qquad (26)$$

Für $Q_B = Q_B^0 = \tau_{c0}I_C^0$ erhält man die Anstiegszeit t_r

$$t_r = \beta_0\left(\tau_{c0} + \frac{Q_v^0}{I_C^0}\right)\ln\frac{\beta_0 I_{B1}}{\beta_0 I_{B1} - I_C^0}. \qquad (27)$$

Diese Gleichung entspricht für kleine Lastimpedanz derjenigen von *J. L. Moll* [20]; sie ist hier allerdings auf sehr viel einfachere Weise gewonnen worden. Der Ausdruck für t_r enthält nur die Ladungssteuerungs-Parameter, β_0, τ_{c0} und Q_v^0, den Steuerstrom I_{B1} und den Kollektorstrom im eingeschalteten Zustand I_C^0, der den Arbeitspunkt kennzeichnet. Man sieht, daß eine Erhöhung von I_{B1} zu einer Verkleinerung von t_r führt. Dies ist in Bild 9 dargestellt: Der gestrichelt gezeichnete Steuerstrom $I_{B1} = I_C^0/\beta_0$, der den Transistor eben gerade an die Sättigung heranbringt, ergibt eine lange Einschaltzeit. Der ausgezogen gezeichnete Steuerstrom ergibt ein kürzeres t_r.

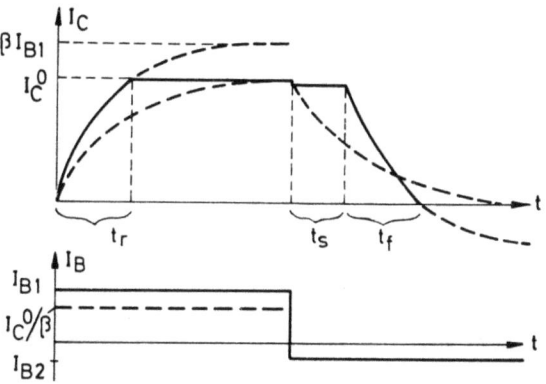

Bild 9. Schalt-Charakteristik

Die Übersteuerung mit dem höheren Basisstrom treibt den Transistor aber in die Sättigung hinein. Das hat zur Folge, daß beim Ausschalten, also beim stufenförmigen Verkleinern des Steuerstromes auf $I_{B2} < I_C^0/\beta_0 < I_{B1}$, eine gewisse Speicherzeit t_s vergeht, bevor die Überschußladung (durch Rekombination) abgebaut ist und der Kollektorstrom anfängt zu fallen. Die Berechnung der Speicherzeit t_s erfolgt wieder mit Hilfe der Bilanzgleichung.

$$I_{B2} = \frac{Q_B^0}{\tau_p} + \frac{Q_{BS}}{\tau_s} + \frac{d}{dt}(Q_B^0 + Q_{BS} + Q_v^0). \qquad (28)$$

Das erste und dritte Glied in der Klammer sind konstant und können weggelassen werden. Die Integration von $t=0$, $Q_{BS} = \tau_s(I_{B1} - I_B^0)$, gemäß (22) bis $t = t_s$, $Q_{BS} = 0$ ergibt

$$t_s = \tau_s \ln\frac{\beta_0(I_{B1} - I_{B2})}{I_C^0 - \beta_0 I_{B2}}. \qquad (29)$$

Wieder enthält die Formel nur die Ladungssteuerungs-Parameter, die Steuerströme und den Kollektorstrom.

Die Fallzeit t_f läßt sich für $I_{B2} \leq 0$ ermitteln aus Gl. (25) (mit I_{B2} anstelle von I_{B1}). Durch Integration von

$Q_B = Q_B^0$ bis $Q_B = 0$ erhält man die der Gl. (27) entsprechende Formel

$$t_f = \beta_0 \left(\tau_{c\,0} + \frac{Q_v^0}{I_C^0}\right) \ln \frac{I_C^0 - \beta_0 I_{B2}}{-\beta_0 I_{B2}}. \quad (30)$$

Ganz analog lassen sich die Schaltzeiten für die Basisschaltung bei Emitterstromansteuerung berechnen.

Für Spannungsansteuerung läßt sich das Schaltverhalten leider mit Hilfe des Ladungssteuerungs-Prinzips nicht in derselben Strenge behandeln. Anstelle des konstanten Steuerstromes I_{B1} muß dann z. B. in Gl. (25)

$$I_B = -\frac{U_1 - U_{B'E}}{R_s} = \frac{|U_1| - |U_{B'E}|}{R_s} \quad (31)$$

stehen, wo U_1 die (negative) Steuerspannung, R_s der Serienwiderstand im Eingangskreis, einschließlich Basiswiderstand des Transistors, und $U_{B'E}$ die (negative) Eingangsspannung am Transistor direkt ist.

Wegen

$$U_{B'E} \approx \frac{kT}{e} \ln \frac{I_C}{I_0} = -\frac{kT}{e} \ln \frac{Q_B}{I_0 \tau_c} \quad (32)$$

(I_0 ist der Emittersperrstrom) führt Gl. (25) mit (31) dann auf eine nichtlineare Gleichung, deren Integral nicht geschlossen lösbar ist.

Hooper und *Turnbull* [15] schlagen als Näherung die Behandlung des Transistoreingangs als lineares RC-Glied vor. Dies läuft darauf hinaus, daß die Gl. (32) durch

$$|U_{B'E}| = \frac{|U_{B'E}^0|}{Q_B^0} Q_B \quad (32a)$$

ersetzt wird. $U_{B'E}^0$ ist die Basis-Emitterspannung des inneren Transistors an der Sättigungsgrenze. Man erhält dann anstelle von (26) eine Exponentialfunktion mit der Zeitkonstanten

$$\tau^* = \tau_p \frac{1 + Q_v^0/Q_B^0}{1 + \frac{|U_{B'E}^0| \tau_p}{Q_B^0 R_s}} = \beta_0 \frac{\tau_{C0} + Q_v^0/I_C^0}{1 + \frac{|U_{B'E}^0| \beta_0}{I_C^0 R_s}}. \quad (33)$$

Für $R_s \to \infty$ und ebenso für hohe Ströme geht dies in die Zeitkonstante von Gl. (26) über. Für $R_s \to 0$ wird der Basiswiderstand des Transistors ausschlaggebend.

6. Die Messung der Ladungssteuerungs-Parameter

Damit die bisher beschriebenen Zusammenhänge und Formeln von praktischem Wert sein können, ist es nötig, daß die oben definierten Ladungssteuerungs-Parameter der direkten Messung zugänglich sind. Wir wollen dies hier nur prinzipiell zeigen, ohne auf die Einzelheiten der verschiedenen Meßmethoden einzugehen.

Eine vereinfachte Meß-Schaltung [3] ist in Bild 10 dargestellt. An der Basisklemme des zu messenden Transistors liegt das Glied $R_B C_B$. Zunächst wird der Schalter A nach unten gelegt, so daß die Gleichspannung $-V_g$ am

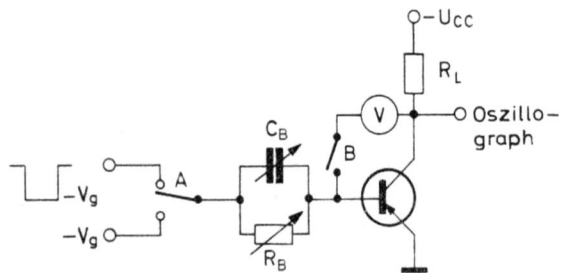

Bild 10. Messung von β_0, τ_{c0} und Q_v^0 nach *Sparkes* [3]

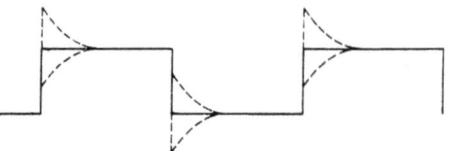

Bild 11. Kurvenform bei der Messung von τ_{c0} und Q_v^0 nach *Sparkes* [3]

Eingang liegt. Dann wird R_B bei einem festen Wert R_L so verändert, daß U_{CB} am Voltmeter gleich Null wird. Damit befindet sich der Transistor an der Sättigungsgrenze mit $I_B^0 = I_C^0/\beta_0$. Durch Messung der Ströme kann daraus sofort β_0 bestimmt werden. Durch Umlegen des Schalters A wird jetzt ein Rechteckimpuls der Größe $-V_g$, also derselben Größe wie die obige Gleichspannung, auf den Eingang gegeben und C_B so verändert, daß der am Oszillographen sichtbar gemachte Kollektorstrom ebenfalls Rechteckform annimmt (ausgezogene Kurvenform in Bild 11). Dann gilt für den Basisstrom wegen der oben erwähnten Bilanzgleichung (25)

$$I_B = \frac{V_g}{R_B} + C_B \frac{dV_g}{dt} = \frac{Q_B}{\tau_p} + \left(1 + \frac{Q_v^0}{Q_B^0}\right) \frac{dQ_B}{dt}. \quad (34)$$

Nach dem Abgleich auf Rechteckausgang sind V_g und I_C in jedem Zeitpunkt einander proportional, also auch wegen Gl. (1) V_g und Q_B. Dann müssen die zeitabhängigen Glieder der Stromgleichung sich entsprechen. Wir erhalten z. B. aus den Gliedern mit den zeitlichen Differentialquotienten:

$$C_B V_g = Q_B^0 + Q_v^0 = \tau_{c0} I_C^0 + Q_v^0. \quad (35)$$

Wir haben also eine Gleichung für τ_{c0} und Q_v. Eine zweite Messung bei einem anderen Wert von R_L oder U_{CC} ergibt eine zweite derartige Gleichung, woraus man die Parameter τ_{c0} und Q_v^0 getrennt berechnen kann.

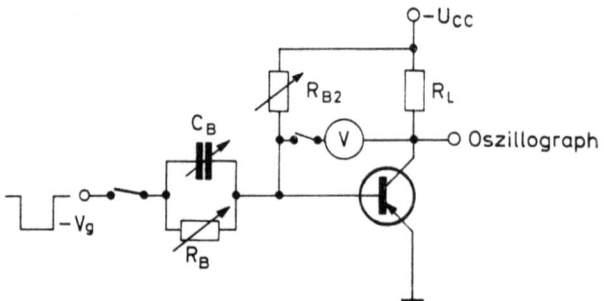

Bild 12. Messung von τ_s nach *Beaufoy* und *Sparkes* [3]

Eine ganz ähnliche Messung [2] liefert τ_s, die Sättigungszeitkonstante. Die Schaltung in Bild 12 ist dieselbe wie in Bild 10, außer daß über den variablen Widerstand R_{B2} ein zusätzlicher Basisstrom gezogen wird. Dieser wird bei abgeschaltetem Rechteckgenerator so eingestellt, daß wieder $U_{CB} = 0$ ist. Dann wird der Generator eingeschaltet. Dadurch wird der Transistor von der Sättigungsgrenze in die Sättigung hineingetrieben. C_B und R_B werden dann wie oben auf Rechteckausgang abgeglichen. Die Bilanzgleichung liefert jetzt für I_B

$$I_B = \frac{V_g}{R_B} + \underline{\frac{U_{CC}}{R_{B2}}} + C_B \frac{dV_g}{dt}$$
$$= \frac{Q_B^0}{\tau_p} + \underline{\frac{Q_{BS}}{\tau_s}} + \left(1 + \frac{Q_v^0}{Q_B^0}\right) \underline{\frac{dQ_B^0}{dt}} + \frac{dQ_{BS}}{dt}. \quad (36)$$

Die unterstrichenen Glieder heben sich auf wegen der Einstellung von R_{B2} bei $V_g = 0$. Gleichsetzung der einfachen und der Zeitdifferentialglieder liefert dann zwei Gleichungen, aus denen sich

$$\tau_s = R_B C_B \tag{37}$$

ergibt.

Schaltungsmäßig einfacher, für die Praxis unkritischer und zugleich instruktiver für das Ladungssteuerungs-Prinzip ist eine andere Methode von P. *Ercoli* [14] bzw. R. P. *Nanavati* [13]. Hierbei wird über einen Kondensator am Eingang durch Anlegen einer Spannung eine bekannte, definierte Ladung auf die Basis gegeben. Die Prinzipschaltung ist in Bild 13 gegeben.

Zur Messung von τ_{c0} und Q_v^0 wird der gestrichelt gezeichnete Teil der Schaltung weggelassen. Die Spannungsamplitude des Eingangsimpulses V_g wird so lange vergrößert, bis die Sättigungsgrenze erreicht ist, d. h. bis der am Ausgang angezeigte Kollektorstromimpuls sich nicht weiter vergrößert. Diese Spannung V_g liefert dann über die feste Kapazität C_B gerade die zum Einschalten benötigte Ladung. Wir haben nach Gl. (20)

$$Q_{\text{Ein}} = V_g C_B = \tau_{c0} I_C^0 + Q_v^0. \tag{38}$$

Durch Wiederholung der Messung mit einem anderen Wert von R_L oder U_{CC} läßt sich wieder τ_{c0} und Q_v^0 aus zwei solchen Gleichungen berechnen.

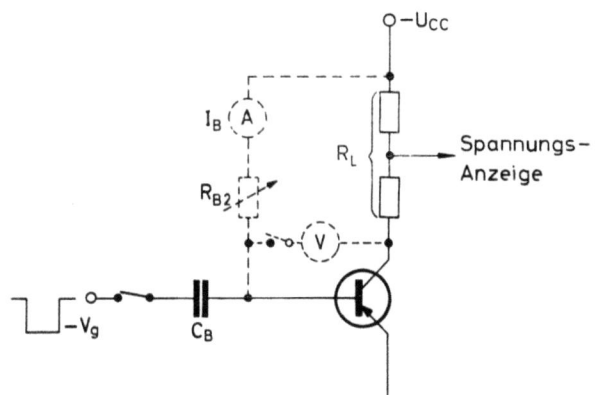

Bild 13. Messung der Ladungssteuerungs-Parameter nach *Ercoli* [14] und *Nanavati* [13]

Zur Messung von τ_s wird die gesamte Schaltung des Bildes 13 einschließlich der gestrichelt gezeichneten Teile verwendet. Bei abgeschaltetem Eingangsimpuls wird R_{B2} so lange verändert, bis $U_{CB} = 0$ ist, und am Amperemeter I_B^0 abgelesen. Eine Messung von $I_C = I_C^0$ in dieser Stellung kann auch gleich zur Bestimmung von β_0 ausgenützt werden. Nun wird durch Verkleinerung von R_{B2} ein Strom I_B im Sättigungsgebiet eingestellt, die Impulsspannung angeschaltet, jetzt aber mit positiver Polung, also $+V_g$, und so lange vergrößert, bis am Ausgang eben eine Kollektorstromabnahme beginnt. Der Impuls $+V_g$ treibt den Transistor also vom Arbeitspunkt I_B weg aus der Sättigung heraus. $V_g C_B$ ist dann die Überschußladung Q_{BS}, die dabei abgeführt werden muß. Wir haben nach Gl. (22) und (23)

$$\tau_s = \frac{Q_{BS}}{I_{BS}} = \frac{V_g C_B}{I_B - I_B^0}, \tag{39}$$

womit τ_s bestimmt ist.

Damit haben wir im Prinzip gezeigt, wie die vier Ladungssteuerungs-Parameter β_0, τ_{c0}, Q_v^0 und τ_s direkt gemessen werden können. Diese Parameter sind also dazu geeignet, einen Schalttransistor im wesentlichen zu charakterisieren, und zwar ist diese Charakterisierung unabhängig von der Art und Dimensionierung des Schaltkreises, eine Aussage, die bekanntlich für die Schaltzeiten nicht zutrifft.

7. Zusammenfassung und Schlußbemerkung

Es ist gezeigt worden, daß das Ladungssteuerungs-Prinzip geeignet ist, eine ganze Reihe von elektronischen Verstärkerelementen mit guter Näherung zu beschreiben, so daß es möglich wird, diese Elemente durch dieselben Formeln zu beschreiben und ihre grundsätzlichen Hochfrequenzeigenschaften zu vergleichen. Insbesondere aber läßt sich dieses Prinzip mit Vorteil auf das Schaltverhalten von Transistoren anwenden. Es treten hierbei gewisse Parameter auf, die physikalisch anschaulich und leicht meßbar sind, und aus denen sich in sehr einfacher und durchsichtiger Weise die Schaltzeiten ergeben.

Zum Schluß ist es angebracht, auf die Gültigkeitsgrenzen des Ladungssteuerungs-Prinzips, das ja eine summarische Betrachtungsweise darstellt, hinzuweisen. Sie liegen überall dort, wo sich die Ladungen, die für das Verhalten des Transistors verantwortlich sind, der Kontrolle durch eine Steuerelektrode entziehen. Dazu gehört die Trägermultiplikation oder „Avalanche", die Speicherung von Minoritäten im Kollektor (z. B. bei Nicht-Epitax-Mesatransistoren), die Vorgänge in Vierschichten-Strukturen (also pnpn-Elemente), und hierher gehört auch der sogenannte „*Wiggle*"-Effekt [5, 21, 22]. Diese Probleme müssen durch detailliertere Betrachtungen, z. B. durch die Lösung der zeitabhängigen Diffusionsgleichung der Träger in den verschiedenen Zonen des Halbleiterkörpers, angegangen werden.

Schrifttumsverzeichnis

[1] J. J. *Sparkes* and R. *Beaufoy*: The Junction Transistor as a Charge Controlled Device. Proc. I. R. E. 45 (1957), S. 1740.

[2] R. *Beaufoy* and J. J. *Sparkes*: The Junction Transistor as a Charge-Controlled Device. A. T. E. J. 13, 4 (1957), S. 310.

[3] J. J. *Sparkes*: The Measurement of Transistor Transient Switching Parameters. Proc. In. E. E.. 106 B, Suppl 15 (1959), S. 562.

[4] R. *Beaufoy*: Transistor Switching — Circuit Design using the Charge-Control Parameters. Proc. In. E. E. 106 B, Suppl 17 (1959), S. 1085.

[5] J. J. *Sparkes*: A Study of the Charge Control Parameters of Transistors. Proc. I. R. E. 48 (1960), S. 1696.

[6] E. O. *Johnson* and A. *Rose*: Simple General Analysis of Amplifier Devices with Emitter Control and Collector Functions. Proc. I. R. E. 47 (1959), S. 407.

[7] R. D. *Middlebrook*: A Modern Approach to Semiconductor and Vacuum Device Theory. Proc. In. E. E. 106 B, Suppl 17 (1959), S. 887.

[8] A. N. *Baker*: Charge Analysis of Transistor Operation. Proc. I. R. E. 48 (1960), S. 949.

[9] J. A. *Ekiss* and C. D. *Simmons*: Calculation of the Rise and Fall Times of an Alloy Junction Transistor Switch. Proc. I. R. E. 48 (1960), S. 1487.

[10] Y. *Cho*: Calculation of the Rise and Fall Times in the Alloy Transistor Switch Based on the Charge Analysis. Proc. I. R. E. 49 (1961), S. 636.

[11] A. *Kruithof*: Transient Response of Junction Transistors and its Graphical Representation. Proc. In. E. E. 106 B, Suppl 17 (1959), S. 1092.

[12] A. N. *Baker* and W. G. *May*: Charge Analysis of Transistor Operation Including Delay Effects. I. R. E. Transact. ED-8 (1961), S. 152.

[13] R. P. *Nanavati*: Prediction of Storage Time in Junction Transistors. I. R. E. Transact. ED-7 (1960), S. 9.

[14] *P. Ercoli:* Measurement of Transistor Switching Parameters. Electronic Engineering 32 (1960), S. 645.

[15] *D. E. Hooper* and *A. R. T. Turnbull:* Applications of the Charge-Control Concept to Transistor Characterization. Proc. I.R.E. Australia 23 (1962), S. 132.

[16] *H. Krömer:* Zur Theorie des Diffusions- und des Drifttransistors. Arch. elektr. Übertr. 8 (1954), S. 223.

[17] *L. J. Giacoletto:* Study of p-n-p Alloy Junction Transistors from D.C. through Medium Frequencies. RCA Rev. 15 (1954), S. 506.

[18] *H. Statz, R. A. Pucel* and *C. Lanza:* High-Frequency Semiconductor Tetrodes. Proc. I.R.E. 45 (1957), S. 1475.

[19] *W. M. Webster:* On the Variation of Junction Transistor Current Amplification Factor with Emitter Current. Proc. I.R.E. 42 (1954), S. 914.

[20] *J. L. Moll:* Large Signal Transient Response of Junction Transistors. Proc. I.R.E. 42 (1954), S. 1773.

[21] *J. J. Sparkes* and *I. R. W. Smith:* The Influence of Traps on Transistor Switching Behaviour. J. El. & Control 12 (1962), S. 177.

[22] *R. P. Nanavati* and *F. J. Willinger:* The Relationship between Emitter Junction Recovery and "Wiggle Effect". Proc. I.R.E. 50 (1962), S. 85.

Die Kenndaten des Schalttransistors

Mit 4 Bildern

Von **H.-J. Thuy**, Heilbronn

DK 621.382.3

Es soll im folgenden ein kurzer Überblick über die wesentlichen Daten gegeben werden, die zur Kennzeichnung eines Schalttransistors dienen. Dieses Gebiet ist noch nicht so abgerundet, wie beim Kleinsignaltransistor, wo z. B. das dynamische Verhalten durch die Angabe von Vierpol-Parametern als transistoreigenen Kenngrößen gut beschrieben werden kann. Das dynamische Verhalten des Schalttransistors, d. h. sein Übergangsverhalten vom „Ein"-Zustand in den „Aus"-Zustand und umgekehrt ist nicht so einfach durch transistoreigene Kenndaten festzulegen.

Das Pendant zu den Vierpolkennwerten fehlt auf dem Schaltergebiet z. Z. noch. Zwar sind recht ermutigende Ansätze mit den Ladungs-Parametern von *Beaufoy* und *Sparkes* [1, 2] gemacht worden, doch sind sie immer noch nicht ganz so universell wie die Vierpol-Parameter beim Verstärkertransistor. Darauf soll später noch eingegangen werden. Zunächst kann man die Kenndaten des Schalttransistors genau wie die des Verstärkertransistors in statische und dynamische Kenndaten einteilen.

1. Statische Kenndaten

In Bild 1 ist nochmals das prinzipielle Aussehen eines I_C-U_{CE}-Kennlinienfeldes wiedergegeben. Aufgabe der statischen Kenndaten ist es u. a. dieses Kennlinienfeld durch entsprechende Wahl von Kenngrößen samt den dazugehörigen Zahlenangaben für den einzelnen Transistortyp festzulegen. Man unterscheidet für die Abgrenzungen dieses Kennlinienfeldes folgende Gebiete:

1.1 Restspannungsgebiet

Eine Kollektorrestspannungsangabe ist wichtig für die Beurteilung des Schalttransistors hinsichtlich seines „Ein"-Zustandes. Für einen guten Schalter möchte man die Kollektorrestspannung möglichst klein machen, um im „Ein"-Zustand praktisch einen Kurzschluß zwischen Emitter und Kollektor zu bekommen (idealer Schalter). Man kann sie durch konstruktive Maßnahmen im Transistor beeinflussen. So hängt sie einmal von der Verteilung des Basiswiderstandes im Engegebiet zwischen Emitter und Kollektor ab und zum anderen vom Emitter- und Kollektorbahnwiderstand. Letzterer führt z. B. bei Mesatransistoren wegen der hochohmigen Kollektorseite zu ungünstig hohen Restspannungswerten, weshalb man von Mesatransistoren — gegenüber den normalen Legierungstransistoren — für Schalterzwecke nicht besonders angetan war. Erst die Einführung der Epitaxialtechnik hat hier einen Wandel geschaffen. Neben dieser Bedeutung für den „Ein"-Zustand spielt die Kollektorrestspannung aus Gründen der Verlustleistung noch eine Rolle für den maximal zulässigen Strom im „Ein"-Zustand. Je kleiner die Restspannung um so größer kann man den maximalen Strom wählen, ohne die zulässige Verlustleistung zu über-

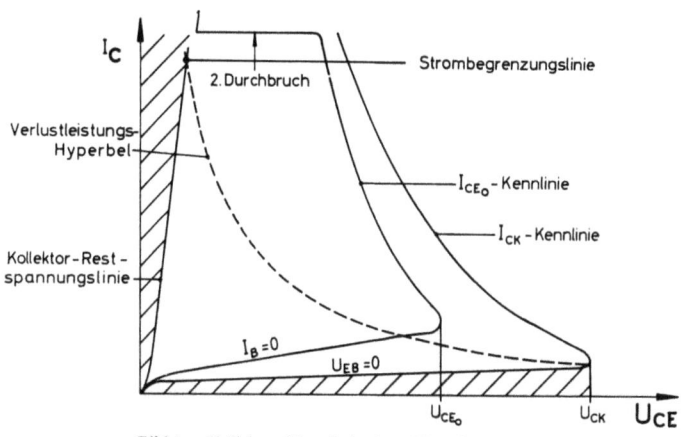

Bild 1. Kollektor-Kennlinie eines Transistors

schreiten. Die Restspannung spielte auch schon bei Leistungstransistoren in Verstärkerbetrieb eine wesentliche Rolle, weil durch sie der Ansteuerbereich und damit der Wirkungsgrad der NF-Endstufe bestimmt wurde. Die datenmäßige Festlegung erfolgt bei Schalttransistoren im allgemeinen so, daß man im Restspannungsgebiet ein bestimmtes I_C und I_B einprägt und die dazugehörige Kollektorspannung mißt. Diese wird dann als Kollektorrestspannung bezeichnet.

1.2 Reststromgebiet

Eine Kollektorreststromangabe ist wichtig für die Beurteilung eines Schalttransistors hinsichtlich seines „Aus"-Zustandes. Es ist offensichtlich, daß für einen guten Schalter im „Aus"-Zustand der Reststrom möglichst klein sein soll (Schalter mit möglichst hohem Isolationswiderstand). Es braucht nicht besonders betont zu werden, daß Siliziumtransistoren wegen ihrer extrem kleinen Sperrströme zumindest in dieser Hinsicht besonders gute Schalter sind. Man wird im allgemeinen nicht den relativ hohen I_{CE0}-Reststrom für den „Aus"-Zustand benutzen, sondern I_{CK} (oft auch I_{CES} genannt). Noch besser ist der Strom I_{CS}, der dadurch zustande kommt, daß man die Basis gegenüber dem Emitter auf Sperrpotential legt. Dann entsteht der kleinste Reststrom im Kollektorkreis, der überhaupt möglich ist, und der sogar noch ein wenig unterhalb des Sperrsättigungsstromes I_{CB0} liegt. Zur Kennzeichnung der Begrenzungsmöglichkeiten wird man im allgemeinen die drei Sperrströme I_{CE0}, I_{CK} und I_{CB0} angeben, manchmal auch bei zwei Spannungen, um den Verlauf der Kennlinie besser zu erfassen.

1.3 Durchbruchsgebiet

Eine Aussage über die maximal zulässige Spannung am Kollektor ist für die Beurteilung des spannungsmäßigen Durchsteuerbereiches und damit für die Schaltleistung des Transistors von Bedeutung. Wegen der Stromabhängigkeit der Stromverstärkung im Zusammenhang mit dem Avalanche-Effekt und der Rücksteuerung des Kollektors entstehen im Durchbruchsgebiet sowohl im I_B- wie im U_{BE}-Parameterfeld Kennlinien mit negativem Anstieg. Solche Kennlinien sind wegen der damit verbundenen Instabilitätserscheinungen nicht sonderlich beliebt. Man wird bei allen Transistoren natürlich von der Herstellerseite aus bemüht sein, diese Kennlinien soweit als möglich aufzurichten. Solange sie aber nicht senkrecht nach oben gehen, ist die Angabe eines einzelnen Durchbruchspannungswertes U_{CE0} oder U_{CK} schlechthin nicht ausreichend. Man wird vielmehr im Kennlinienfeld eine Begrenzungslinie für den Aussteuerbereich angeben. Sie kann im einfachsten Fall eine Gerade sein, die mit negativem Anstieg im Kennlinienfeld liegt. Oftmals wird aber auch als Spannungsbegrenzung eine geknickte Linie von den einzelnen Herstellern festgelegt.

1.4 Hochstromgebiet

Dieses Gebiet ist noch recht wenig erforscht. Kernfrage ist: Wie weit darf der Transistor strommäßig ausgesteuert werden ohne daß er beschädigt wird? Wenn man von thermischen Effekten absieht, die als Randbedingung bei kontinuierlichem oder pulsförmigem Betrieb natürlich immer zu beachten sind und die gewisse Einschränkungen im Rahmen der Verlustleistung bzw. der maximal zulässigen Sperrschichttemperatur erfordern, so ist die obere Stromgrenze im wesentlichen durch den zweiten Durchbruch (second breakdown) bestimmt. Er entsteht durch den Pinch-in-Effekt [3] und wird durch Unebenheiten der Kollektorlegierungsfront gefördert. An diesen Unebenheiten konzentriert sich der Stromübergang und führt zu lokalen Erhitzungen. Letztere können die Sperrfähigkeit der Kollektorsperrschicht an diesen Stellen aufheben, so daß z. B. beim pnp-Transistor Elektronen vom Kollektor her in die Basis einströmen können. Diese bewirken am Basiswiderstand einen derart gerichteten Spannungsabfall, daß die Löcherströmung sich erst recht auf die Durchbruchstelle konzentriert und so binnen kurzem die Sperrschicht dort zerstört.

Wann dieser Pinch-in-Effekt bei den einzelnen Transistortypen auftritt und inwieweit er den maximal zulässigen Strom eines Typs bestimmt, muß der Transistorenhersteller klären und einen Zahlenwert dafür ermitteln.

1.5 Verlustleistungshyperbel

Diese gibt ein Maß für die Wärmeableitung im Transistor und wird durch dessen Wärmewiderstand $R_{i\text{th}}$ bestimmt; sie gilt für eine bestimmte Umgebungs- oder Gehäusetemperatur, meist für 45°C. Bei Anwendung einer begrenzt guten Kühlfläche sind Gehäuse- und Umgebungstemperatur gleich groß. Es gilt die Beziehung

$$N_{v\max} = I_C \cdot U_C = \frac{\Delta T}{R_{i\text{th}}}, \qquad (1)$$

wobei ΔT die Differenz zwischen maximal zulässiger Sperrschichttemperatur $T_{j\max}$ und der Gehäusetemperatur T_g ist.

Die maximal zulässige Sperrschichttemperatur wird vom Transistorhersteller aus Lebensdaueruntersuchungen ermittelt und ebenfalls in den Datenblättern neben dem thermischen Innenwiderstand angegeben. Aus der Beziehung für $N_{v\max}$ ist ersichtlich, daß dieser Wert um so höher ist, je größer ΔT, d. h. je niedriger die Gehäusetemperatur T_g gehalten wird. Das trifft aber nur in einem beschränkten Bereich zu. Die Verlustleistung darf aus Lebensdauergründen im Zusammenhang mit den thermischen Spannungen im System nicht beliebig mit abfallender Gehäusetemperatur gesteigert werden. Auch für die absolute obere Grenze der Verlustleistung wird daher oft in den Datenblättern ein Zahlenwert angegeben.

1.6 Höchstwerte für Emittersperrstrom und -Sperrspannung

Neben den Daten über die Begrenzung des I_C-U_{CE}-Kennlinienfeldes sind auch noch einige Angaben über die Emitterdiode erforderlich. Insbesondere interessiert die Emittersperrspannung U_{EB0}, die bei Drifttransistoren wegen der starken Basisdotierung an der Emitterseite niedrig sein muß und oft Stein des Anstoßes ist. Daneben möchte man auch noch wissen, wie weit man derartig niedrig sperrende Dioden strommäßig in den Durchbruch steuern darf, ohne die Diode zu zerstören. Einzelne Lebensdaueruntersuchungen haben gezeigt, daß dies wie bei Zener-Dioden bis zur Verlustleistungsgrenze geschehen darf. Inwieweit diese Ergebnisse aber zu verallgemeinern sind, bleibt noch abzuwarten.

2. Dynamische Kenndaten

Das Übergangsverhalten ist im Schalterbetrieb durch Kenndaten in allgemeiner Form schwieriger festzulegen, als der Sinusbetrieb durch Vierpolkennwerte. Während man beim Sinusbetrieb meistens Leitwerte angibt, um das wechselstrommäßige Verhalten des Transistors bei einem bestimmten Arbeitspunkt zu erfassen, möchte man hingegen beim Schalterbetrieb Zeiten wissen, die die Übergangsschnelligkeit des Transistors vom „Ein"-Zustand in den „Aus"-Zustand und umgekehrt kennzeichnen. Neben diesen Kenndaten interessiert auch noch das thermische Verhalten im Übergangsgebiet, insbesondere die Frage nach der thermischen Trägheit des Transistors, z. B. wann darf man Impulse thermisch addieren und wann nicht? Dementsprechend wird man die dynamischen Kenndaten in thermische und elektrische unterteilen.

2.1 Das thermische Verhalten im Übergangsgebiet

Die thermische Kardinalfrage ist: Inwieweit kann man den Transistor bei Pulsbetrieb oberhalb der Verlustleistungshyperbel betreiben, d. h. um wieviel höher dürfen die Impulsspitzenleistungen sein, als die normale Gleichstromverlustleistung, wenn eine bestimmte Pulsdauer und Folgefrequenz vorliegt? Es ist offensichtlich, daß man für die thermische Belastung des Transistors mit dem Leistungsmittelwert der Pulsserie rechnen darf, wenn Pulsdauer und Pulspause klein sind gegenüber der thermischen Trägheit des Transistors und daß umgekehrt die Sperrschichttemperatur unmittelbar der Pulsleistung folgt, wenn Pulsdauer und -pause groß sind gegenüber der thermischen Trägheit. In Bild 2 ist die dynamische, thermische Ersatzschaltung eines Transistors mit Kollektorkühlung gezeigt. Entsprechend dem

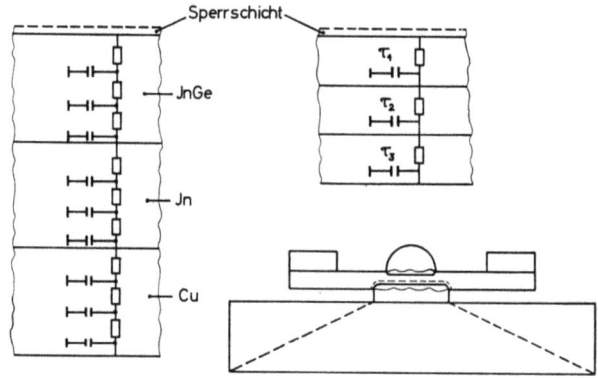

Bild 2. Thermisches Ersatzbild eines Transistors

Wärmeweg durch drei verschiedene Medien (rekristallisiertes Germanium, Indium und Kupfergrundplatte), sind in der Ersatzschaltung drei thermische RC-Ketten zu finden, die jeweils eine eigene thermische Zeitkonstante besitzen. Im allgemeinen gibt man jedoch nur eine Zeitkonstante, die des ersten Gliedes, an. Aber auch mehrere Zeitkonstanten sind schon in Erwägung gezogen worden, wobei man sich dann anhand mehr oder weniger komplizierter Formeln aus Pulsdauer und Tastverhältnis und den Zeitkonstanten die maximale Sperrschichttemperatur ausrechnen kann. Diese Formeln sind umständlich und man sollte sich besser auf die Angabe eines Reduktionsdiagrammes einigen, das direkt ausgemessen werden kann und vom Hersteller für die einzelnen Typen anzugeben ist. Ein solches Reduktionsdiagramm für einen mittleren Leistungstransistor ist in

2.2 Elektrisches Verhalten im Übergangsgebiet

Gibt man auf die Basis eines Transistors einen rechteckigen Strom- oder Spannungsimpuls, dann folgt der Kollektorstrom nicht unmittelbar, sondern sieht mehr oder weniger verschliffen aus. Diese Impulsverzerrungen des Kollektorstromes kennzeichnet man durch vier typische Zeiten

1) Verzögerungszeit t_d ⎫
2) Anstiegszeit t_r ⎬ $= t_{ein}$
3) Speicherzeit t_s ⎫
4) Abfallzeit t_f ⎬ $= t_{aus}$

wobei man 1) und 2) manchmal zur „Ein"-Zeit t_{ein} und 3) und 4) zur „Aus"-Zeit t_{aus} zusammenfaßt.

Die Definitionen dieser Zeiten sind nochmals in Bild 4 dargestellt. Alle Zeiten sind abhängig sowohl von den Eigenschaften des Transistors wie auch von der Dimensionierung der Schaltung. Sie sind keine transistoreigenen Kenngrößen sondern hängen vom Grad der Übersteuerung, vom Absaugfaktor (vgl. Gln. 9 und 10) und von der Art der Ansteuerung der Basis ab. Es hat daher nicht an Versuchen gemangelt, transistoreigene Parameter zu finden, um einerseits die Transistoren untereinander sinnvoll vergleichen und zum anderen die vier Zeiten für jede beliebige Schaltungsdimensionierung berechnen zu können. Erst mit den Untersuchungen von Sparkes und Beaufoy [1, 2] über die ladungsgesteuerten Parameter ist ein gewisser Fortschritt zu verzeichnen. Grundsätzlich hat man daher heute zwei Möglichkeiten zur Kennzeichnung zur Verfügung: Die Funktionsprüfung und die neuere parametrische Methode.

2.2.1 Funktionsprüfung

Unter der Funktionsprüfung soll eine für den jeweiligen Typ fest vorgegebene Testschaltung verstanden werden, in der man die vier Schaltzeiten mißt. Diese Schaltung kann entweder mit strom- oder spannungskonstanter Ansteuerung der Basis arbeiten oder auch mit der im praktischen Betrieb üblichen RC-Kombination in der Basisleitung. Sie gibt keine allgemeingültige Aussage über die Qualität des betreffenden Transistors, ist aber der übliche Weg, den man bisher mangels besserer Methoden eingeschlagen hat. Um die Einseitigkeit etwas zu mildern, hat man stellenweise Diagramme für die

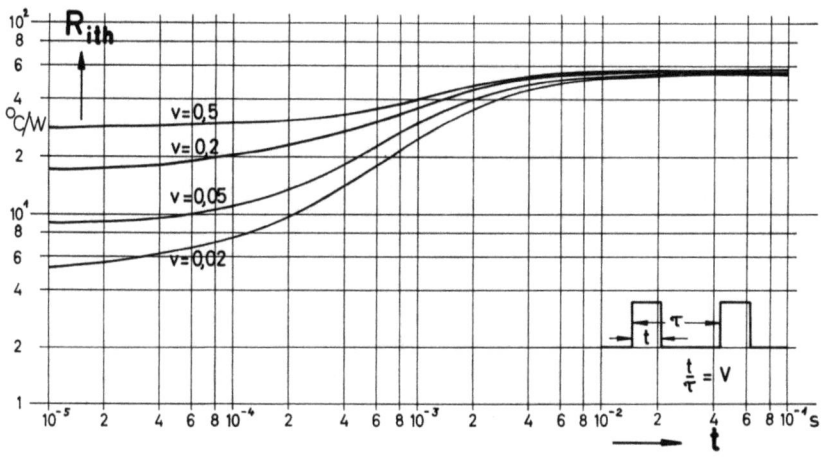

Bild 3. Thermisches Reduktionsdiagramm für Pulsbelastung

Bild 3 angegeben. Es zeigt den effektiven thermischen Innenwiderstand R_{ith} des Transistors als Funktion der Pulsdauer t mit dem Tastverhältnis v als Parameter. Unter dem effektiven thermischen Innenwiderstand soll das Verhältnis Temperaturdifferenz Sperrschicht-Gehäuse zu Pulsspitzenleistung verstanden werden. Man ersieht aus dem Diagramm, daß sich der thermische Innenwiderstand mit größer werdender Pulslänge immer mehr dem Dauerstrichwert (Tastverhältnis $v=1$) nähert. Nach kurzen Pulsen und kleinem Tastverhältnis hin fächert das Diagramm auf und läßt erheblich größere Pulsspitzenleistungen (kleinere effektive, thermische Innenwiderstände) zu, als im Gleichstromfall. Weitere Einzelheiten hierzu siehe [4].

4 Schaltzeiten angegeben, die entweder die Abhängigkeit vom Absaugfaktor (Gl. 10) oder Übersteuerungsgrad (Gl. 9) zeigten.

2.2.2 Parametrische Methode

Sie basiert auf den Arbeiten von Sparkes und Beaufoy, über die im Rahmen dieses Heftes schon detailliert berichtet worden ist, [5, 6] so daß hier die Ergebnisse nur noch einmal zusammengefaßt zu werden brauchen. Man definiert 5 Transistorparameter in folgender Weise:

a) Kollektorzeitfaktor τ_C, definiert als

$$\tau_C = \frac{Q_B}{I_C} = \frac{\text{Ladung im Basisraum}}{\text{Kollektorstom}}$$

(nicht übersteuerter Zustand) (2)

gemessen am Kniepunkt der I_C-U_{CE}-Kennlinie wo $U_{CB} = 0$,

b) Sättigungszeitfaktor τ_S, definiert als

$$\tau_S = \frac{Q_{BS}}{I_{BS}} = \frac{Q_{BS}}{I_{B\,\text{Ein}} - \dfrac{I_{CM}}{B_N}}$$

$$= \frac{\text{Übersteuerungsladung im Basisraum}}{\text{Basisstromanteil der Übersteuerungsladung}} \quad (3)$$

c) Normale Gleichstromverstärkung in Emitterschaltung B_N

$$B_N = \frac{I_{CM} - I_{CB0}}{I_B + I_{CB0}} \quad \text{(im nichtübersteuerten Zustand, also } I_B \text{ bei } U_{CE} > U_{CE\,\text{Rest}}) \quad (3)$$

d) Kollektorsperrschichtladung Q_{VC}, gleich Ladung, die notwendig ist, um C_C vom ausgeschalteten bis zum eingeschalteten Zustand durchzuladen.

e) Q_{VE} = Ladungsmenge, die bei der Umladung der Emittersperrschicht vom „Aus"- in den „Ein"-Zustand abzutransportieren ist. Sie ist gleich 2 $(U_{BE\,sp} + U_D) \cdot C_e$, wenn $U_{BE\,sp}$ die Basisemitterspannung im gesperrten Zustand ist und C_e die übliche Sperrschicht-Kapazität bei dieser Spannung, U_D = Diffusions-Spannung des Emitter-Überganges.

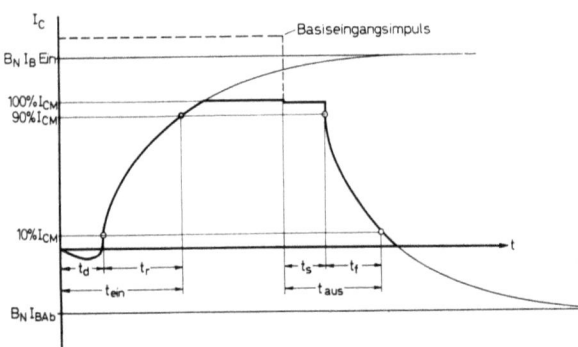

Bild 4. Definition der Schaltzeiten

Damit ergeben sich dann für die einzelnen Schaltzeiten die Beziehungen (Bild 4)

$$t_r = B_N \left(\tau_C + \frac{Q_{VC}}{I_{CM}} \right) \cdot \ln \frac{m - 0{,}1}{m - 0{,}9} \quad (5)$$

$$t_s = \tau_s \cdot \ln \frac{K + m}{K + 1} \quad (6)$$

$$t_f = B_N \left(\tau_C + \frac{Q_{VC}}{I_{CM}} \right) \cdot \ln \frac{K + 1}{K + 0{,}1} \quad (7)$$

$$t_d = \frac{Q_{VE}}{I_{B\,\text{Ein}}} \quad (8)$$

wobei gilt

$$m = \frac{B_N \cdot I_{B\,\text{Ein}}}{I_{CM}} = \text{Übersteuerungsfaktor} \quad (9)$$

$$K = \frac{B_N \cdot I_{BAb}}{I_{CM}} = \text{Absaugfaktor} \quad (10)$$

So wie die vom Arbeitspunkt abhängigen Vierpolparameter, sind beim realen Transistor diese Ladungsparameter auch von den verschiedenen Betriebsströmen und -spannungen mehr oder weniger abhängig, so daß eine solche Parameterangabe exakt nur für ein Arbeitspunktpaar (Ein-Aus) gilt. Will man die Angabe allgemeiner halten, so muß wie bei den Ortskurven der Vierpolparameter auf Diagramme zurückgreifen.

Unbefriedigend ist zur Zeit noch der Fall der Spannungsansteuerung der Basis behandelt, denn die Ladungsparameter beziehen sich lediglich auf die Stromaussteuerung der Basis. Inwieweit auch dieser Fall sowie der dazwischenliegende Fall einer RC-Kombination in der Basisleitung mit den Ladungsparametern behandelt werden kann, bleibt abzuwarten.

Schließlich ist noch zu bemerken, daß die Berechnung der Schaltzeiten mit Hilfe der Ladungsparameter einen e-Funktionsverlauf der Lade- und Entladevorgänge voraussetzt, der bei vielen Transistoren keineswegs erfüllt ist. Abweichungen von der e-Funktion kommen z. B. durch den Stromverdrängungseffekt am Emitter zustande, wo bei kleineren Strömen die Emission mehr im Zentrum, bei großen Strömen mehr an der Peripherie des Emitters erfolgt. Solche Effekte können die Lade- und Entladekurven in ihrem Charakter erheblich beeinflussen, so z. B. der „Wiggle-Effekt", der schon von *Sparkes* [1] erwähnt wurde. Ferner erfaßt die Theorie noch nicht die Transistoren, die eine nennenswerte Speicherladung der Minoritätsträger auf der Kollektorseite haben, sowie das Verhalten im Avalanche-Betrieb. Hier sind noch Erweiterungen der Theorie und zusätzliche Kennwerte notwendig, um auch diese Transistoren und Betriebsweisen in ihrem Schaltverhalten zu beschreiben. Trotz dieser augenblicklichen Mängel stellt doch die Verwendung von Ladungsparametern einen gewissen Fortschritt in der Kennzeichnung und Qualitätsbeurteilung von Schalttransistoren dar, und Betrachtungen über das Ladungsverhalten ermöglichen darüberhinaus konstruktive technologische Hinweise für den Bau von Schalttransistoren.

Schrifttumsverzeichnis

[1] *I. I. Sparkes:* A Study of the Charge Control Parameters of Transistors. Proc. IRE 48 (1960), S. 1696—1705.

[2] *R. Beaufoy:* Transistor Switching-Circuit Design Using the Charge-Control Parameters. Proc. IEE, Part B, 106 (1959), S. 1085—1091.

[3] *Thornton* und *Simmons:* A New High Current Mode of Transistor Operation. IRE-Trans. Electron. Divices, ED 5, Jan. 1958, S. 6—10.

[4] *H. J. Thuy:* Thermische Probleme bei Transistoren. 2. Teil, Elektron. Rdsch. 15 (1961), S. 61—65.

[5] *H. P. Kleinknecht:* Der Transistor als ladungsgesteuertes Bauelement. Nachr.-Techn. Z. 15 (1962), S. 394.

[6] *W. Engbert:* Vergleich von Verstärkern und Schalttransistoren. Nachr.-Techn. Z. 15 (1962), S. 381.

Meßverfahren für Großsignal-Kenngrößen

Von **Anton Jäger**, München

Mit 9 Bildern

DK 621.382.3

1. Einleitung

Als Grundlage der hier beschriebenen Meßverfahren werden die Definitionen der jeweiligen Kenngrößen den einzelnen Kapiteln vorangestellt. Auf die Herleitung der Formeln und auf deren physikalischen Hintergrund kann jedoch im Rahmen dieses Referates nicht eingegangen werden.

Da sich aus einer Definition bzw. aus einem Prinzip-Schaltbild im allgemeinen verschiedene Ausführungsformen ableiten lassen, mußte eine Auswahl aus den vielen in der Literatur beschriebenen Möglichkeiten getroffen werden. Es werden im folgenden solche Verfahren bevorzugt angegeben, die bereits in IEC-Dokumenten enthalten sind oder in IEC- und FNE-Ausschüssen zur Bearbeitung vorliegen. Beim Vergleich der verschiedenen Schaltungen werden auch eigene Erfahrungen über Meßgenauigkeit und Reproduzierbarkeit sowie über Meßgeräteaufwand und Meßgeschwindigkeit, d. h. also auch wirtschaftliche Gesichtspunkte berücksichtigt. Letztere sind nicht nur eine Angelegenheit des Transistor-Herstellers, der sein Produkt zahlreichen Prüfungen unterwerfen muß, sondern auch des Anwenders, der bei Vorliegen entsprechend genormter Prüfschaltungen rationelle Eingangskontrollen durchführen kann.

In den IEC-Komitees sind hierzu in den letzten Jahren umfangreiche Arbeiten geleistet worden. Trotzdem ist es unbefriedigend, daß in den bisher vorliegenden Dokumenten für wichtige Größen immer noch mehrere alternative Empfehlungen vorliegen, anstelle von eindeutigen Standard-Schaltungen, wie sie eines der National-Komitees in jüngerer Zeit gefordert hat. Die Gründe für die gegenwärtige Lage sind einleuchtend: Einerseits gibt es viele Meßverfahren, die erst wenige Jahre alt sind, und andererseits fehlt eine Art internationales meßtechnisches Labor, das ein unabhängiges, entscheidungsfähiges Gremium darstellen könnte.

Nach diesen allgemeinen Vorbemerkungen ist nun kurz der sachliche Inhalt abzugrenzen. Der Betriebsart eines Schalttransistors entsprechend haben wir Meßverfahren in drei Betriebszuständen zu behandeln, wie in den vorangehenden Referaten schon ausführlich dargestellt wurde; diese sind:

Der Sperrbereich oder Aus-Bereich mit Begrenzung durch den minimalen Reststrom und durch die Durchbruchspannung;

der Sättigungsbereich oder Ein-Bereich, in dem wir die Verstärkung und die Restspannung betrachten werden und

das Übergangsverhalten, charakterisiert durch Schaltzeiten und Ladungsgrößen.

Der Fragenkomplex der Sperrschichttemperatur wird hier nicht berührt, da dies ein Hauptthema weiterer Vorträge ist.

2. Messung des Sperrverhaltens

In Bild 1 ist das Durchbruchskennlinienfeld eines Leistungstransistors in halblogarithmischer Darstellung aufgetragen. Dieses Gebiet ist in den letzten Jahren ausführlich untersucht worden, weil es bei der Frage der Grenzbelastung im Schalterbetrieb die wichtigste Rolle spielt. Es sind die Kennlinien mit offener und kurzgeschlossener Emitter-Basis-Strecke sowie mit einem endlichen Wert R_{BE} eingezeichnet. Ferner sieht man eine I_{CEV}-Kennlinie, die mit der Kollektor-Dioden-Kennlinie zunächst praktisch identisch verläuft und dann bei einem bestimmten Stromniveau in einen rückläufigen Ast abzweigt. Im Stromgebiet von einigen Ampere ist noch ein „zweiter Durchbruch" angedeutet (punktierte Kurve), der je nach Typ aus einer dieser Sperrkennlinien heraus einsetzen kann.

Neben diesem Feld sind 6 verschiedene Meßmethoden aufnotiert, wobei die unteren drei für das Gebiet niederen Stromes verwendbar sind, die oberen drei jedoch notwendig werden, wenn man die Durchbrüche bis in

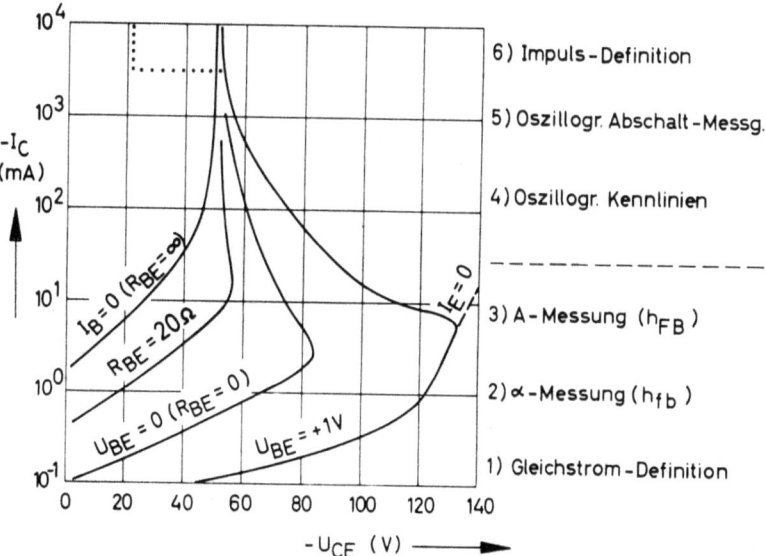

Bild 1. Durchbruchskennlinien; Meßmethoden

das Gebiet hoher Ströme und hiermit hoher Leistungen verfolgen will.

2.1 Die Durchbruchspannung bei kleinen Strömen

Bild 2a zeigt die einfache Grundschaltung mit den verschiedenen Möglichkeiten des Abschlusses am Eingang. Hiermit lassen sich zunächst die einzelnen Kennlinien in ihrem Sperrstromniveau verfolgen, wobei man besonders auch die Temperaturabhängigkeit dieser Ströme beobachten wird. Als Durchbruchspannung wird dann

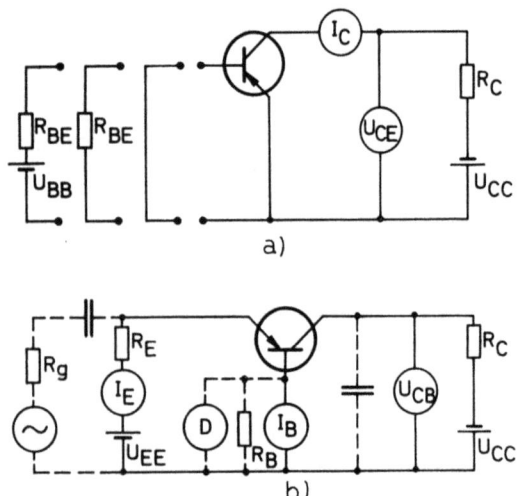

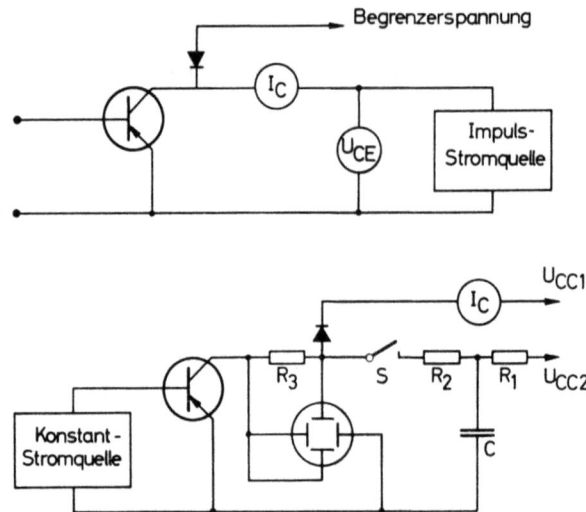

Bild 2. Messung der Durchbruchspannung bei kleinen Strömen
a) Gleichstromdefiniton
b) A-Messung (h_{FB}) ———
   α-Messung (h_{fb}) - - -

Bild 3. Messung der Durchbruchspannung bei großen Strömen

diejenige Spannung definiert, bei der ein bestimmter Sperrstrom fließt. Dieser liegt bei heutigen Ge-Transistoren kleiner und mittlerer Leistung bei Zimmertemperatur im Bereich von 0,1 mA, bei Leistungstransistoren im Bereich von 1 mA. Die Definitionen für die üblichen maximalen Sperrschicht-Temperaturen von 75° C bzw. 90° C liegen jeweils um etwa eine Zehnerpotenz höher.

Während die eben beschriebene Methode von relativ willkürlichen Festlegungen ausgeht, definiert das in Bild 2b gezeigte Verfahren den Durchbruch als diejenige Spannung, bei der die Gleichstromverstärkung A bzw. die Wechselstromverstärkung α in Basisschaltung gleich Eins werden. Der ausgezogene Teil der Schaltung ist die A-Meßschaltung und stellt gleichzeitig die Gleichstromversorgung für die α-Messung dar, bei der die Schaltung um den gestrichelten Teil erweitert werden muß. Mit der Versorgungsspannung U_{EE} wird der unterhalb der zulässigen Verlustleistung festzulegende Emitterstrom I_E eingestellt. Dann wird die Kollektorspannung U_{CB} so weit erhöht, bis der Basis-Strom $I_B = 0$ wird (A-Messung) bzw. der Detektor D Null anzeigt (α-Messung).

2.2 Die Durchbruchspannung bei großen Strömen

Die Eignung von Transistoren für die heutigen Anwendungen hängt insbesondere bei Leistungstransistoren von ihrem Sperrvermögen bei hohen Strömen ab. Bild 3a zeigt die Prinzipschaltung einer Impulsmethode, die zwar einen Impulsgenerator für Ströme von einigen Ampere erfordert, jedoch bei äußerst einfacher Bedienung schnelle und exakte Werte liefert und für Produktions- oder Kontrollmessungen in automatischen Meßgeräten angewendet werden kann. Der betrachtete Generator liefert bei Ausgangsspannungen bis 100 Volt Stromimpulse von 0,1 bis 2 A bei einer Länge, die der zu messenden Transistorklasse entsprechend gewählt wird und bei Leistungstransistoren beispielsweise 200 μsec betragen kann. Die zulässige Energie des einzelnen Impulses ist der Spezifikation des jeweiligen Typs zu entnehmen. Der Baustein für die Durchbruchspannungs-Anzeige U_{CE} ist ein Spitzengleichrichter, der

auf Grund eines vorgeschalteten Multivibrators nur die zweite Hälfte des am Transistor liegenden Spannungsimpulses bewertet. Dies ist notwendig, damit im Falle rückläufiger Kennlinien oder zweiter Durchbrüche keine zu hohen Spannungen angezeigt werden.

Eine oszillographische Messung der Durchbruchskennlinien ist mit heutigen Kurvenschreibern wegen der zu großen thermischen Belastung der Transistoren im Gebiet höherer Ströme im allgemeinen nicht möglich. Bei der Schaltung nach Bild 3b wird deshalb eine impulsförmige Aussteuerung vorgenommen, und zwar in folgender Weise: Mit der Konstantstromquelle im Basiskreis und einer niedrigen Kollektor-Hilfsspannung U_{CC1} wird das für den Durchbruch gewünschte Stromniveau I_C eingestellt. Die Kapazität C wird von U_{CC2} über R_1 aufgeladen und kann sich im Takt eines periodischen Schalters S (Quecksilberschalter, steuerbarer Gleichrichter o. ä.) über den Transistor entladen. Diese Spannung wird nun so weit erhöht, bis die mit Hilfe des Meßwiderstandes R_3 erzeugte Kennlinie eine definierte Neigung zeigt (h_{22E} sehr groß).

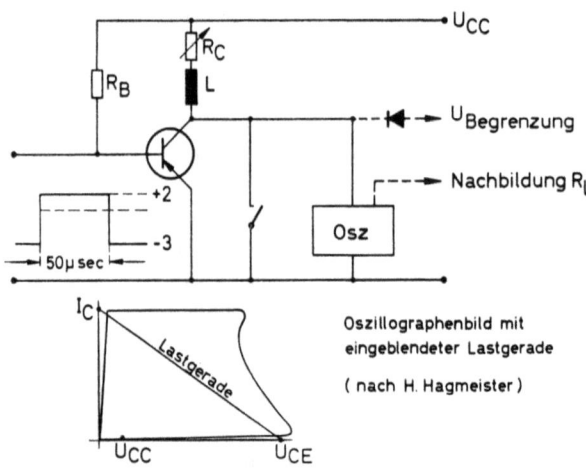

Bild 4. Messung der Durchbruchspannung bei großen Strömen (Abschaltmethode)

Ein zweites oszillographisches Verfahren ist die von *Hagmeister* beschriebene Abschaltmethode (Bild 4), die mit relativ geringem Aufwand eine anwendungsnahe Beurteilung des Sperrverhaltens bis zu hohen Strömen erlaubt. Das Meßobjekt wird durch entsprechende Basis-

Ansteuerung von seinem festgelegten „Ein"-Zustand abgeschaltet. Hierbei hält die Drossel L den Kollektorstrom so lange konstant, bis die durch den Basiskreis vorgegebene Durchbruchskennlinie erreicht ist. Von hier aus wird diese Kennlinie bis zum Wert der Gleichstromversorgung U_{CC} durchlaufen, falls nicht ein neuer Impuls in den „Ein"-Bereich weiterschaltet. Während des Abschaltvorganges muß der Transistor die Drossel-Energie $LI_C^2/2$ aufnehmen können. Je nach Verwendungszweck dieses Gerätes kann für bequeme Selektion eine Last-Gerade R_L in das Schirmbild eingeblendet werden oder aus Schutzgründen eine Spannungsbegrenzung angebracht werden.

Zusammenfassend ist zu sagen, daß für Transistoren kleiner Leistung im allgemeinen Sperrspannungs-Definitionen bei niedrigen Strömen zweckmäßig sind, vor allem wenn die Anwendungs-Schaltungen bestimmte Sperrwiderstandsforderungen enthalten, bei Leistungstransistoren jedoch die Spannungsfestigkeit bei großen Strömen das wichtigste Anwendungskriterium ist. Die zweckmäßigsten Meßverfahren hierfür sind die Impulsmethode und die Abschaltmethode (Bild 3a und 4).

3. Messung der Stromverstärkung

Dieser Abschnitt kann relativ kurz behandelt werden, da hier im Gegensatz zum Sperrverhalten die Einfachheit der Definition zu einheitlicheren Meßverfahren geführt hat.

Zu der Grundschaltung (Bild 5a) sei daher nur bemerkt, daß für genaue Messungen der Kollektor-Sperrstrom I_{CBO} nicht nur bei kleiner Aussteuerung berücksichtigt werden muß, sondern bei erhöhter Temperatur auch bis in den Kollektorstrombereich von einigen 100 mA erhebliche Korrekturen bringen kann.

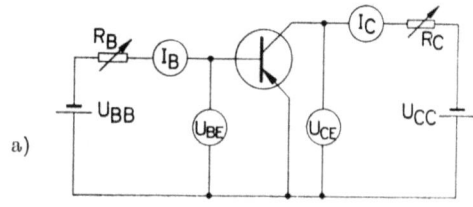

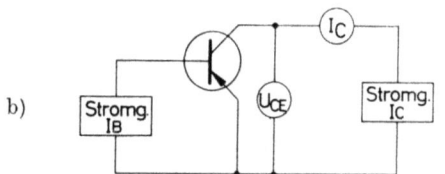

Bild 5. Messung der Kurzschlußstromverstärkung
a) Grundschaltung; $h_{FEL} = (I_C - I_{CBO})/(I_B + I_{CBO})$.
b) Kontrollmessung auf min. h_{FEL} bei max. $U_{CE\,sat}$.

Bild 5b zeigt die typische Kontrollschaltung auf minimale Stromverstärkung, wie sie z. B. bei Anwendern in der Eingangsprüfung eingesetzt werden kann. Die beiden Stromgeneratoren werden auf den gewünschten Kollektorstrom bzw. auf den maximal zulässigen Basisstrom eingestellt. Wird nun eine maximale Restspannung $U_{CE\,sat}$ vorgegeben, so zeigt die Einhaltung dieser Bedingung gleichzeitig auch die Erfüllung der Minimal-Forderung der Stromverstärkung an. Es genügt also ein einziges Kontrollinstrument. Durch Ausbau der Basis-Stromquelle zu einem Stufen-Generator kann das Gerät auch zur Selektierung in Verstärkungsgruppen benutzt werden.

Zwei weitere Meßschaltungen enthält das Bild 6. Da bei den legierten Transistoren der Kollektor-Bahnwiderstand sehr klein ist, kann man die Messung für $U_{CBO} = 0$ definieren und somit auf eine Kollektor-Stromversorgung verzichten (Bild 6a). Im Emitterkreis ist eine elektronische Einprägung des Emitterstromes angedeutet. Das Instrument für I_B kann in Einheiten der Stromverstärkung geeicht werden.

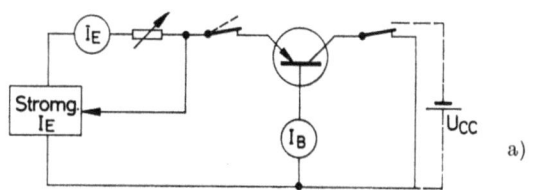

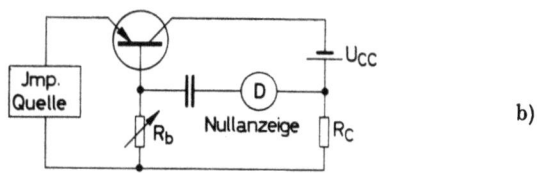

Bild 6. Messung der Kurzschlußstromverstärkung
a) Messung in Basisschaltung; $h_{FEL} = I_E/I_B - 1$ bei $U_{CB} = 0$.
b) Meßanordnung zur Vermeidung hoher Verlustleistung; $h_{FEL} = R_B/R_C$.

Die Brückenschaltung in Bild 6b wird notwendig, wenn man bei höherer Spannung oder bei sehr großen Strömen messen muß. Zur Vermeidung thermischer Überlastung wird der Emitter aus einer Impulsquelle gespeist, die im Ausgangskreis einen Nulldetektor erforderlich macht.

Von den vier angeführten Schaltungen können die nach Bild 5b und 6a als die gebräuchlichsten bezeichnet werden.

4. Messung des Übergangsverhaltens

Diese Verfahren werden in der historischen Reihenfolge beschrieben, d. h. es werden zunächst die Messungen der klassischen Schaltzeiten geschildert. Diese Zeiten sind bekanntlich stark von den jeweils äußeren Betriebsbedingungen abhängig, und es ist daher notwendig, daß der Hersteller diese Zusammenhänge dem Anwender in Form von Kurvendarstellungen mitteilt. Da die Schaltzeiten jedoch Faktoren enthalten, die bei Änderung der Betriebsbedingungen in weiten Grenzen konstant bleiben, kann man auch diese Faktoren, Schaltzeitkonstanten genannt, angeben. Die speziellen Schaltzeiten erhält man durch Einsetzen der Betriebsgrößen in bestimmte Formeln. Für die neueren Meßmethoden der Ladung als der ursächlichen Größe für Zeitkonstanten und Schaltzeiten wird auf das Referat von H. Kleinknecht hingewiesen.

4.1 Schaltzeitmessungen

In sehr vielen Anwendungsfällen ist es nicht notwendig, die bekannten vier Schaltzeiten einzeln zu kennen.

Man hat daher eine Einschaltzeit t_{ein} (Verzögerungszeit + Anstiegszeit) und eine Ausschaltzeit t_{aus} (Speicherzeit + Abfallzeit) definiert, deren Messung im folgenden beschrieben wird.

Der ausgezogene Teil der in Bild 7 gezeigten Schaltung ist die Prinzipschaltung für alle Schaltzeitmessungen. Sie besteht aus drei Spannungsquellen, die über je einen Widerstand mit dem Meßobjekt verbunden sind, nämlich der Kollektor-Versorgungsspannung (z. B. — 20 V), der Basis-Ausräumspannung (+ 5 V) und der Impulsquelle. An einem geeigneten Ozillographen werden die Zeiten abgelesen. Die Schaltung wird vielfach um den Kondensator („speed up"-Kapazität) zwecks besserer Anstiegszeit und um die Diode zur Vermeidung einer starken Sättigung erweitert.

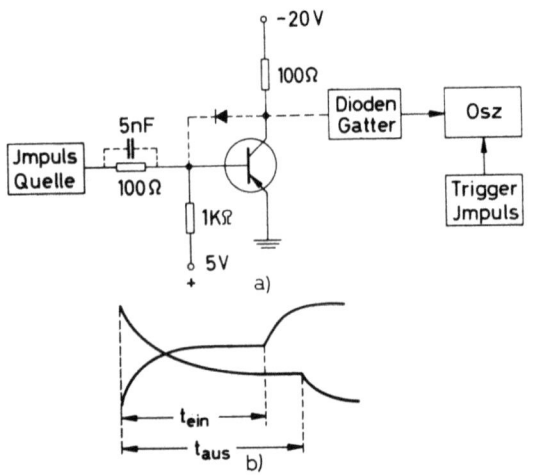

Bild 7. Messung von Schaltzeiten
(am Beispiel eines Kerntreiber-Transistors)
a) Prinzipschaltung
b) Schirmbild bei Verwendung des Diodengatters

Da die Ablesung der 10 %- und 90 %-Grenzen am normalen Impuls-Schirmbild nur eine geringe Meßgenauigkeit und Geschwindigkeit ergibt, ist es zweckmäßig, dem Impulsbild eine geeignete Markierung zu überlagern. Mit einem relativ geringen zusätzlichen Schaltaufwand erhält man die in Bild 7 b dargestellte Impulsform, und zwar mittels einer Dioden-Gatter-Schaltung und einem nachfolgenden Mischverstärker. Der Vorgang sei für die Einschaltkurve kurz erläutert: Nach dem Schaltbeispiel in Bild 7a entspricht der 90 %-Punkt des Impulses einer Kollektorspannung von 2 Volt. Diese Spannung wird einer Dioden-Brückenschaltung zugeführt, an der andererseits eine stabilisierte Spannung von ebenfalls 2 Volt liegt. Überschreitet nun der Impuls das 90 %-Niveau, so wird die Kollektorspannung kleiner als 2 Volt und schaltet eine entsprechend gepolte Brücken-Diode in Durchlaßrichtung. Der an einem Widerstand gewonnene Spannungsabfall dieses Durchlaßstromes wird einem Mischverstärker zugeführt und dort der normalen linearen Impuls-Anstiegs-Kurve überlagert, so daß also an der 90 %-Grenze der deutliche Knick entsteht. In ähnlicher Art wird der Impulsabfall verzerrt. Ferner können mittels einer Triggerschaltung beide Kurven gleichzeitig sichtbar gemacht werden, so daß ohne Umschaltung oder erneute Bildeinstellung beide Zeiten sofort abzulesen sind und somit ein beträchtlicher Gewinn an Meßgenauigkeit und Geschwindigkeit erzielt wird.

Neben diesen herkömmlichen Methoden gibt es heute auch die sogenannten „Sampling"-Geräte, die speziell für die kurzen Impulszeiten im Nanosekunden-Bereich entwickelt worden sind und auf Grund ihres Verfahrens, nämlich der Abtastung des Meßimpulses mit kurzen Frageimpulsen, außer dem oszillographischen Bild auch eine digitale Anzeige oder eine Zeigerablesung an einem Instrument liefern können. Der Schaltungsaufwand beträgt hier allerdings das zwei- bis vierfache.

Bild 8 zeigt nun in einem Vergleich, wie durch den größeren Geräteaufwand die Reproduzierbarkeit der Meßwerte gesteigert wird. In den drei Diagrammen ist in jeweils gleichem Maßstab auf der Ordinate eine erste Messung und auf der Abszisse eine anschließende Wiederholungsmessung aufgetragen, beide ausgeführt

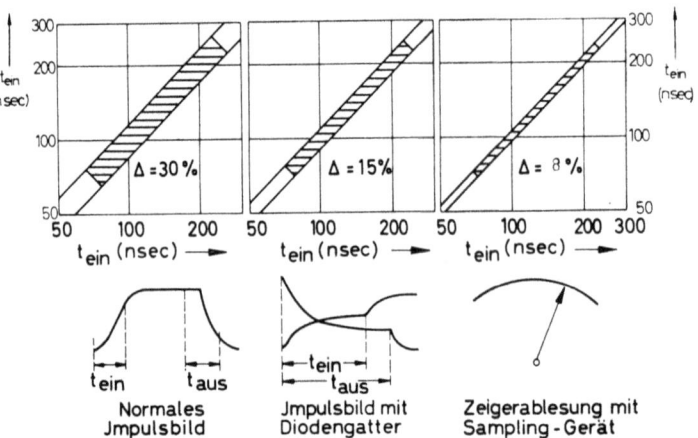

Bild 8. Meßwertstreuungen bei verschiedenen Impulsverfahren

von einer geübten Meßkraft an 100 Transistoren. Die maximalen Streuwerte Δ (30 %, 15 %, 8 %) verringern sich also jeweils um den Faktor Zwei.

Neben dieser Steigerung der Reproduzierbarkeit werden jeweils nochmals die gleichen Faktoren an Meßgeschwindigkeit und Arbeitserleichterung gewonnen, während der Wert der drei Anlagen nur etwa in dem Verhältnis 1 : 1,2 : 4 wächst.

4.2 Schaltzeitkonstanten

Nach den Theorien von *Ebers* und *Moll*, *Ekiss* und *Simmons* sowie *Sparkes* und *Beaufoy* können für die Schaltzeiten folgende Gleichungen angegeben werden:

Anstiegszeit: $t_r = \tau_R \cdot h_{FE} \cdot \ln\left[\dfrac{1 - 0{,}1 \cdot I_B/I_{B1}}{1 - 0{,}9 \cdot I_B/I_{B1}}\right]$

Abfallzeit: $t_f = \tau_F \cdot h_{FE} \cdot \ln\left[\dfrac{1 + 0{,}9 \cdot I_B/I_{B2}}{1 + 0{,}1 \cdot I_B/I_{B2}}\right]$

Hierbei bedeuten:

I_B = Basisstrom, um den Transistor gerade in den Sättigungsbereich zu schalten;

I_{B1} = Basisstrom im Sättigungsbereich [im Bild 9 mit I_B (an) bezeichnet];

I_{B2} = Basisstrom im ausgeschalteten Zustand des Transistors [im Bild 9 mit I_B (aus) bezeichnet];

h_{FE} = Stromverstärkung, die mit I_B gerade den gewünschten Kollektorstrom I_{CS} ergibt.

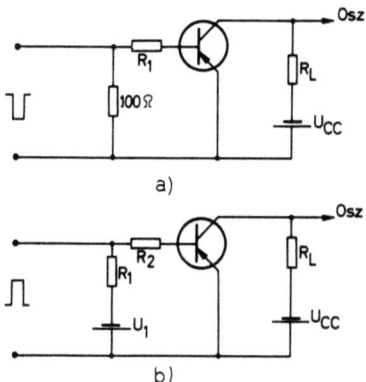

Bild 9. Messung der Anstiegs- und Abfall-Zeitkonstanten

a) Anstiegszeitkonstante: $\tau_R = t_r \dfrac{I_{B\,(an)}}{0{,}8 \cdot I_{CS}}$

b) Abfallzeitkonstante: $\tau_F = t_f \dfrac{I_{B\,(aus)}}{0{,}8 \cdot I_{CS}}$

Wird nun I_{B1} bzw. I_{B2} groß gegen I_B gewählt, beispielsweise $I_{B1} = 5 \cdot I_B$ („fünffache Sättigung"), so kann die Reihenentwicklung der Gleichungen nach dem ersten Glied abgebrochen werden und man erhält:

$$\tau_R = t_r \cdot \frac{I_{B1}}{0{,}8 \cdot I_{CS}};$$

$$\tau_F = t_f \cdot \frac{I_{B2}}{0{,}8 \cdot I_{CS}}.$$

Die Messung von t_r geht nach Bild 9a folgendermaßen vor sich: Mit R_1 wird der Basisstrom I_{B1} so eingestellt, daß

$$I_{B1} = 5 \cdot \frac{I_{CS}}{h_{FE\,\min}} \text{ ist.}$$

Der Lastwiderstand R_L wird so gewählt, daß ein Halbieren oder Verdoppeln von R_L keine wesentliche Änderung der Anstiegszeit zur Folge hat, wobei R_1 zur Einhaltung der Sättigungsbedingung jeweils im entsprechenden Sinn mit zu variieren ist. Die so erhaltene Anstiegszeit liefert dann die Zeitkonstante τ_R.

Zur Messung der Abfallzeit werden nach Bild 9b unter Beibehaltung von R_L die Eingangsgrößen so gewählt, daß $R_1 = R_2$ und U_1 doppelt so groß wie der zum Abschalten benutzte positive Spannungsimpuls ist. Im ausgeschalteten Zustand des Transistors fließt dann ein Basisstrom I_{B2}, der ebenfalls die obige Bedingung von I_{B1} erfüllt. Mit der Messung der Abfallzeit erhält man so auch die zweite Zeitkonstante.

Die Speicherzeit wird durch folgende Gleichung gegeben:

$$t_s = \tau_S \cdot \ln\left[1 + \frac{I_{B1} - I_{CS}/h_{FE}}{I_{B2} - I_{CS}/h_{FE}}\right]$$

Wird die Voraussetzung beachtet, daß I_{CS}/h_{FE} klein gegen den gewählten Basisstrom ist, und stellt man $I_{B1} = I_{B2}$ ein, dann ergibt sich für die Speicherzeit-Konstante die einfache Form:

$$\tau_S = \frac{t_s}{\ln 2}$$

Die Messung wird mit der Abfallzeit-Messung durchgeführt.

Abschließend sei erwähnt, daß die Messung der Ladungsgrößen gewisse Vorteile bietet, die meßtechnische Durchführung jedoch je nach Transistortyp Schwierigkeiten in der Beurteilung der dort vorzunehmenden RC-Abgleiche bringen kann.

Sperrschichttemperaturen von Halbleiterbauelementen bei Impulsbetrieb

Mitteilung der Standard Elektrik Lorenz AG, Stuttgart

DK 621.382 : 537.312.6

Mit 8 Bildern

Von F. Frey

Zusammenstellung der Kurzzeichen

C_{tha}	Wärmekapazität in axialer Richtung
C_{thr}	Wärmekapazität in radialer Richtung
dX	Differential der Größe X
$G_{th\,0}$	Wärmeleitwert Sperrschicht-Kristalloberfläche
ϑ	Übertemperatur allgemein
ϑ_j	Sperrschichtübertemperatur
I_{CBR}	Kollektor-Basis-Reststrom bei ohmschem Widerstand zwischen Basis und Emitter
$I_{CBR\,0}$	I_{CBR} bei Raumtemperatur
I_0	Diodensperrstrom
l^*	„reduzierte" Kristallänge
λ	Wärmeleitfähigkeit
$P(t)$	Augenblickswert der Verlustleistung
P_m	Scheitelwert der Verlustleistung
r_1, r_2, d	Abmessungen des Kristalls
$R_{th\,0}$	Wärmewiderstand Sperrschicht-Kristalloberfläche
t	Zeit
$\tau_{th\,0}$	Wärmezeitkonstante des Kristalls
τ^*	$=\dfrac{4\tau_{th\,0}}{\pi^2}$
U	Spannung
ΔU	Spannungsdifferenz
U_D	Diodenspannung
U_T	konstanter Spannungsfaktor
x	Ortskoordinate

1. Einleitung

Bei Halbleiterbauelementen sind die Betriebsgrenzen wie bei Elektronenröhren durch Maximalstrom, Maximalspannung und zulässige Verlustleistung gegeben. Der Maximalstrom ist durch die aus Erfahrungswerten im Hinblick auf die Lebensdauer ermittelte zulässige Stromdichte im Bauelement begrenzt, die Maximalspannung ist durch die Mindestdurchbruchspannungen der Sperrkennlinien gegeben, und die Verlustleistung durch die höchste zulässige Sperrschichttemperatur und die Wärmeabfuhr an die Umgebung. Das thermische Verhalten wird heute fast durchweg durch ein elektrisches Modell nachgebildet. Spannungen entsprechen dabei Temperaturdifferenzen und Ströme den zeitlichen Änderungen von Wärmemengen. Der Eingangsstrom des Modells entspricht der je Zeitspanne erzeugten Wärmemenge, also der Verlustleistung. Zur Nachbildung des stationären Falls (konstante Verlustleistung) genügt dann eine Kombination aus elektrischen Widerständen, die den Wärmewiderständen entsprechen. Damit läßt sich bei gegebener zulässiger Sperrschichtübertemperatur die zulässige Verlustleistung leicht berechnen.

Bei Impulsbeanspruchung der Bauelemente könnte man nun vorschreiben, daß auch dabei nie die zulässige Dauerverlustleistung überschritten werden darf, würde dadurch aber gleichzeitig gewisse Anwendungen ausschließen (z. B. das Abschalten von Induktivitäten) und andere Anwendungen stark einschränken. Die Sperrschichttemperatur folgt aber zeitlich nicht unmittelbar der Verlustleistung, sondern wegen der thermischen Trägheit des Kristalls verzögert. Dieses thermische Trägheitsverhalten wird durch das elektrische Modell richtig wiedergegeben, wenn man noch Kapazitäten einführt. Die Elemente des Modells können aus den geometrischen Abmessungen des Bauelementes ungefähr berechnet oder durch Messungen ermittelt werden.

Mit Hilfe dieses Modells kann man für beliebigen Verlustleistungsverlauf die Sperrschichttemperaturen bestimmen, indem man dem Modell einen Strom zuführt, dessen zeitlicher Verlauf der Verlustleistung entspricht. Die am Modelleingang gemessene Spannungsform entspricht dann der gesuchten Sperrschichttemperatur. Für gewisse Sonderfälle kann diese Temperatur auch berechnet werden [1].

2. Theorie des Wärmeflusses

Das eigentliche System eines Halbleiterbauelements kann näherungsweise aus verschiedenen Flußröhren für den Wärmetransport zusammengesetzt gedacht werden, wie dies in Bild 1 für einen Legierungstransistor gezeigt

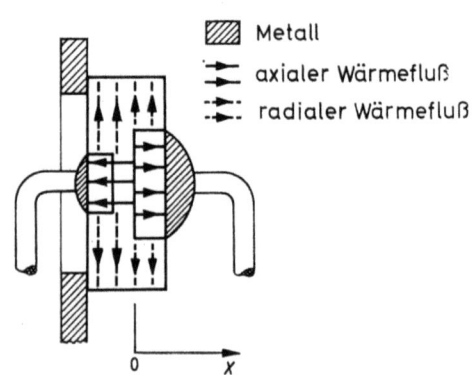

Bild 1. Legierungstransistor (schematisch) mit Wärmeflußlinien

ist. Der Wärmefluß hat hier zwei wesentliche Komponenten, eine in axialer und eine in radialer Richtung von der Kollektorsperrschicht (Wärmequelle) weg. Setzt man voraus, daß die Impulsfrequenz genügend hoch ist und dadurch die in der Sperrschicht erzeugte Wärmemenge rasch genug wechselt, so kann man wegen der größeren thermischen Trägheit der Kollektor- und Emitterpille und ihrer Zuleitungen annehmen, daß die Kristalloberfläche auf nahezu konstanter Temperatur bleibt. Denkt man sich außerdem die eigentlich über die ganze Sperrschichtdicke verteilte Verlustleistung in einer Schicht mit verschwindender Dicke entstehend, so läßt sich unter diesen Voraussetzungen das Temperaturverhalten auf das Problem der Wärmeleitung in einem Stab zurückführen. Man erhält als Differentialgleichung für die Übertemperatur

$$\frac{\partial \vartheta}{\partial t} = \alpha^2 \frac{\partial^2 \vartheta}{\partial x^2} - \beta^2 \vartheta. \qquad (1)$$

α und β sind hier Konstanten, die vom Material bzw. vom Material und der Geometrie des Kristalls abhängen. $\beta = 0$ würde bedeuten, daß keine radiale Wärmeabfuhr auftritt. Die gemachten Voraussetzungen liefern die Randbedingungen

$\vartheta(t; l^*) = 0$ (Oberflächentemperatur = const.)

$P(t; 0) = P(t)$ (Einspeisung am Stabanfang = Verlustleistung)

(l^* ist dabei eine reduzierte Stablänge, die die Parallelschaltung mehrerer Wärmeflüsse berücksichtigen soll). Ferner liefern sie die Anfangsbedingung

$\vartheta(0; x) = 0$ (Anfangsübertemperatur = 0).

Die Differentialgleichung führt zusammen mit den Rand- und Anfangsbedingungen auf das Modell der RC-Leitung mit Ableitung (Bild 2).

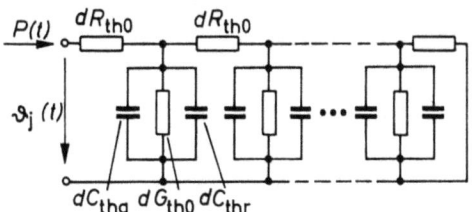

Bild 2. Modell für den Wärmefluß

Für diese Darstellung ergeben sich die Konstanten der Differentialgleichung zu

$$\alpha^2 = \frac{l^{*2}}{\tau_{th0}} \quad \text{und} \quad \beta^2 = \frac{R_{th0} \cdot G_{th0}}{\tau_{th0}}.$$

R_{th0} ist dabei der resultierende Wärmewiderstand von der Sperrschicht zur Kristalloberfläche, G_{th0} der Wärmeleitwert in radialer Richtung und τ_{th0} die resultierende thermische Zeitkonstante des Kristalls.

Ist der Verlauf der Verlustleistung in Abhängigkeit von der Zeit gegeben durch die Sprungfunktion ($P = 0$ für $t < 0$, $P = P_m$ für $t > 0$), so erhält man als Lösung der Differentialgleichung mit den angegebenen Bedingungen für die Temperatur der Sperrschicht:

$$\vartheta_j(t) \equiv \vartheta(t; 0) = R_{th0} \cdot P_m \left\{ 1 - \frac{8}{\pi^2} \sum_{n=1}^{\infty} \frac{1}{(2n-1)^2} \cdot e^{-\left[\frac{4 R_{th0} \cdot G_{th0}}{\pi^2} + (2n-1)^2\right]\frac{t}{\tau^*}} \right\} \quad (4)$$

Dabei wurde τ^* als Abkürzung für $\dfrac{4 \tau_{th0}}{\pi^2}$ eingeführt.

Diese Gleichung unterscheidet sich von der üblich in der Literatur angegebenen [1, 2] durch die additive Konstante $\dfrac{4 R_{th0} \cdot G_{th0}}{\pi^2}$ im Exponenten, weil sie die radiale Wärmeabfuhr mit berücksichtigt, die bei solchen Betrachtungen meist vernachlässigt wird. Der Wert für $\dfrac{4 R_{th0} \cdot G_{th0}}{\pi^2}$ wird im Anhang für einen Legierungstransistor für kleine Leistung abgeschätzt und beträgt etwa $1{,}6 \cdot 10^{-2}$; er kann also gegen $(2n-1)^2$ vernachlässigt werden. Dann vereinfacht sich Gl. (4):

$$\vartheta_j(t) = R_{th0} \cdot P_m \left[1 - \frac{8}{\pi^2} \sum_{n=1}^{\infty} \frac{1}{(2n-1)^2} e^{-(2n-1)^2 \cdot \frac{t}{\tau^*}} \right]. \quad (4a)$$

Diese Gleichung gilt für den Anstieg der Sperrschichttemperatur. Für den Abfall erhält man durch Überlagerung des stationären Zustands:

$$\vartheta_j(t) = R_{th0} \cdot P_m \cdot \frac{8}{\pi^2} \sum_{n=1}^{\infty} \frac{1}{(2n-1)^2} e^{-(2n-1)^2 \cdot \frac{t}{\tau^*}}. \quad (4b)$$

3. Messung des Sperrschichttemperaturverlaufs

Die Sperrschichttemperatur wird bei Dioden zweckmäßig über die Temperaturabhängigkeit der Durchlaßspannung bei kleinem Durchlaßstrom bestimmt.

Bei Transistoren wird häufig die Temperaturabhängigkeit der Emitter-Basisspannung ausgenützt. Die am weitesten verbreitete Methode ist hier jedoch die Bestimmung über die Temperaturabhängigkeit des Kollektorreststroms. Diese Methode hat allerdings den Nachteil, daß der Kollektorreststrom, da er zum großen Teil ein Oberflächenstrom ist, eher die Oberflächentemperatur als die gesuchte Sperrschichttemperatur liefert.

Für die folgenden Untersuchungen wurde daher ein Volumenstrom gewählt, und zwar der Kollektorstrom I_{CBR} bei ohmschem Abschluß zwischen Emitter und Basis. Dieser Strom besitzt außerdem den Vorteil, daß für die Temperaturabhängigkeit bei allen Transistoren eines Typs praktisch dieselbe Gesetzmäßigkeit gilt.

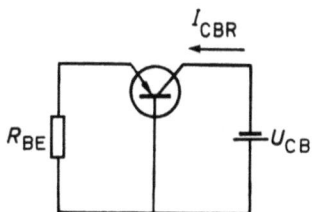

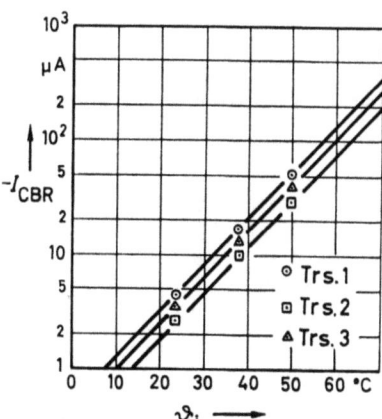

Bild 3. Temperaturabhängigkeit des Kollektorstromes I_{CBR}

Bild 3 zeigt diese Abhängigkeit für drei Transistoren einer Serie. Wie man sieht, haben die Eichkurven für die Kollektorströme in der einfach logarithmischen Darstellung alle gleiche Steigung. Dadurch ist es möglich, für Reihenmessungen nur wenige Exemplare vorher zu eichen und die Steigung dieser Eichkurven für alle übrigen zugrunde zu legen.

Ein Nachteil dieses Stroms ist allerdings, daß nicht er selbst der Temperatur proportional ist, sondern nur sein Logarithmus. Daher wurde er nicht über den Spannungsabfall an einem Meßwiderstand, sondern über die

Spannung an einer Siliziumdiode gemessen, für deren Durchlaßrichtung bekanntlich gilt $U_D = U_T \ln \frac{I}{I_0}$ (für $I \gg I_0$). Durch Reihenschaltung mehrerer Dioden läßt sich die Empfindlichkeit vergrößern. Außerdem gibt es heute Siliziumdioden, deren Sperrkennlinien über mehrere Zehnerpotenzen hinweg logarithmisch verlaufen. Mit einer solchen Diode ist Bild 4 aufgenommen.

Da bereits bei Raumtemperatur ein Transistorstrom fließt, der eine bestimmte Diodenspannung hervorruft, wurde eine Kompensationsspannung verwendet, die diese Dioden-Grundspannung aufhebt. Dadurch werden die parallelen Eichkurven in Bild 4 zu gleichen Ursprungsgeraden und die abgelesene Spannung entspricht direkt der Übertemperatur ϑ.

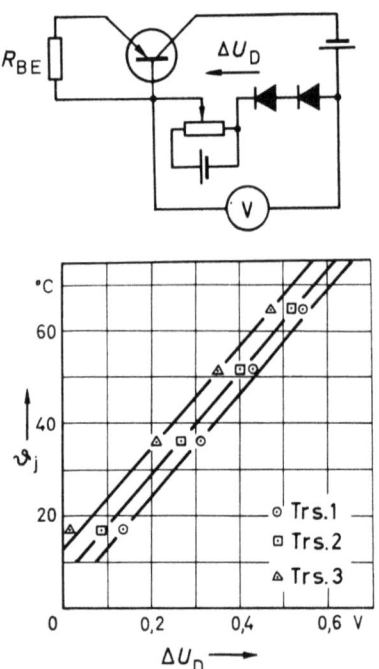

Bild 4. Diodenspannung als Funktion der Transistorsperrschichttemperatur
$U_T \ln (I_{CBR}/I_{CBR\,0}) = f(\vartheta_j)$

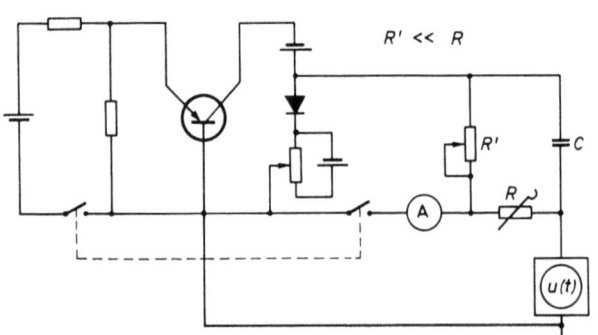

Bild 5. Meßschaltung für die Sperrschichttemperaturen

Bild 5 zeigt die vollständige Meßschaltung. Die beiden Kontakte gehören zu einem Quecksilberrelais. Sie sind für die elektrische Aufheizung des Transistors geschlossen. Die Spannung U_{CB} ist dabei etwa gleich der Kollektorbatteriespannung. Der Aufheizstrom, der bei kleinem Widerstand R' vorwiegend über diesen fließt, wird über das Amperemeter aus dem mittleren Gleichstrom geteilt durch das Tastverhältnis bestimmt; daraus wird P_m errechnet. Für die Messung müssen die Kontakte etwa gleichzeitig öffnen ($\Delta t < 0{,}01\,\tau^*$). Nach dem Öffnen durchfließt der Meßstrom die Diode, deren Spannung der Sperrschichttemperatur des Transistors direkt proportional ist (Bild 6).

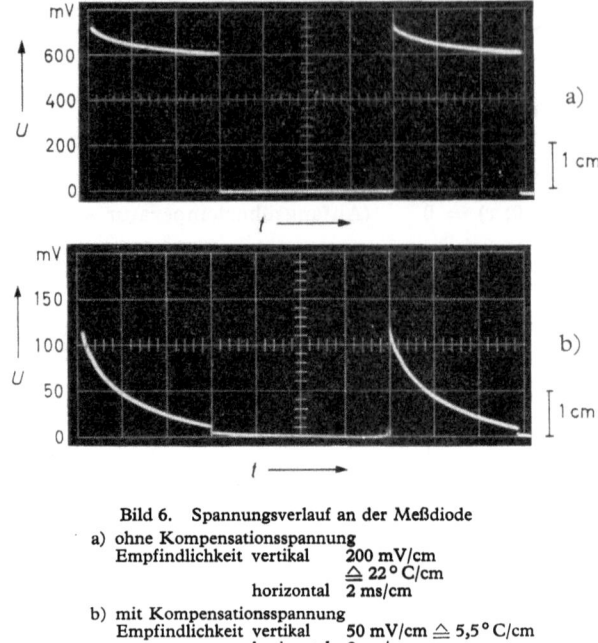

Bild 6. Spannungsverlauf an der Meßdiode
a) ohne Kompensationsspannung
  Empfindlichkeit vertikal 200 mV/cm
          $\triangleq$ 22° C/cm
       horizontal 2 ms/cm
b) mit Kompensationsspannung
  Empfindlichkeit vertikal 50 mV/cm $\triangleq$ 5,5° C/cm
       horizontal 2 ms/cm

4. Direkte Bestimmung der thermischen Kenngrößen

Aus Gleichung (4 b) für den Abfall der Sperrschichttemperatur erhält man für

$$n = 1: \vartheta_{j\,1} = R_{th\,0} \cdot P_m \cdot \frac{8}{\pi^2} \cdot e^{-\frac{t}{\tau^*}}$$

als erstes Glied der Reihe für ϑ_j. Die Annäherung der Summe durch das erste Glied ergibt also für den Beginn der Abkühlung ($t = 0$) einen Fehler von

$$\vartheta_j - \vartheta_{j\,1} = \left(1 - \frac{8}{\pi^2}\right) R_{th\,0}\, P_m \approx 0{,}2\, R_{th\,0} \cdot P_m.$$

Außerdem läßt sich zeigen, daß ab $t = 0{,}5\,\tau^*$ die Reihe schon auf etwa 1 % durch das erste Glied angenähert wird. Die Diodenspannung verläuft also ab $t \approx 0{,}5\,\tau^*$ wie die Spannung eines Kondensators, dessen Anfangsspannung gleich der $\frac{8}{\pi^2}$-fachen Diodenspannung bei $t = 0$ ist — die also $\frac{8}{\pi^2} R_{th\,0} \cdot P_m$ entspricht — und der sich mit einer Zeitkonstanten $\tau_1 \equiv \tau^*$ entlädt, d. h. von $t \approx 0{,}5\,\tau^*$ ab muß man die Diodenspannung durch eine solche Kondensatorspannung kompensieren können. Dies geschieht mit Hilfe von R', R und C in Bild 5. R' wird so eingestellt, daß die Differenz zwischen Diodenspannung und Kondensatorspannung zu Beginn des Meßvorgangs das 0,2fache der Diodenanfangsspannung ohne RC-Glied beträgt. Dann wird R so verändert, daß beste Kompensation erreicht wird. Die gesuchte thermische Zeitkonstante τ^* ist dann gleich der elektrischen Zeitkonstanten $R \cdot C$. Voraussetzung für dieses Verfahren ist, daß die Heiz- und Meßzeiten so groß gewählt werden, daß die Sperrschicht-Temperaturen den stationären Zustand erreichen ($t \approx 3\,\tau^*$). Sie dürfen aber auch nicht zu groß gewählt werden, sonst gilt die Voraussetzung der konstanten Oberflächentemperatur nicht mehr.

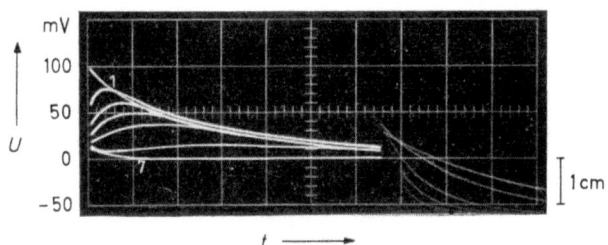

Bild 7. Kompensation des Spannungsverlaufs an der Meßdiode durch RC-Glied
Empfindlichkeit vertikal   50 mV/cm ≙ 5,5 °C/cm
              horizontal   1 ms/cm

In Bild 7 sind einige Phasen der Kompensation fotografisch festgehalten. Kurve 1 ist nicht kompensiert, Kurve 7 am besten. Für diese war $\tau^* = RC = 3{,}2$ ms. Damit sind alle Zeitkonstanten der Reihe bestimmt $\left(\tau_n = \dfrac{\tau^*}{(2n-1)^2}\right)$. Zur vollständigen Beschreibung des thermischen Verhaltens des Kristalls ist nun noch der Wärmewiderstand $R_{th\,0}$ erforderlich. Dieser ist nach Gl. (4b): $R_{th\,0} = \dfrac{\vartheta_j(0)}{P_m}$. $\vartheta_j(0)$ ist aus der Diodenspannung zu Beginn der Abkühlung und der Eichkurve (Bild 4) zu ermitteln. P_m wird wie bereits beschrieben gemessen. Im vorliegenden Fall ist $\vartheta_j(0) = 13\,°C$, $P_m = 650$ mW, also $R_{th\,0} = 20\,°C/W$.

5. Vergleich von Messung und Rechnung

Um die Gültigkeit der theoretischen Formel für den Sperrschichttemperaturverlauf (Gl. 4a) nachzuprüfen,

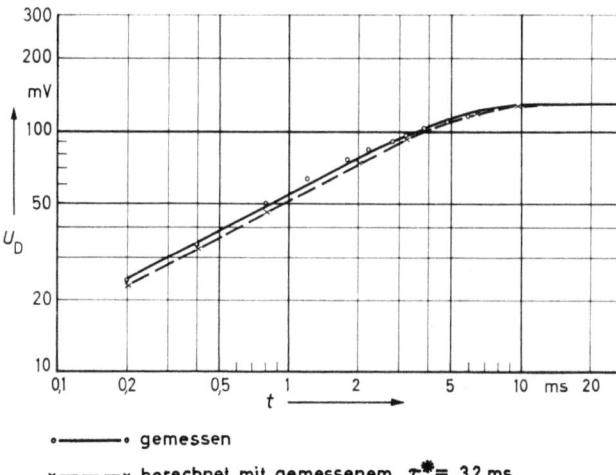

•———• gemessen
×−−−−× berechnet mit gemessenem $\tau^* = 3{,}2$ ms

Bild 8. Sperrschichttemperaturverlauf gemessen bzw. berechnet mit $\tau^* = 3{,}2$ ms

sind in Bild 8 die durch Spiegelung der fotografierten Abkühlungskurve gewonnene Erwärmungskurve und die aus $\tau^* = 3{,}2$ ms und $R_{th\,0} = 20\,°C/W$ mit Gl. (4a) berechnete Kurve eingetragen. Der Fehler bleibt unter 10%.

6. Elektrisches Modell für das ganze Bauelement

Für die an den Kristall anschließenden Teile ergibt sich ein ähnlicher Temperaturverlauf wie der beschriebene. Die erste Eigenzeitkonstante ist dabei jedoch etwa drei Zehnerpotenzen höher, beträgt also Sekunden. Bei Impulsfrequenzen über ca. 10 Hz wird es deshalb fast immer genügen, die als konstant angenommene Kristall-Oberflächentemperatur als das Produkt aus der mittleren Leistung und dem Wärmewiderstand zwischen Kristalloberfläche und Umgebung zu berechnen. Das Modell muß dazu so ergänzt werden, daß man die Leitung anstelle des Kurzschlusses mit der Parallelschaltung aus einem Kondensator und einem Widerstand abschließt, deren Zeitkonstante sehr groß gegen die Impulsperiode ist. Die praktisch konstante Kondensatorspannung entspricht dann der so ermittelten Oberflächentemperatur. Damit ist das Modell vollständig.

Herrn G. *Quinzio* danke ich für den Aufbau der Meßeinrichtung und die Durchführung der Messungen.

Anhang

Abschätzung für $\dfrac{4\,R_{th\,0}\cdot G_{th\,0}}{\pi^2}$:

$r_1 = 0{,}35$ mm
$r_2 = 1$ mm
$d = 0{,}05$ mm

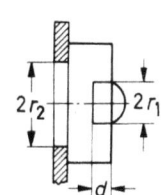

Bei den vorliegenden Abmessungen erhält man etwa:

$$R_{th\,0} = \frac{1}{\lambda}\cdot\frac{d}{\pi\,r_1^2}$$

analog ohmschem Widerstand

$$G_{th\,0} = 2\pi d\lambda \cdot \frac{1}{\int_{r_1}^{r_2}\dfrac{dr}{r}} = \frac{2\pi d\lambda}{\ln(r_2/r_1)}$$

also

$$\frac{4\,R_{th\,0}\cdot G_{th\,0}}{\pi^2} = \frac{8\,d^2}{\pi^2\,r_1^2\cdot\ln(r_2/r_1)} = 1{,}6\cdot 10^{-2}$$

Schrifttumsverzeichnis

[1] F. *Weitzsch*: Zur Belastbarkeit von Transistoren bei intermittierendem Betrieb. Valvo-Berichte, Bd. VI, 1960, Nr. 1.

[2] K. E. *Mortensen*: Transistor Junction Temperature as a Function of Time. Proc. IRE 45 (1957), S. 504–513.

Wärmeprobleme bei Transistoren im Impulsbetrieb

(Referat eines Vortrags, gehalten auf der Fachtagung „Transistoren bei großer Aussteuerung" in Aachen)

Von **F. Weitzsch**, Hamburg

Mit 2 Bildern

DK 621.382.3

Bei vielen Anwendungen des Transistors ist dessen Erwärmung ein Zentralproblem der Schaltungstechnik. Es wird über den derzeitigen Stand der Kenntnisse auf diesem Gebiet referiert, insbesondere wird das Verhalten der Sperrschichttemperatur bei verschiedenen Aussteuerungen des Transistors behandelt.

1. Allgemeiner Überblick

In der Schaltungstechnik mit Transistoren hat man es unter anderem mit einigen Vorschriften zu tun, durch deren Einhaltung Ausfälle und vorzeitige Alterung vermieden werden sollen. Im Mittelpunkt dieser Vorschriften steht die Sperrschichttemperatur des Transistors, und es gibt Erfahrungswerte für absolute maximal zulässige Sperrschichttemperaturen. Da diese Temperaturen nicht direkt meßbar und die indirekten Methoden verhältnismäßig aufwendig sind, taucht immer wieder neu die Frage auf: Welche Vorschriften sind notwendig und zweckmäßig, um die Einhaltung der Temperaturgrenzwerte zu garantieren?

Abgesehen von einigen Sonderfällen, die noch nicht hinreichend durchleuchtet sind, kann man das Wärmeproblem in vier Einzelfragen aufteilen:

a) Wie verhält sich die Sperrschichttemperatur bei vorgegebener, beliebig zeitlich sich ändernder Verlustleistung? (Auch die Umkehrung der Frage.)

b) Unter welchen Bedingungen tritt bei einer Betriebsweise im Durchbruchsgebiet ein Einschnür-Effekt, verbunden mit einem steilen Temperaturanstieg, auf?

c) Welche Vorschriften sind erforderlich, um eine thermische Instabilität in der Schaltung zu verhindern?

d) In welcher Weise lassen sich die Einbaubedingungen von Transistoren normieren oder in Vorschriften kleiden, um den Begriff der „Umgebungstemperatur" vorbehaltlos bei der Berechnung der Sperrschichttemperatur verwenden zu können?

Die Frage a) soll im folgenden ausführlicher behandelt werden. Zur Frage b) liegt Erfahrungsmaterial vor, und es gibt eine theoretische Untersuchung des Autors [1]. Experimentelle Bestätigungen stehen noch aus. Zur Frage c) ist zu bemerken, daß die erforderlichen Vorschriften hinreichend bekannt sind (vgl. [2]). Die Frage d) ist zur Zeit Gegenstand von Definitionsversuchen in den Normen-Ausschüssen, womit allein dieses Problem jedoch nicht gelöst werden kann, da sich normierte Bedingungen in den verschiedenen mit Transistoren bestückten Geräten nicht immer wiederholen. Bis heute behelfen sich Hersteller und Anwender mit speziellen Vorschriften oder auch unmittelbar mit Temperaturmessungen im jeweiligen Gerät. Es gibt auch Vorschriften für die Dimensionierung von Kühlanordnungen bei bekannter Temperatur des Kühlmittels.

Die Frage d) hängt mit der Frage a) zusammen. Man kann jedoch beide Probleme voneinander trennen, wenn man zwischen langsamen und raschen Änderungen der Verlustleistung unterscheidet. Bei raschen Änderungen wird nur die engere Umgebung der Sperrschicht von den Änderungen des Wärmeflusses erfaßt. Hier ist eine experimentelle Untersuchung verhältnismäßig schwierig, während andererseits eine glaubwürdige theoretische Behandlung möglich ist.

Bei langsamen Änderungen werden die Wärmetransportverhältnisse sehr unübersichtlich, da die Wärmeflußänderungen sich sowohl im Transistorkristall als auch in der Umgebung, z. B. in den Anschlußdrähten, im Gehäuse, Chassis usw., vollziehen. Hier liegt der umgekehrte Fall vor; er ist experimentellen Untersuchungen zugänglich, während andererseits die theoretische Behandlung sehr schwierig wird.

Die Grenze zwischen beiden Bereichen liegt bei handelsüblichen Transistoren meist bei Zeitkonstanten von mehr als 100 ms. Für in diesem Sinne langsame Änderungen kann man sich mit einfachen Sicherheitsvorschriften begnügen, denen die maximal vorkommenden Verlustleistungen zugrunde liegen. Für Vorgänge mit Zeitkonstanten (oder äquivalenten Zeiten) von weniger als 100 ms benötigt man genauere und den Transistor besser ausnutzende Vorschriften. Diese lassen sich aus Lösungen der Wärmeleitungsaufgabe gewinnen, über die im folgenden referiert werden soll.

2. Lösungen der Wärmeleitungsaufgabe für beliebige periodische Zeitfunktionen der Verlustleistung

Bei der Festlegung eines Modells für den Wärmetransport in der näheren Umgebung der Sperrschicht (etwa bis zum Rand des Transistorkristalls) ist ein Beitrag von *D. P. Kennedy* [3] sehr nützlich. Ein Studium der von ihm berechneten stationären Temperaturverteilungen zeigt, daß man in fast allen Fällen mit der Wärmeleitungsaufgabe für einen ebenen (eindimensionalen) Wärmefluß rechnen kann. Die Wärmeleitungsaufgabe für die Temperatur lautet dann

$$\frac{\partial \vartheta}{\partial t} = \frac{\lambda}{c \varrho} \frac{\partial^2 \vartheta}{\partial z^2}$$

mit den Randbedingungen

$$\vartheta(W, t) = \vartheta_W = \text{const.},$$

$$\lambda F \frac{\partial \vartheta}{\partial z}(0, t) = -p(t), \qquad p(t) = p(t+T).$$

Hierin bedeuten

λ spezifische Wärmeleitfähigkeit,
$c \varrho$ Produkt aus spezifischer Wärme und Dichte,
F Sperrschichtfläche,
$p(t)$ periodische Zeitfunktion der Verlustleistung.

Es wird ein einseitiger, von der Sperrschicht ausgehender Wärmefluß in Richtung der Ortskoordinate z angenommen. An der Stelle W ist ein gedachter Rand des Kristalls mit der Temperatur ϑ_W, der aber hinsichtlich der Temperaturänderungen nur als Hilfsgröße anzusehen ist, da diese Randbedingung keinen Einfluß haben kann, solange die Änderungen des Wärmeflusses die Stelle W noch nicht erfassen.

Es gibt verschiedene und von der Theorie des Wärmetransportes her schon seit langem bekannte Lösungsverfahren. Es geht hier lediglich darum, das zweckmäßigste und bequemste Verfahren mit Rücksicht auf die Erstellung einfacher Vorschriften zu finden.

Wir wollen die bekannten Verfahren kurz diskutieren.

a) Zunächst kann man $\vartheta(t)$ einer *Laplace*-Transformation unterwerfen (die Ortskoordinate z wird dabei als Konstante behandelt). Unter Verwendung des Faltungsintegrals ergibt sich eine Reihenentwicklung für die Sperrschichttemperatur

$$\vartheta_j = \vartheta_W + \sum_i \int_0^t p(\tau) f_i(t, T, \tau) \, d\tau + \int_t^T p(\tau) f_i(t, T, \tau - T) \, d\tau.$$

Wir betrachten als Beispiel einen einfachen rechteckförmigen Verlauf der Verlustleistung. Schreibt man diesen Verlauf als *Fourier*reihe, dann erhält man für ϑ_j eine Doppelreihe

$$\vartheta_j = \vartheta_W + \sum_i \sum_k g_{ik}(t, T).$$

Dies ist 1957 von *Mortenson* [4] gezeigt worden. Die Integrale existieren jedoch auch für stückweise stetige Funktionen $p(\tau)$. Man kann daher unmittelbar die Quadraturen ausführen und erhält dann nur eine einfache Reihe

$$\vartheta_j = \vartheta_W + \sum_i h_i(t, T).$$

Dies ist von uns 1960 gezeigt worden [5, 6, 7].

b) Ein anderes, ebenfalls strenges Lösungsverfahren beruht auf einem Ansatz

$$\vartheta_j = \vartheta_W + \operatorname{Re} w(z) \exp j \omega_n t,$$

und man erhält Lösungen von der Form

$$\vartheta_j = \vartheta_W + \sum_n \int_0^T p(\tau) f_n(T, \tau - t) \, d\tau.$$

Hier hat man einen besonderen Vorteil. Wenn nämlich $p(\tau)$ als *Fourier*reihe geschrieben wird, bilden die Glieder $p_n(\tau)$ mit $f_n(T, \tau - t)$ ein Orthogonalsystem, und man erhält nur eine einfache Reihe für die Frequenzen ω_n

$$\vartheta_j = \vartheta_W + \sum_n g_n(T, t).$$

Für impulsförmigen Verlauf der Verlustleistung ergeben sich außerordentlich langsam konvergierende Reihen, so daß dies Verfahren für solche Fälle ungünstig ist. Bei Verlustleistungen, die eine sinusförmige Überlagerung haben, bietet das Verfahren große Vorteile, da man z. B. bei einer einzigen Frequenz nur ein einziges Glied in der Summe erhält.

Dieses Verfahren ist von anderer Seite her gut bekannt. Es ist formal das gleiche wie bei der Berechnung der Eingangsadmittanz des inneren Transistors aufgrund der Diffusion der Minoritätsträger in der Basis. (Dort liegt formal die gleiche Randwertaufgabe zugrunde.) Auf das Verhalten der Temperatur angewandt, wurde das Verfahren von uns 1961 gezeigt [2, 7]; es ist im übrigen sofort ausdehnbar auf mehrere oder beliebig viele Frequenzen.

c) Es gibt eine Reihe weiterer Beiträge, denen bestimmte Näherungsverfahren zugrunde liegen. Wir wollen hier nur einige kurz zitieren. 1957 wurde von *Diebold* (und *Luft*) [8, 9] der Temperaturverlauf bei einmaligem Einschalten der Verlustleistung behandelt, jedoch für den komplizierten Fall eines nicht homogenen Wärmeflusses. 1959 hat *Strickland* [10] versucht, ein bequemes Näherungsverfahren unter Verwendung einer Ersatzschaltung zu finden. Dabei zeigt sich jedoch, daß das oben unter a) angegebene Verfahren nicht aufwendiger ist als die Rechnungen mit einer Ersatzschaltung. 1960 haben *Grannemann* und *Reese* [11] die Wärmeleitungsaufgabe so gelöst, daß sie den Rand an der Stelle W ins Unendliche rückten. Dies dürfte keinen Unterschied geben, wenn der Wärmefluß beim Verfahren a) die Stelle W praktisch noch nicht erfaßt. Andererseits gibt es unter diesen Umständen keinen stationären Grenzwert der Temperatur. Man muß daher gewissermaßen künstlich eine stationäre Lösung herstellen. Der besondere Vorteil sind die erhaltenen einfachen Ausdrücke bei einfachem rechteckförmigem Verlauf der Verlustleistung. Aus dem Verfahren a) näherungsweise gewonnene Ausdrücke sind mit denen von *Grannemann* und *Reese* identisch. Für kompliziertere Fälle jedoch bereitet die Behandlung nach *Grannemann* und *Reese* Schwierigkeiten.

3. Zwei zweckmäßige Verfahren für zwei Fälle einer periodischen Zeitfunktion der Verlustleistung

In der Schaltungstechnik mit Transistoren zeigt die Erfahrung, daß man es überwiegend mit Zeitfunktionen der Verlustleistung zu tun hat, wie sie den in Bild 1 und 2 dargestellten ähnlich sind. Im ersten Fall wird der Transistor als periodisch arbeitender Schalter angesehen, wobei die je nach Art der Transistorlast mehr

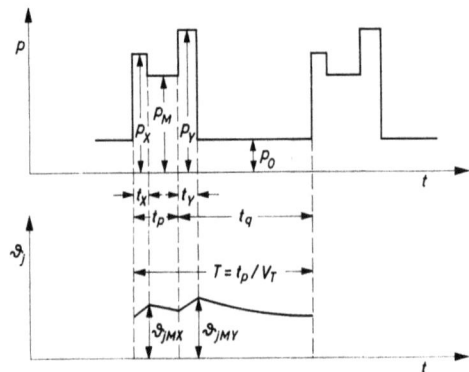

Bild 1. Annahme eines rechteckförmigen Verlaufs der Verlustleistung mit einer Überlagerung von Übergangsverlusten beim Ein- und Ausschalten. Der maximal vorkommende Wert der Sperrschichttemperatur kann ϑ_{jMX} oder ϑ_{jMY} sein;

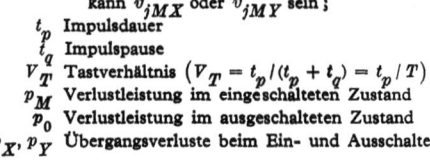

t_p Impulsdauer
t_q Impulspause
V_T Tastverhältnis $(V_T = t_p/(t_p + t_q) = t_p/T)$
p_M Verlustleistung im eingeschalteten Zustand
p_0 Verlustleistung im ausgeschalteten Zustand
p_X, p_Y Übergangsverluste beim Ein- und Ausschalten

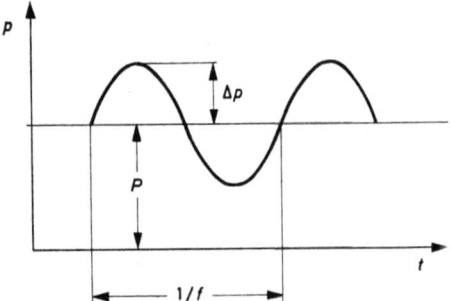

Bild 2. Annahme einer mit sinusförmigem Verlauf überlagerten konstanten Verlustleistung

oder weniger stark in Erscheinung tretenden Verlustleistungsspitzen beim Ein- und Ausschalten berücksichtigt werden. Im zweten Fall ist der mittleren Verlustleistung ein sinusförmiger Verlauf überlagert.

Die Behandlung dieser beiden Fälle haben wir an anderer Stelle ausführlich dargestellt [7].

Zur Frage der Methodik sei hier folgendes bemerkt. Der Fall des Impulsbetriebes scheint zunächst sehr schwierig zu sein, wenn man ein einfaches Diagramm zu gewinnen bestrebt ist. Man hat es mit vier verschiedenen Werten der Verlustleistung und mit vier Zeitintervallen zu tun. Bei der Anwendung der Methode a) mit stückweise stetiger Verlustleistung $p(\tau)$ kann man nun jedoch die Summe so geschickt anordnen, daß nur ein einziges Diagramm mit normierten Koordinaten erforderlich ist. Mit Hilfe dieses Diagrammes lassen sich dann die Sperrschichttemperaturen ϑ_{jMX} und ϑ_{jMY} in Bild 1 leicht berechnen.

Beim zweiten Fall eines sinusförmigen Verlaufs ergibt sich — wie wir oben bemerkten — notwendigerweise formal die gleiche Charakteristik für das Verhältnis $\Delta p/(\vartheta_{jM} - \bar{\vartheta}_j)$ wie bei der Charakteristik für den elektrischen Scheinleitwert des Eingangs des inneren Transistors. Für diese Charakteristik verwendet man wiederum Näherungsausdrücke. Es bieten sich hierbei jeweils eine Näherung für tiefe und eine für hohe Frequenzen an. Während jedoch beim elektrischen Eingangsleitwert die Näherung für tiefere Frequenzen zur Anwendung kommt (weil dort nur sinnvolle Verstärkungen erreicht werden, d. h. etwa unterhalb der $|\beta|=1$-Frequenz), muß im Fall des „thermischen Eingangsleitwertes" fast immer gerade die Näherung für hohe Frequenzen angewendet werden. Hier beginnt der Bereich „hoher Frequenzen" bei handelsüblichen Transistoren bereits bei etwa 5 Hz.

Für andere Zeitfunktionen der Verlustleistung kann man entweder eine obere, d. h. auf der Sicherheitsseite liegende Funktion nach Bild 1 oder Bild 2 zugrunde legen oder aber eines der beiden genannten Verfahren a) bzw. b) anwenden, wobei dann jeweils geprüft werden muß, welches der beiden die am schnellsten konvergierende Reihe liefert.

Schrifttumsverzeichnis

[1] *F. Weitzsch:* Zum Einschnüreffekt bei Transistoren, die im Durchbruchsgebiet betrieben werden. Arch. el. Übertr. 16 (1962), S. 1—8.

[2] *G. Rusche, K. Wagner* und *F. Weitzsch:* Flächentransistoren, Eigenschaften und Schaltungstechnik. Springer-Verlag, Berlin 1961.

[3] *D. P. Kennedy:* Spreading resistance in cylindrical semiconductor devices. J. appl. Phys. 31 (1960), S. 1490—1497.

[4] *K. E. Mortenson:* Transistor junction temperature as a function of time. Proc. Inst. Radio Engrs. 45 (1957), S. 504—513.

[5] *F. Weitzsch:* Zur Belastbarkeit von Transistoren bei intermittierendem Betrieb. Valvo-Berichte 6 (1960), S. 1—34.

[6] *F. Weitzsch:* Maximum junction temperature of transistors for periodic pulse operation. Direct-Current 6 (1961), S. 48—52.

[7] *F. Weitzsch:* Schwankungen der Transistor-Sperrschichttemperatur bei periodischen Aussteuerungen. Arch. el. Übertr. 16 (1962), S. 335—342.

[8] *E. J. Diebold:* Temperature rise of solid junctions under pulse load. Transact. Amer. Inst. Elect. Engrs., Commun. & Electronics 76 (1957), S. 593—598.

[9] *E. J. Diebold* und *W. Luft:* Transient thermal impedance of semiconductor devices. Transact. Amer. Inst. Elect. Engrs., Commun. & Electronics 79 (1961), S. 719—726.

[10] *P. R. Strickland:* The thermal equivalent circuit of a transistor. IBM-J. 3 (1959), S. 35—45.

[11] *W. W. Grannemann* und *J. D. Reese:* Transient junction temperatures in power transistors. Electrical Engrg. 79 (1960), S. 53—57.

Der Mitlaufeffekt und das thermische Ersatzschaltbild

Von **O. Müller**, Telefunken G. m. b. H., Backnang/Württ.

Mit 9 Bildern

DK 621.382 : 537.312.6

1. Einleitung

Die Theorie linearer Vierpole setzt im Normalfall voraus, daß die Temperatur im Inneren eines Vierpols zeitlich konstant ist. Beim Transistor ist diese Bedingung erfüllt, wenn die verwendeten Frequenzen groß sind gegen die Reziprokwerte der thermischen Zeitkonstanten des Kristallsystems. Bei den in den letzten Jahren entwickelten Hochfrequenztransistoren mit einer f_T-Grenzfrequenz in der Größenordnung von 0,5 bis 1 GHz sind die wirksamen thermischen Zeitkonstanten jedoch verhältnismäßig klein, so daß die Sperrschichttemperatur T_C noch bei Frequenzen im Bereich von etwa 0 bis 1 MHz einer Änderung der Verlustleistung, hervorgerufen durch eine Änderung der Ströme und Spannungen, folgen kann. Die Temperatur läuft dann also mit, eine Erscheinung, die „Mitlaufeffekt" genannt sei [1 bis 7].

In dem Frequenzbereich, in dem der Mitlaufeffekt eine nicht zu vernachlässigende Rolle spielt, verhalten sich die gemessenen Vierpolparameter teilweise wesentlich anders, als es die bekannten Ersatzschaltungen erwarten lassen, die unter der Voraussetzung konstanter Kollektorsperrschichttemperatur abgeleitet wurden.

Dies ist besonders von Bedeutung für die Meßtechnik von HF-Transistoren. Denn es war bisher allgemein üblich, bestimmte Kenngrößen des Transistorersatzschaltbildes bei tiefen Frequenzen, z. B. bei $f = 1$ kHz, zu messen. Wird das Mitlaufen von T_C hierbei nicht berücksichtigt, so können sich große Fehlmessungen und Trugschlüsse ergeben.

Eine nähere quantitative Untersuchung dieses Problemkreises ist jedoch vor allem wichtig für die Verwendung von HF-Transistoren in Trägerfrequenz-Breitband-, Video- oder Impulsverstärkern, bei denen auch tiefe Frequenzen verstärkt werden müssen.

2. Der Mitlaufeffekt im Kennlinienfeld

Wie sich der Mitlaufeffekt z. B. im Ausgangskennlinienfeld eines Transistors bemerkbar macht, zeigt Bild 1. Dort sind drei I_C-U_{CE}-Kennlinien für drei verschiedene konstante Sperrschichttemperaturen ($T_{C3} > T_{C2} > T_{C1}$) und eine konstante Emitter-Basis-Spannung U_{EB} eingezeichnet. Bei sehr tiefen Frequenzen bringt die durch eine Kollektorspannungserhöhung bewirkte vergrößerte Verlustleistung eine höhere Sperrschichttemperatur mit sich; d. h. T_C läuft mit. Es wird dann die durch die Gerade $\overline{DAC}$ bestimmte statische Kennlinie durchlaufen. Bei einer genügend schnellen U_{CE}-Änderung, d. h. bei hohen Frequenzen, bleibt infolge der thermischen Trägheit des Systems die Kristalltemperatur konstant. Der Zusammenhang zwischen I_C und U_{CE} wird jetzt durch die Kennlinien für konstante Temperaturen beschrieben (z. B. Kennlinie für T_{C2} durch die Punkte A und B in Bild 1). Da der differentielle (reelle) Leitwert im Arbeitspunkt A durch die Steigung des jeweiligen Kennlinienbereiches bestimmt ist, muß der wirksame Ausgangsleitwert im ersten Falle, beim Mitgehen der Sperrschichttemperatur (Kennlinie $\overline{DAC}$), wesentlich größer sein als im Falle des Nichtmitgehens (Kennlinie $\overline{EAB}$). Bei Frequenzen zwischen diesen beiden Extremen wird eine Ellipse um den Arbeitspunkt A durchlaufen, und zwar entgegen dem Uhrzeigersinn. Entsprechendes gilt für alle übrigen Kennlinienfelder.

Dieser Sachverhalt läßt sich mathematisch so ausdrücken, daß z. B. für das Bestimmen des Kurzschlußausgangsleitwertes y_{22b} ($\equiv y_{22e}$) der Kollektorstrom I_C bei konstanter Sperrschichttemperatur T_C nur als Funktion der Kollektorspannung U_{CB} aufzufassen ist (U_{EB} = const.: Kurzschlußbedingung), im Falle des Mitlaufeffektes dagegen als Funktion von 2 Veränderlichen, nämlich von U_{CB} sowie der Kollektorsperrschichttemperatur T_C. Hierbei sei angenommen, daß die Emittersperrschichttemperatur mit T_C übereinstimmt.

Es gilt also:

Fall 1: T_C = const.   Fall 2: Mitlaufen von T_C
(2.1) $I_C = f(U_{CB})_{U_{EB}}$ (2.2) $I_C = f(U_{CB}, T_C)_{U_{EB}}$

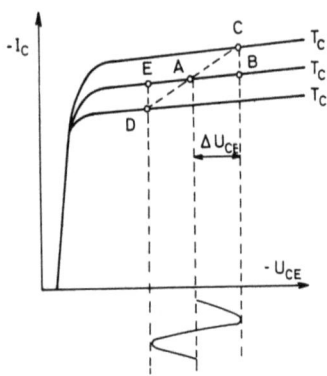

Bild 1. Der Mitlaufeffekt im $I_C - U_{CE}$-Kennlinienfeld

T_C = const:
1) $I_C = f(U_{CE}), U_{EB}$ = const
3) $y_{22e} = \dfrac{d I_C}{d U_{CE}}$
Kennlinie: EAB

Mitlaufeffekt: $T_C(\omega), T_C(t)$
2) $I_C = f(U_{CE}, T_C)$
4) $\bar{y}_{22e} = \left(\dfrac{\delta I_C}{\delta U_{CE}}\right) + \left(\dfrac{\delta I_C}{\delta T_C}\right) \cdot \left(\dfrac{d T_C}{d U_{CE}}\right)$
Kennlinie: DAC

Der Niederfrequenzwert von y_{22b} ergibt sich nun aus Gl. (2.1) bzw. (2.2) durch die Bildung der entsprechenden Differentialquotienten, wobei im Fall 1 die Frequenz so niedrig ist, daß infolge der Diffusionsvorgänge und der Raumladungskapazitäten noch keine merkliche Phasenverschiebung zwischen Strom und Spannung auftritt. Im Fall 2 (Mitlaufeffekt) dagegen sollen die Änderungen so langsam erfolgen, daß zusätzlich auch noch Temperaturen und elektrische Größen phasengleich verlaufen. Hier ist also das totale Differential zu bilden:

Aus Gl. (2.1) erhält man demnach für U_{EB} = const.:

Fall 1: (T_C = const.): $y_{22b} = \dfrac{d I_C}{d U_{CB}}$ (2.3)

Fall 2: (Mitlaufen von T_C):

$\bar{y}_{22b} = \left(\dfrac{d I_C}{d U_{CB}}\right) = \left(\dfrac{\partial I_C}{\partial U_{CB}}\right) + \left(\dfrac{\partial I_C}{\partial T_C}\right) \cdot \left(\dfrac{d T_C}{d U_{CB}}\right)$ (2.4)

Es tritt im Falle mitlaufender Sperrschichttemperatur also noch ein zusätzliches Glied auf, während das erste in Gl. (2.4) mit dem Wert von Gl. (2.3) übereinstimmt. Mit wachsender Frequenz wird der zusätzliche Leitwert komplex werden, sich nach und nach verringern und schließlich ganz verschwinden, wenn $\dfrac{1}{\omega}$ kleiner als die kleinste wirksame thermische Zeitkonstante des Transistors geworden ist. Für die übrigen Vierpolparameter gilt entsprechendes.

Die durch den Mitlaufeffekt beeinflußten Vierpolparameter werden zur Unterscheidung von den isothermen Kennwerten des Transistors als „Pseudoparameter" bezeichnet und mit einem Querstrich versehen.

3. Der Mitlaufeffekt bei Betrieb des Transistors als annähernd lineares Verstärkerelement

Im Verstärkerbetrieb wird der Transistor im aktiven Bereich betrieben; es ist ein bestimmter Gleichstromarbeitspunkt eingestellt. Kleine Wechselströme und Wechselspannungen werden den Gleichströmen und Gleichspannungen überlagert. Die Frequenz sei nun so niedrig, daß der Momentanwert der Kollektorsperrschichttemperatur T_C sich (ohne Phasenverschiebung) mit dem Momentanwert der verbrauchten Leistung ändert. Wenn der Augenblickswert der Verlustleistung dabei nie Null wird, dann ändert sich die Sperrschichttemperatur mit der gleichen Frequenz, mit der die Aussteuerung erfolgt.

Es gibt verschiedene Sonderfälle:

a) An der Kollektorsperrschicht liegt nur eine Gleichspannung, keine überlagerte Wechselspannung (Kurzschluß am Ausgang). Der Strom durch die Kollektorsperrschicht besteht aus Gleichstrom und überlagertem Wechselstrom. (Beispiel: Messung des Kurzschlußeingangsleitwertes y_{11}.)

b) Durch die Sperrschicht fließt nur ein Gleichstrom, kein Wechselstrom. Die Spannung an der Kollektorsperrschicht besteht aus einem Gleich- und überlagertem Wechselanteil. (Leerlauf am Ausgang.)

In diesen Sonderfällen ändert sich der Momentanwert der Temperatur (ohne Phasenverschiebung) nur mit dem Momentanwert des Stromes oder der Spannung.

Im allgemeinen Falle wird sich T_C jedoch mit den Augenblickswerten der Spannung und des Stromes ändern.

Auch hier gibt es zwei Spezialfälle:

1. Es tritt keine Phasenverschiebung zwischen Wechselstrom durch die Kollektorsperrschicht und der Wechselspannung an derselben auf.
2. Wechselstrom durch die Sperrschicht und Wechselspannung an derselben weisen eine Phasenverschiebung von 180° auf.

Der erste Spezialfall tritt auf bei der Messung der NF-Ausgangsleitwerte, der zweite häufig im normalen Verstärkerbetrieb bei reellem Abschlußwiderstand. Da bei diesem eine Stromänderung umgekehrt wie die gleichzeitig vorhandene Spannungsänderung auf die Sperrschichttemperaturänderung einwirkt, tritt unter gewissen Bedingungen keine Leistungs- und damit keine Temperaturvariation auf. Dies ist der Fall, wenn die Arbeitsgerade im Ausgangskennlinienfeld die Tangente an die Hyperbel konstanter Verlustleistung darstellt, die durch den entsprechenden Arbeitspunkt geht. Der Mitlaufeffekt tritt dann nicht auf. Wie sich leicht zeigen läßt, ist die Kollektor-Basis- bzw. Kollektor-Emitter-Spannung hierbei gleich der halben Batterie-Speisespannung. Also:

$$U_{CB} \approx U_{CE} = \frac{U_{\text{Bat}}}{2} = I_C \cdot R_2 \qquad (3.1)$$

(R_2 = Abschlußwiderstand).

4. Die $\bar{y}'$- und $\bar{h}'$-Pseudo-Vierpolparameter des „inneren Transistors" unter Berücksichtigung des Mitlaufens der Kollektorsperrschichttemperatur T_C

Als Beispiele für die Berechnung der Pseudo-Vierpolparameter werden im folgenden der Kurzschlußausgangsleitwert $\bar{y}'_{22e}$ und die Vorwärtssteilheit $\bar{y}'_{21e}$ des „inneren" Transistors betrachtet. (Zum „inneren Transistor" werden die Bahnwiderstände und Sperrschichtkapazitäten nicht gerechnet.) Die Herleitung der Größen ist in Tafel 1 zusammengestellt. Der Kollektorstrom I_C wird in beiden Fällen als Funktion der entsprechenden Spannung sowie der Temperatur der Kollektorsperrschicht T_C aufgefaßt. Den Zusammenhang zwischen einer Temperaturänderung dT_C und der diese verursachenden Leistungsänderung dP_C ergibt der (komplexe) thermische Scheinwiderstand $\mathfrak{R}_t$. Da eine Temperaturänderung einer Leistungsänderung nacheilt, weist $\mathfrak{R}_t$ einen negativen Phasenwinkel auf, sobald die thermische Trägheit wirksam wird. $\mathfrak{R}_t$ kann aufgefaßt werden als der thermische Eingangsscheinwiderstand, den der in der Kollektorsperrschicht entstehende Wärmestrom dP_C beim Abfluß zu überwinden hat. Für $f \to 0$ geht $\mathfrak{R}_t$ in den thermischen Innenwiderstand R_{ti} des Transistorsystems über. Mit wachsender Frequenz wird $\mathfrak{R}_t$ kleiner und verschwindet schließlich. Da die Kennlinien im I_C-U_{CE}-Feld meist nahezu parallel zur U_{CE}-Achse verlaufen, wurde bei der Herleitung von $\bar{y}'_{22}$ vorausgesetzt, daß $U_{CB'} \cdot dI_C \ll I_C \cdot dU_{CB'}$ ist. Man erkennt aus Tafel 1, daß bei $\bar{y}'_{22b}$ sich zum Wert y'_{22b} für konstante Sperrschichttemperatur ein Glied hinzuaddiert, das proportional zum Quadrat des Kollektorgleichstromes I_C, zum thermischen Scheinwiderstand $\mathfrak{R}_t$ und zu einer Größe D_I ist. D_I stellt die relative Änderung des Kollektorstromes je Grad Temperaturänderung bei konstant gehaltenen Gleichspannungen dar. Es ist[1]): $D_I = 0{,}07 \ldots 0{,}09$ grd^{-1}.

Bei der „Pseudo"-Vorwärtssteilheit $\bar{y}'_{21b}$ (Tafel 1, rechte Seite) wird das Produkt $D_I \cdot \mathfrak{R}_t$ mit der Kollektorverlustleistung $U_{CB'} \cdot I_C$ multipliziert. Man erkennt hieraus, daß der Mitlaufeffekt um so stärker in Erscheinung tritt, je höher die Verlustleistung bzw. I_C oder U_C ist. Wenn man absolut gesehen einen Transistor mit großer Aussteuerung betreiben will, muß man ihn zunächst mit einer großen Verlustleistung belasten. Der Mitlaufeffekt macht sich also insbesondere auch bei großer Aussteuerung bemerkbar.

Wie bei der Vorwärtssteilheit $\bar{y}'_{21b}$ und dem Kurzschlußausgangsleitwert $\bar{y}'_{22b}$ läßt sich auch der Einfluß des Mitlaufeffektes auf die übrigen Vierpolparameter des inneren Transistors bestimmen. Die Ergebnisse sind in

---

[1]) $D_I = (E_B - U_{EB'} + 3U_T)/(U_T \cdot T_C)$, E_B = Bandabstand, siehe [14].

Tafel 1 Die Berechnung der Vorwärtssteilheit $\bar{y}'_{21e}$ und des Kurzschlußausgangsleitwertes $\bar{y}'_{22b}$

Kurzschlußausgangsleitwert $\bar{y}'_{22b}$	Vorwärtssteilheit $\bar{y}'_{21b} \approx -\bar{y}'_{21e}$
$I_C = f(U_{CB'}, T_C);\ U_{EB'} = \text{const}$ \hfill (4.1)	$I_C = f(U_{EB'}, T_C),\ U_{CB'} = \text{const}$
$dI_C = \dfrac{\partial I_C}{\partial U_{CB'}} \cdot dU_{CB'} + \dfrac{\partial I_C}{\partial T_C} \cdot dT_C$ \hfill (4.2)	$dI_C = \left(\dfrac{\partial I_C}{\partial U_{EB'}}\right) \cdot dU_{EB'} + \left(\dfrac{\partial I_C}{\partial T_C}\right) \cdot dT_C$
$dT_C = \mathfrak{R}_t \cdot dP_C = \mathfrak{R}_t (U_{CB'} \cdot dI_C + I_C \cdot dU_{CB'})$ $\approx \mathfrak{R}_t \cdot I_C \cdot dU_{CB'}$ \hfill (4.3)	$dT_C = \mathfrak{R}_t \cdot dP_C = \mathfrak{R}_t \cdot U_{CB'} \cdot dI_C$ da $dU_{CB'} = 0$
$\boxed{\bar{y}'_{22b} = \bar{y}'_{22e} = \dfrac{dI_C}{dU_{CB'}} = y'_{22b} + I_C^2 \cdot D_I \cdot \mathfrak{R}_t}$ \hfill (4.4)	$\boxed{\bar{y}'_{21b} = \dfrac{dI_C}{dU_{EB'}} = \dfrac{(y'_{21b})\, T_C}{1 - U_{CB'} \cdot I_C \cdot D_I \cdot \mathfrak{R}_t}}$

$$\dfrac{\partial I_C}{\partial T_C} = I_C \cdot D_I, \quad D_I = \dfrac{E_B - U_{EB'} + 3U_T}{U_T \cdot T_C}, \quad dT_C = \mathfrak{R}_t \cdot dP_C, \quad \mathfrak{R}_t = |\mathfrak{R}_t| \cdot \exp(-j\varphi),\ \varphi > 0 \qquad (4.5)$$

Tafel 2 Die $\bar{y}$- und $\bar{h}$-Pseudo-Vierpolparameter des inneren Transistors

$\bar{y}'_{11b} = \dfrac{y'_{11b}}{1 + A_N \cdot U_{CB} \cdot I_E \cdot D_I \cdot \Re_t} = \dfrac{1}{\bar{h}'_{11b}}$	$\bar{h}'_{12b} = h'_{12b} - U_T \cdot D_I \cdot I_C \cdot \Re_t$
$\bar{y}'_{12b} = y'_{12b} + I_E I_C \cdot D_I \cdot \Re_t$	$\bar{h}'_{21b} = \dfrac{h'_{21b}}{1 - U_{CB} \cdot I_{CB0} \cdot D_{I0} \cdot \Re_t}$
$\bar{y}'_{21b} = \dfrac{y'_{21b}}{1 - U_{CB} \cdot I_C \cdot D_I \cdot \Re_t} = -\bar{y}'_{21e}$	$\bar{h}'_{22b} = h'_{22b} + D_{I0} \cdot I_{CB0} \cdot I_C \cdot \Re_t$
$\bar{y}'_{22b} = y'_{22b} + I_C^* \cdot D_I \cdot \Re_t = \bar{y}'_{22e}$	$\bar{h}'_{12e} \approx h'_{12e} - U_T \cdot D_I \cdot I_C \cdot \Re_t$
$\bar{y}'_{11e} = \dfrac{y'_{11e}}{1 - U_{CE} \cdot B_N \cdot I_B \cdot D_I \cdot \Re_t} = \dfrac{1}{\bar{h}'_{11e}}$	$\bar{h}'_{21e} = \dfrac{h'_{21e}}{1 - U_{CE} \cdot I_{CE0} \cdot D_{I0} \cdot \Re_t}$
$\bar{y}'_{12e} = y'_{12e} + I_C \cdot I_B \cdot D_I \cdot \Re_t \; (I_B \gg I_{CB0})$	$\bar{h}'_{22e} = h'_{22e} + I_C \cdot I_{CE0} \cdot D_{I0} \cdot \Re_t$

bei pnp: $I_C < 0$, $I_B < 0$, $U_{CB} < 0$, $U_{CE} < 0$, $I_{CB0} < 0$, $I_{CE0} < 0$, $A_N = \dfrac{I_C}{I_E}$

$D_I = \dfrac{E_B - U_{E'B'} + U_T}{U_T \cdot T_C}$, $\quad U_T = \dfrac{kT_C}{q} = 26 \text{ mV bei } 300°\text{ K}$, $\quad D_{I0} = D_I$ für $U_{E'B'} = 0$ $\quad E_B$ Bandabstand

Tafel 2 zusammengestellt. Man erkennt, daß durch den Mitlaufeffekt die NF-Werte aller Leitwerte und Strom- oder Spannungsverhältnisse größer werden als die Werte, die sich für konstante Sperrschichttemperatur ergeben müßten, solange $|\Re_t| > 0$ ist. Da $\Re_t$ einen negativen Phasenwinkel aufweist, können u. a. die Leitwerte $\bar{y}_{22e}$, $\bar{h}_{22e}$, $\bar{y}_{11e}$, die normalerweise kapazitiv sind, induktiv werden. Die Größen $\bar{h}_{12b}$ und $\bar{h}_{12e}$, deren Ortskurven gewöhnlich im ersten Quadranten der komplexen Ebene liegen, können durch den Mitlaufeffekt einen negativen Phasenwinkel erhalten. Der Einfluß auf die Stromverstärkungsfaktoren $\bar{h}_{21e}$ und $\bar{h}_{21b}$ ist verhältnismäßig gering.

Die h'- und y'-Größen des inneren Transistors (für $|\Re_t| = 0$) in der Tafel 2 können näherungsweise auch ersetzt werden durch die h- und y-Parameter des vollständigen Transistors, wie sie sich z. B. auf Grund der Ersatzschaltung von Bild 5 ergeben. (Siehe hierzu die Tafeln III—VI in [9].)

Bevor nun die einzelnen Vierpolparameter an Hand von Meßergebnissen diskutiert werden, sei im folgenden Kapitel zunächst das Verhalten des thermischen Scheinwiderstandes $\Re_t$ näher betrachtet.

5. Der thermische Scheinwiderstand

Der thermische Scheinwiderstand $\Re_t$, den der in der Kollektorsperrschicht entstehende Wärmestrom beim Abfluß zu überwinden hat, wird wesentlich bestimmt durch den geometrischen Aufbau des Transistorsystems. Als Bauform für Leistungs- und Höchstfrequenztransistoren vom Mesa- oder Planartyp setzt sich immer mehr eine Anordnung durch, bei der der Kollektor direkt auf einer gut wärmeleitenden Metallplatte sitzt. Als Wärmeleitungsmodell läßt sich hier näherungsweise eine Halbkugel verwenden (Bild 2a). Die Kollektorsperrschicht kann man sich hierbei in einer konzentrischen Halbkugelschale vom Radius r_1 angeordnet denken. Die Wärme breitet sich dann radial aus. Wan-

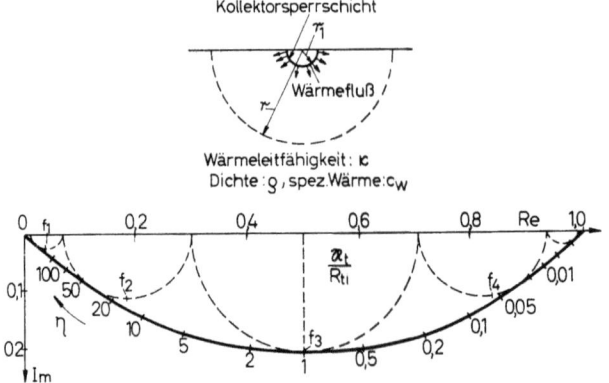

Bild 2. Der thermische Scheinwiderstand $\Re_t$ einer Halbkugel
a) Halbkugel-Wärmeleitungsmodell
b) normierte Ortskurve von $\Re_t$

delt man die allgemeine Differentialgleichung der Wärmeleitung um für den Fall, daß Kugelkoordinaten verwendet werden, so erhält man die partielle Differentialgleichung [10]:

$$\frac{\partial T}{\partial t} = \frac{\varkappa}{\varrho \, c_w}\left[\frac{\partial^2 T}{\partial r^2} + \frac{2}{r} \cdot \frac{\partial T}{\partial r}\right]. \qquad (5.1)$$

Mit den Randbedingungen

für $r \gg r_1$: $T(r) = \text{const} = T_g$, $\qquad (5.2)$

für $r = r_1$:

$$P_c = P_{c0} + P_{c1} \cdot \exp j\omega t = -2\pi\varkappa r_1^2 \cdot \left(\frac{\partial T}{\partial r}\right)_{r_1} \qquad (5.3)$$

ergibt sich die Lösung

$$\frac{\Re_t}{R_{ti}} = \frac{1}{1 + (1+j) \cdot \sqrt{\dfrac{\eta}{2}}} \qquad \eta = \omega\tau_{t0} \qquad (5.4)$$

$$R_{ti} = (2\pi\varkappa r_1)^{-1} \qquad \tau_{t0} = \frac{r_1^2 \cdot c_w}{\varkappa \cdot \varrho} \qquad (5.5)$$

die den thermischen Innenwiderstand R_{ti} darstellt. Die der Gl. (5.4) entsprechende Ortskurve des auf R_{ti} bezogenen thermischen Scheinwiderstandes ist in Bild 2b als Funktion der normierten Frequenz η dargestellt.

Bemerkenswert ist, daß 80 % des thermischen Innenwiderstandes R_{ti} im Bereich $r_1 < r \leq 5\,r_1$ liegen. R_{ti} konzentriert sich also sehr stark in der unmittelbaren Umgebung der Kollektorsperrschicht[1]). Hierdurch ist die Annahme einer Halbkugel gerechtfertigt.

Das Frequenzverhalten von $\mathfrak{R}_t$ wird bestimmt durch die als „spezifische thermische Zeitkonstante" bezeichnete Größe:

$$\tau_{t0} = \frac{c_w}{\varkappa \cdot \varrho} \cdot r_1^2 \qquad (5.6)$$

(c_w = spezifische Wärme, $\varkappa$ = Wärmeleitfähigkeit, ϱ = Dichte).

Sie ist proportional zum Quadrat des Radius r_1, der ein Maß darstellt für die Größe der Kollektorfläche, in dem die Wärme entsteht. Da nun bei HF-Transistoren die Emitter- bzw. Kollektorfläche möglichst klein gehalten werden muß, erkennt man, daß damit auch τ_{t0} schnell abnimmt.

Die Ortskurve von Bild 2 zeigt, daß die Frequenzabhängigkeit in der Umgebung des Punktes $\eta = 1$ am größten ist. Bei $\eta = 100$ ist $|\mathfrak{R}_t/R_{ti}|$ etwa auf 10 % abgefallen, d. h. auch bei verhältnismäßig hohen Frequenzen kann $\mathfrak{R}_t$ noch einen merklichen Einfluß ausüben.

Zahlenbeispiel:

Für einen Mesatransistor (2 N 1141/42/43) wird vom Hersteller ein thermischer Innenwiderstand von $R_{ti} = 0{,}1$ grd/mW angegeben. Nimmt man an, daß dieser Widerstand hauptsächlich im Germaniumplättchen auftritt, auf dem der Kollektor sitzt, so ergibt sich nach Gl. (5.5) für $r_1 = 1/(2\pi\varkappa \cdot R_{ti}) = (2\pi \cdot 50 \cdot 0{,}1)^{-1}$ mm ≈ 30 µm mit $\varkappa = 50$ mW mm^{-1} grd^{-1} bei Germanium. Ist das Ge-Plättchen also nicht wesentlich dünner als 150 µm ($= 5\,r_1$), so wird, wie vorausgesetzt wurde, R_{ti} hauptsächlich durch die Wärmeleitfähigkeit $\varkappa$ des Germaniums bestimmt. Die Emitterfläche (2 N 1142) beträgt $35\,\mu\text{m} \times 75\,\mu\text{m} \approx 2650\,\mu\text{m}^2$, während $r_1^2 \cdot \pi = 900\,\mu\text{m}^2 \cdot \pi = 2800\,\mu\text{m}^2$ ist (Bild 3). Der aus R_{ti} berechnete r_1-Wert stimmt also gut mit den Abmessungen des Transistorsystems überein. Als spezifische thermische Zeitkonstante ergibt sich mit

$r_1 = 30$ µm,
$D_t = \varkappa/\varrho \cdot c_w$,
$\varkappa = 50$ mW mm^{-1} grd^{-1},
$\varrho = 5{,}32$ g cm^{-3},
$c_w = 0{,}074 \cdot$ cal $\cdot$ g grd$^{-1} \cdot 4{,}18 \cdot$ Ws cal^{-1}
$= 0{,}31$ Ws g^{-1} grd^{-1}

nach Gl. (5.6) für Germanium:

$$\tau_{t0} \approx 30\,\mu\text{s, oder } f_{t0} = \omega_{t0}/2\pi = 1/2\pi\tau_{t0} = 5{,}4 \text{ kHz.} \qquad (5.7)$$

Diesen Werten entspricht auf der Ortskurve von Bild 2 der Punkt $\eta = 1$. Da bei $\eta = 100$ $|\mathfrak{R}_t|$ noch 10 % von R_{ti} beträgt, bei $\eta = 200$ noch 7 %, erkennt man, daß bei dem betrachteten Transistor das Mitlaufen der Sperrschichttemperatur noch bei Frequenzen in der Größenordnung von 1 MHz merklich ist.

---

[1]) Anmerkung:
Das erhaltene Ergebnis läßt auch die Gefährlichkeit einer hohen Leistungsdichte auf kleinen, punktförmigen Querschnitten erkennen, wie sie z. B. durch den „Einschnüreffekt" hervorgerufen werden können.

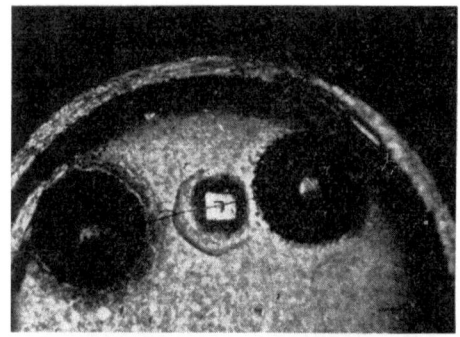

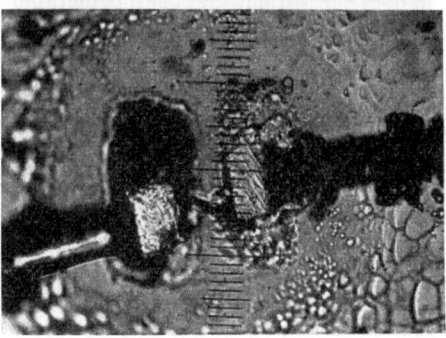

Bild 3. Aufbau eines Mesatransistors

Man kann also den Frequenzbereich des Mitlaufeffektes abschätzen, wenn r_1 berechnet wird aus der Emitterquerschnittsfläche $A_E = r_1^2 \cdot \pi$, die ja für den Strom- und damit für den Leistungsfluß durch die Kollektorsperrschicht maßgebend ist.

6. Thermisches Transistorersatzschaltbild und Mitlaufeffekt

Die Ortskurve des thermischen Scheinwiderstandes $\mathfrak{R}_t$ des Halbkugelmodells in Bild 2 läßt sich nicht durch ein einfaches Ersatzschaltbild beschreiben. Wenn die bekannte Analogie: Strom — Wärmeleistung, Spannung — Temperatur, elektrischer Widerstand — thermischer Widerstand, elektrische Kapazität — Wärmekapazität benutzt wird, so ergibt sich als allgemeinstes thermisches Ersatzschaltbild [12] für $\mathfrak{R}_t$ eine (unendliche) Kette hintereinandergeschalteter RC-Glieder. Dieses Ersatzbild (bestehend aus 5 Gliedern) zeigt Bild 4. Die Werte der normierten thermischen Teilwiderstände, Kapazitäten bzw. Zeitkonstanten für den Fall des zuvor betrachteten, im Mittelpunkt erregten Halbkugel-Wärmeleitungsmodells sind in der unteren Hälfte dieses Bildes aufgeführt. Die Summe aller Teilwiderstände $R_{t\nu}$ ist gleich dem thermischen Innenwiderstand R_{ti} des Transistors.

In den Formeln für die Pseudo-Vierpolparameter des Transistors tritt nun überall der thermische Schein-

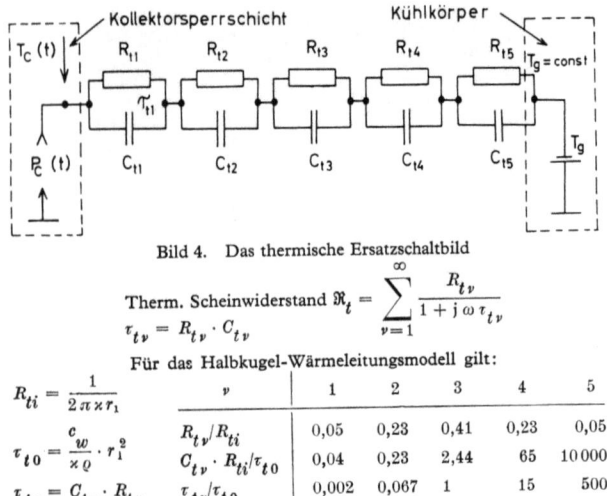

Bild 4. Das thermische Ersatzschaltbild

Therm. Scheinwiderstand $\Re_t = \sum_{\nu=1}^{\infty} \dfrac{R_{t\nu}}{1 + j\omega\tau_{t\nu}}$

$\tau_{t\nu} = R_{t\nu} \cdot C_{t\nu}$

Für das Halbkugel-Wärmeleitungsmodell gilt:

$R_{ti} = \dfrac{1}{2\pi\varkappa r_1}$

$\tau_{t0} = \dfrac{c_w}{\varkappa \varrho} \cdot r_1^2$

$\tau_{t\nu} = C_{t\nu} \cdot R_{t\nu}$

ν	1	2	3	4	5
$R_{t\nu}/R_{ti}$	0,05	0,23	0,41	0,23	0,05
$C_{t\nu} \cdot R_{ti}/\tau_{t0}$	0,04	0,23	2,44	65	10 000
$\tau_{t\nu}/\tau_{t0}$	0,002	0,067	1	15	500

widerstand $\Re_t$ auf (vgl. Tafel 2). Wie noch gezeigt wird, läßt sich diese Tatsache dazu benutzen, $\Re_t$ aus den gemessenen Pseudo-Vierpolparametern zu bestimmen, und zwar in Abhängigkeit von der Frequenz in dem Bereich, in dem der Mitlaufeffekt sich bemerkbar macht.

7. Meßergebnisse und Diskussion der Pseudo-Vierpolparameter

7.1 Der Pseudo-Kurzschlußausgangsleitwert $\bar{y}_{22b} = \bar{y}_{22e}$

Bei der Messung dieser Größe an Mesa- und Planartransistoren zeigte sich, daß mit abnehmender Frequenz auch die Ausgangskapazität sich verringerte, um schließlich negativ zu werden unterhalb von etwa 200 kHz. Die bekannten Transistorersatzschaltungen (z. B. Bild 5) fordern jedoch einen kapazitiven Ausgangsleitwert, abgesehen von dem Falle, daß die Ladungsträgermultiplikation in der Kollektorsperrschicht bei hohen Strömen und Spannungen eine merkliche Rolle spielt [14].

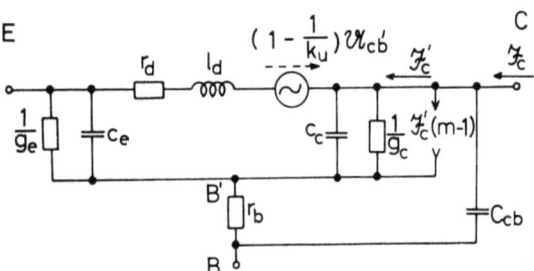

Bild 5. Transistorersatzschaltung nach *Zawels*

$r_d = \dfrac{U_T}{I_C}$, $g_e = \dfrac{1}{\beta_0 \cdot r_d}$, $c_e = \dfrac{1}{r_d \cdot \omega_{\beta 1}}$, $\omega_{\beta 1} \approx \omega_T$

Bild 6 zeigt die bei niederen Frequenzen ($f < 1$ MHz) gemessene Ortskurve des Pseudo-Kurzschlußausgangsleitwertes $\bar{y}_{22e}$ eines Ge-Mesa-Transistors (2 N 1143). Der Arbeitspunkt war $-U_{CE} = 6$ V, $-I_C = 5$ mA. Die in Punkt A beginnende gestrichelte Kurve entspricht dem y_{22e}-Verlauf für konstante Sperrschichttemperatur. Auffallend ist das starke Ansteigen des Realteils von $\bar{y}_{22e}$ und der verhältnismäßig große induktive Imaginärteil. Nach der für $\bar{y}_{22e}$ abgeleiteten Formel ergibt sich für $f \to 0$ ein zusätzlicher Wirkleitwert von $D_l \cdot R_{ti} \cdot I_C^2 \approx 170 \dots 200\,\mu$S in guter Übereinstimmung mit der Messung.

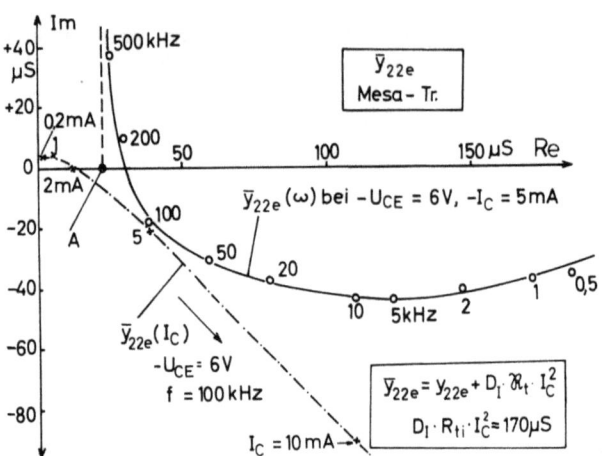

Bild 6. Der Pseudo-Kurzschlußausgangsleitwert $\bar{y}_{22e}$

Interessant ist die Betrachtung der $\bar{y}_{22e}$-Ortskurve im Hinblick auf die Transistormeßtechnik. Vielfach sind Meßgeräte zur Bestimmung der NF-Vierpolparameter und der Größen des Ersatzschaltbildes in Gebrauch mit einer Meßfrequenz von 1 kHz. Man erkennt, daß bei einer Messung des NF-Wertes von $\bar{y}_{22e}$ bei $f = 1$ kHz sich nach Bild 6 gegenüber dem Wert für konstante Sperrschichttemperatur y_{22e} (Punkt A) ein „Fehler" von $600 \dots 900\%$ ergibt (2 N 1143).

Eine weitere Bestätigung für die Erklärung durch den Mitlaufeffekt liefert der Frequenzverlauf. Wenn der kapazitive Imaginärteil von $\bar{y}_{22e}$ bei tiefen Frequenzen keine Rolle spielt, ist eine Frequenzabhängigkeit nur noch durch $\Re_t$ gegeben (Tafel 1, Gl. 4.4). Vergleicht man nun die gemessenen induktiven Ortskurven mit der in Bild 2 dargestellten, aus der Lösung der Differentialgleichung der Wärmeleitung des Halbkugelmodells hergeleiteten exakten Kurve von $\Re_t$, so überrascht die gute Übereinstimmung. In Gl. (5.7) ist die dem Wert $\eta = \omega\tau_{t0} = 1$ entsprechende Frequenz für den untersuchten Transistor (2 N 1143) mit $r_1 = 30\,\mu$m berechnet worden zu $f_{t0} = 5,4$ kHz. Dieser Wert stimmt sehr gut überein mit der Frequenz, bei der in Bild 6 der Imaginärteil von $\bar{y}_{22e}(\omega)$ sein Maximum erreicht.

In Bild 6 ist noch (strichpunktiert) dargestellt die gemessene I_C-Abhängigkeit von $\bar{y}_{22e}$ ($f = 100$ kHz). Bei kleinen Strömen ($I_C < 2$ mA) ist $\bar{y}_{22e}$ kapazitiv und wird dann mit wachsendem I_C stark induktiv. Auch die quadratische I_C-Abhängigkeit des zusätzlichen Realteiles von $\bar{y}_{22e}$ ließ sich meßtechnisch an einem Si-Mesa-Transistor (2 N 716) bestätigen.

7.2 Die Pseudo-Vorwärtssteilheit $\bar{y}_{21e} = -\bar{y}_{21b}$

Eine der wichtigsten Transistorgrößen ist die Vorwärtssteilheit y_{21e}. Eine gemessene Ortskurve dieser Größe (Mesatransistor 2 N 1142) zeigt Bild 7. Der Kurvenast A entspricht dem Wert y_{21e} für konstante Sperrschichttemperatur, wie er den bekannten Ersatzschaltungen entspricht. Die entsprechende Näherungsformel hierfür ist ebenfalls angegeben (f_s = Steilheitsgrenzfrequenz). Man erkennt, daß bei Frequenzen $f < 1$ MHz Betrag und Phasenwinkel der Steilheit stark ansteigen (Kurvenast B). Es ergibt sich also das Paradoxon, daß Hochfrequenztransistoren entgegen aller Erwartung gerade

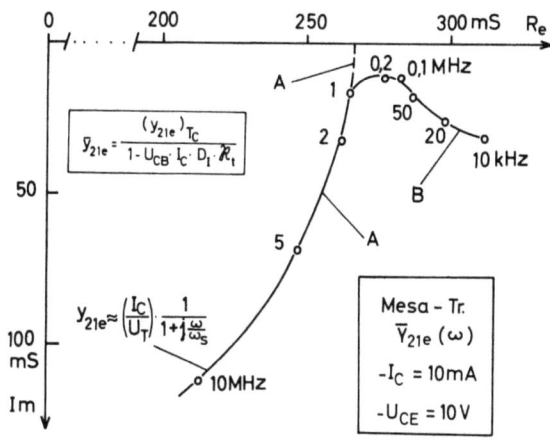

Bild 7. Die Pseudo-Vorwärtssteilheit $\bar{y}_{21e}(\omega)$ (2 N 1142)

bei niederen Frequenzen eine verhältnismäßig starke Frequenzabhängigkeit aufweisen können.

Bild 8 zeigt die Frequenzabhängigkeit des Betrages der Arbeitssteilheit $(\bar{y}_{21e})_A$ in Abhängigkeit von der Frequenz, zunächst gemessen mit einem Abschlußwiderstand $R_2 = 100\,\Omega$, der noch nahezu dem Kurzschlußfall entspricht. Bei dem untersuchten Mesatransistor (2 N 1142) erhält man infolge des Mitlaufeffektes und der kleinen thermischen Zeitkonstanten unterhalb 500 kHz einen beträchtlichen Anstieg der Steilheit, der sich auch quantitativ durch den Nenner von Gl. (4.4) in Tafel 1 (siehe auch Bild 8) erklären läßt. Bei einem Drifttransistor (AFZ 10) mit einer etwa zehnmal kleineren Grenzfrequenz $f_T \approx f_{\beta 1}$ von 50 MHz und einer größeren Emitterquerschnittsfläche, d. h. nach Gl. (5.6) mit entsprechend wesentlich längeren thermischen Zeitkonstanten, zeigt sich in dem untersuchten Frequenzbereich keine Frequenzabhängigkeit (oberste Kurve). Eine solche würde sich hier erst bei noch tieferen Frequenzen bemerkbar machen.

Nach Kapitel 3 tritt der Mitlaufeffekt nicht auf, wenn der Spannungsabfall $I_C R_2$ des Kollektorgleichstromes I_C am Abschlußwiderstand R_2 so groß ist wie die Kollektor-Emitter-Gleichspannung U_{CE}, d. h. wenn beide Größen gleich der halben Speisespannung U_B sind. Für den gewählten Arbeitspunkt von $-U_{CE} = 10\,\text{V}$, $-I_C = 10\,\text{mA}$ beträgt dieser Widerstand $R_2 = 1000\,\Omega$. Eine Messung der Arbeitssteilheit mit einem solchen Wert ergibt tatsächlich einen konstanten Verlauf über der Frequenz, wie es die Theorie des Mitlaufeffektes erfordert (unterste Meßkurve in Bild 8).

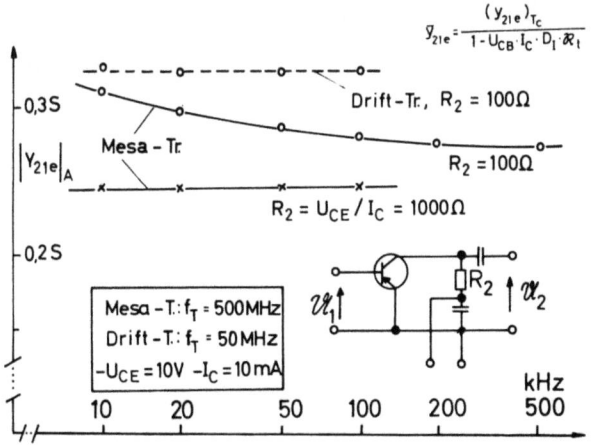

Bild 8. Betrag der Vorwärtssteilheit $\bar{y}_{21e}(\omega)$ für zwei Transistoren

7.3 Weitere Meßergebnisse

Für den Pseudo-Kurzschlußeingangswiderstand $\bar{h}_{11b}$ erhält man eine ähnliche Beziehung wie für die Steilheit. Die Frequenzabhängigkeit des Betrages dieser Größe im Bereich 5...1000 kHz zeigt Bild 9 für einen Mesatransistor 2 N 700 und für einen Drifttransistor (AFZ 10). Wie auf Grund des Mitlaufeffektes zu erwarten ist, ergibt sich auch hier eine nicht geringe Frequenzabhängigkeit noch bei verhältnismäßig hohen Frequenzen (unterhalb 1 MHz) bei dem Transistor mit der wesentlich höheren Grenzfrequenz (2 N 700, $f_T \approx 800$ MHz), während $\bar{h}_{11b}$ beim Drifttransistor (AFZ 10, $f_T \approx 50$ MHz) sich erst unterhalb von etwa $f = 10$ kHz zu ändern beginnt.

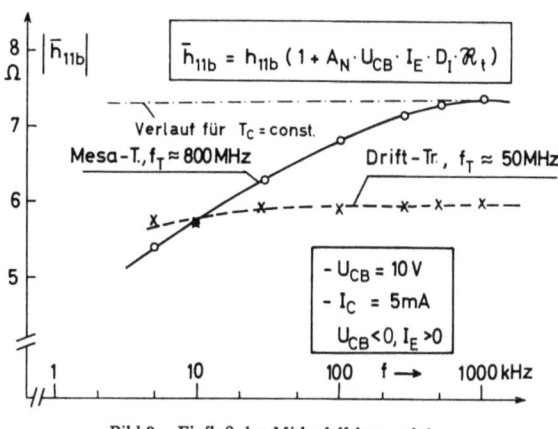

Bild 9. Einfluß des Mitlaufeffektes auf den Kurzschlußeingangswiderstand $\bar{h}_{11b}$

Weitere Messungen haben gezeigt, daß auch, wie zu erwarten, der Leerlaufausgangsleitwert $\bar{h}_{22e}$ und der Kurzschlußeingangsleitwert $\bar{y}_{11e}$ der Emitterschaltung induktiv werden und ein Ansteigen des Realteiles aufweisen können. Auch konnte meßtechnisch bestätigt werden, daß infolge des Mitlaufeffektes die Leerlaufspannungsrückwirkung $\bar{h}_{12b}$ vom 1. in den 4. Quadranten der komplexen Ebene wandern kann.

8. Die Bestimmung des thermischen Ersatzschaltbildes von HF- und schnellschaltenden Transistoren

Das thermische Ersatzschaltbild eines Transistors, d. h. die thermischen Widerstände und Zeitkonstanten wurden bisher meist aus der Abkühlkurve des I_{CB0}- oder I_{Ck}-Stromes oder der Emitter-Basisspannung bestimmt [15, 16]. Nach Gl. (4.4) (Tafel 1) ergibt sich die Ortskurve des thermischen Scheinwiderstandes $\mathfrak{R}_t$ jedoch beispielsweise auch direkt aus einer $\bar{y}_{22e}$-Messung nach Bild 6, und zwar gemessen bei möglichst hohem Kollektorstrom (wegen I_C^2). Es kann jedoch auch irgendeine andere geeignete Vierpolgröße nach Tafel 2 benutzt werden [1]).

Es gilt:

$$\mathfrak{R}_t = \frac{\bar{y}_{22e} - y_{22e}}{I_C^2 \cdot D_I}, \quad y_{22e} = g_{22e} + j\omega C_{22e} \qquad (8.1)$$

---

[1]) Anmerkung:
Sparkes hat zur Bestimmung [13] des thermischen Innenwiderstandes $R_{ti} = (\mathfrak{R}_t)_{(f \to 0)}$ die Messung der statischen ($f = 0$) Leerlaufspannungsrückwirkung h_{12b} in Basisschaltung vorgeschlagen.

Es ergibt sich eine Ortskurve ähnlich der in Bild 2 dargestellten. Wie die Elemente des Ersatzschaltbildes (vgl. Bild 4) bestimmt werden können, ist dort ebenfalls angedeutet: Man zeichnet aneinandergereiht Halbkreise, d. h. die Ortskurven von RC-Gliedern so ein, daß sie jeweils die $\Re_t$-Kurve in einem Punkt berühren. Die Durchmesser dieser Kreise bestimmen dann die Größe der einzelnen Teilwiderstände $R_{t\nu}$ im Verhältnis zu $R_{ti} = (\Re_t)_{(f=0)}$. Die Grenzfrequenzen $f_1, f_2, f_3 \ldots$ ergeben sich näherungsweise aus der Frequenzverteilung der $\Re_t$-Ortskurve. Die thermischen Teilkapazitäten erhält mann dann leicht aus der Beziehung

$$\omega_{t\nu} = (R_{t\nu} \cdot C_{t\nu})^{-1}.$$

Diese Methode eignet sich insbesondere für Hochfrequenz- und schnelle Schalttransistoren mit kleinen thermischen Zeitkonstanten, da bei sehr tiefen Frequenzen eine Scheinleitwertsmessung meist nicht einfach ist.

Wird $U_C \cdot dI_C$ bei der Berechnung von $\bar{y}_{22e}$ nicht gegen $I_C \cdot dU_C$ vernachlässigt, so ergibt sich:

$$\bar{y}_{22b} = \frac{y_{22b} + D_I \cdot I_C^2 \cdot \Re_t}{1 - D_I \cdot I_C \cdot U_{CB} \cdot \Re_t}, \quad (8.2)$$

und hieraus:

$$\Re_t = \frac{\bar{y}_{22b} - y_{22b}}{D_I \cdot I_C \cdot (I_C + U_{CB} \cdot \bar{y}_{22b})}. \quad (8.3)$$

9. Zusammenfassung und Folgerungen [14]

Die Ergebnisse dieser Untersuchungen seien abschließend nochmals kurz zusammengefaßt:

1. Bei HF-Transistoren muß das Mitlaufen der Sperrschichttemperatur T_C bei niederen Frequenzen berücksichtigt werden, besonders in der Meßtechnik.

2. Stark beeinflußt werden durch den Mitlaufeffekt die Größen $\bar{y}_{22e} = \bar{y}_{22b}, \bar{y}_{12b}, \bar{h}_{22e}, \bar{h}_{12e}, \bar{y}_{11b}, \bar{y}_{21e} = -\bar{y}_{21b}, \bar{y}_{11e}$.

3. In geringem Maße wirkt er sich auf die Stromverstärkungsfaktoren $\bar{h}_{21e}, \bar{h}_{21b}$ aus.

4. Größen, die im Normalfall einen positiven Phasenwinkel aufweisen, können einen negativen annehmen bzw. induktiv werden ($\bar{y}_{22e}, \bar{h}_{22e}, \bar{y}_{11e}, \bar{h}_{12b}, \bar{h}_{12e}$).

5. Der Mitlaufeffekt kann zur Bestimmung des thermischen Ersatzschaltbildes angewendet werden.

6. Die Kennwerte für konstante Sperrschichttemperatur bzw. die Elemente des Ersatzschaltbildes dürfen eigentlich nur oberhalb einer unteren Grenzfrequenz f_u gemessen werden.

7. Bei dieser unteren Grenzfrequenz f_u soll $|\Re_t| \approx 0$ geworden sein. Sie läßt sich beispielsweise folgendermaßen definieren:

$$f_u = 100 \cdot f_{t0} = \frac{100}{2\pi \tau_{t0}} \quad (9.1)$$

8. Diese untere (thermische) Grenzfrequenz sollte von den Herstellern angegeben werden.

Schrifttumsverzeichnis

[1] *R. E. Burgess:* The A.C. Admittance of Temperature-Dependent Circuit Elements. Proc. Phys. Soc., B. 68, S. 766—774.

[2] *R. E. Burgess:* Negative Resistance in Semiconductor Devices. Canad. J. Phys. 38 (1960), S. 369—375.

[3] *J. R. Tillman, J. C. Henderson:* Some Thermal Properties of Point-Contact Germanium Diodes. Philos. Mag. 47 (1953), S. 677—696.

[4] *H. Göddecke:* Elektrische und thermische Relaxationserscheinungen an strombelasteten metallischen Leitern. Z. f. angew. Phys. 11 (1959), S. 143—147.

[5] *H. Reimann:* Das thermische Verhalten von Transistoren bei nichtstationärer Kollektorverlustleistung. Nachr.-Techn. Z. 14 (1961), H. 2, S. 69—72.

[6] *F. J. Hyde:* Reactive Effects in Thermistors at very Low Frequencies. Brit. Commun. & Electronics 1957, 4, 16.

[7] *F. J. Hyde:* The Impedance of a Thermistor at low Frequencies. J. Electronics, 1955, 1, 303.

[8] *W. Benz:* Ersatzschaltbilder für den als linearer Verstärker betriebenen Transistor. Nachrichtentechn. Fachber., Band 18, 1960, S. 49—64.

[9] *O. Müller:* Prüfung der praktischen Ersatzschaltung von Zawels auf ihre Brauchbarkeit. Nachrichtentechn. Fachber., Band 18, 1960.

[10] *B. Baule:* Die Mathematik des Naturforschers und Ingenieurs. Band VI: Partielle Differentialgleichungen. S. Hirzel, Leipzig, 1944.

[11] *F. Weitzsch:* Die thermische Stabilität von Transistoren unter dynamischen Bedingungen. Arch. elektr. Übertr. 13 (1959), S. 185—198.

[12] *P. R. Strickland:* The Thermal Equivalent Circuit of a Transistor. IBM J. Res. Dev. 3 (1959), S. 33—45.

[13] *J. J. Sparkes:* Voltage Feedback and Thermal Resistance in Junction Transistors. Proc. IRE 46 (1958), Nr. 6, S. 1305—1306.

[14] *O. Müller:* Basisfeld, Multiplikationseffekt, Mitlaufeffekt. (Ein Beitrag zum Ersatzschaltbild des Transistors), (Diss. TH Stuttgart, 1962).

[15] *H. J. Thuy:* Thermische Probleme bei Transistoren. Elektron. Rdsch., Jan./Febr. 1961, S. 15—18, 61—63.

[16] *W. Hilberg:* Zur Wärmeleitung bei Transistoren. Telefunken-Ztg. 32 (1959), Nr. 125, S. 200—207.

Anmerkung:
Herrn Dr.-Ing. *W. Benz* und Herrn Prof. Dr.-Ing. *J. Dosse* danke ich für ihr Interesse an diesen Untersuchungen sowie für viele wertvolle Diskussionen und Ratschläge. Der Geschäftsleitung der Firma Telefunken G. m. b. H., Anlagen Weitverkehr und Kabeltechnik, Backnang, sei für die Ermöglichung dieser Arbeit gedankt.

Multivibratorschaltungen mit Transistoren für extrem große kontinuierlich steuerbare Frequenzvariation*)

Mitteilung der Philips-Zentrallaboratorium GmbH, Lab. Hamburg

Von **Dieter Gossel**

Mit 16 Bildern

DK 621.373.52

1. Einleitung

Es hat sich eingebürgert, mit dem Namen Multivibrator ganz allgemein eine Klasse zweistufiger, stark in sich rückgekoppelter Verstärker zu bezeichnen. Sie haben in der gesamten Nachrichtentechnik große Bedeutung erlangt. Man unterscheidet hauptsächlich

a) den bistabilen[1]) Multivibrator, auch Flip-Flop genannt. Er geht auf *Eccles* und *Jordan* [1] zurück, verwendet Gleichstromkopplung zwischen den beiden Verstärkerstufen und wird in Speichern, Zähl- und Frequenzteilerstufen eingesetzt. Alle Arten von Rückkopplung, vorwiegend in symmetrischen Anordnungen, werden angewendet. Daneben gibt es auch unsymmetrische Schaltungen [2], die z. B. mit Vierschichtentransistoren [3] arbeiten.

b) den monostabilen Multivibrator, auch Monovibrator oder Univibrator. Er verwendet Gleichstrom- und Wechselstromkopplung hintereinander und wird zur Erzeugung definierter Impulsverzögerungen benutzt.

c) den astabilen oder freischwingenden Multivibrator (*Abraham* und *Bloch* [4]). Wegen der reinen Wechselstromkopplung zwischen den Stufen (Bild 1) kippt die Schaltung periodisch zwischen zwei Zuständen hin und her. Der astabile Typ ist ein Multivibrator im engeren Sinne; er leitet seinen Namen von der von ihm erzeugten oberwellenreichen Rechteckschwingung her.

Bei allen vorgenannten Typen lassen sich zwei zeitliche Vorgänge deutlich voneinander unterscheiden: das schnelle Umklappen vom einen in den anderen Zustand — gekennzeichnet durch Leitendsein bzw. Gesperrtsein jeweils eines Verstärkerelements oder beider [14] — und das relativ langsame, statische oder quasistatische Verhalten zwischen den Umklappmomenten.

Die Behandlung des Umklappvorganges ist wegen der notwendig nichtlinearen Verstärkerkennlinien schwierig. In [6] wird die Behandlung vorwiegend analytisch durchgeführt, während [7] ein sehr anschauliches graphisches Verfahren beschreibt.

Der Analysis der langsamen Vorgänge, soweit sie sich z. B. auf die Stabilität beim bistabilen, die Rückkippzeit beim monostabilen und die Periodendauer beim astabilen Multivibrator bezieht, ist ein umfangreiches Schrifttum [8, 9, 10], teilweise in Buchform [6, 11, 12], gewidmet. Wenig dagegen findet man über die Möglichkeit, den astabilen Multivibrator in weiten Grenzen kontinuierlich in der Frequenz zu steuern. Allgemein bekannt ist der gut lineare Zusammenhang von Frequenz und Entladespannung, wenn die Entladespannung groß gegen die Aufladespannung ist, allein, man kommt hier selten über eine Frequenzvariation von 1 : 10 hinaus. Lediglich in einer neueren Arbeit [13] ist eine Schaltung beschrieben, die eine Frequenzvariation von 1 : 400 erlaubt. Dies wird durch Anwendung zweier Aufladezeitkonstanten erreicht, deren eine bei hohen und deren andere bei niedrigen Frequenzen wirksam ist. Die Frequenzsteuercharakteristik ist an der Stelle, wo die Wirkungen beider Zeitkonstanten einander ablösen, stark nichtlinear.

In der vorliegenden Arbeit werden Schaltungen beschrieben, die, je nach Aufwand, eine gut lineare Frequenzsteuerung von über 1 : 5000 erlauben. Alle diese Anordnungen gehen von der *Abraham-Bloch*-Schaltung (Bild 1) aus, verwenden jedoch Transistoren, die im leitenden Zustand übersteuert sind und dank ihrer kleinen Restspannungen wesentlich günstigere Schalteigenschaften haben als Röhren. Zunächst wird die transistorisierte *Abraham-Bloch*-Schaltung (Bild 2a) einer vereinfachten Analysis unterzogen und gezeigt, welche Frequenzvariation damit möglich ist. Nach Darlegung der Gründe für die Begrenzung dieser Variation werden Möglichkeiten zur Erweiterung der Grenzen angegeben. Alle in diesem Zusammenhang gezeigten Schaltungen sind experimentell erprobt.

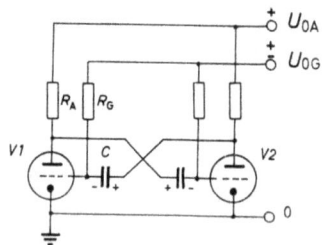

Bild 1. Astabiler Multivibrator nach *Abraham* und *Bloch*
U_{OG} kann positiv und negativ sein,
jedoch nicht negativer als U_G ($I_a = 0$).

2. Analysis der Grundschaltung

2.1 Funktion

In Bild 2a seien zur Zeit $t = 0$ die Kapazitäten C_1 auf die Kollektorbetriebsspannung U_{OK} aufgeladen und C_2 entladen. Bei $t > 0$ wird sich C_2 über die Emitter-Basisstrecke des Transistors T 2 und den Kollektorwiderstand R_{K1} auf U_{OK} aufladen (Bild 2b) und T 2 leitend machen. Ist der Ladestrom in C_2 mit der Zeitkonstante $C_2 R_{K1}$ abgeklungen, dann bleibt T 2 durch den konstanten Basisstrom über R_{B2} weiterhin geöffnet. Mit dem Kollektor von T 2 nahezu auf Nullpotential liegt die Spannung an C_1 als U_{B1} voll positiv an der Basis von T 1 und sperrt den Transistor. C_1 entlädt sich über R_{B1} nach der Basisbetriebsspannung U_{OB} hin. Zur Zeit $t = t_1$ will U_{B1} das Vorzeichen wechseln, T 1 wird

---

*) Auszugsweise vorgetragen auf der NTG-Fachtagung „Transistoren bei großer Aussteuerung" in Aachen am 11. April 1962.

[1]) Außerdem gibt es noch polystabile Multivibratoren. Hier sind mehrere Röhren oder Transistoren nach Art eines Zählringes zusammengeschaltet. Vgl. hierzu z. B. [5, 17].

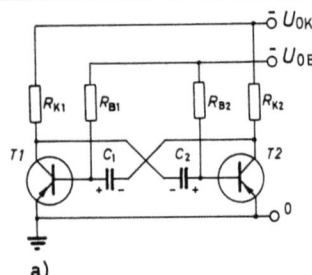

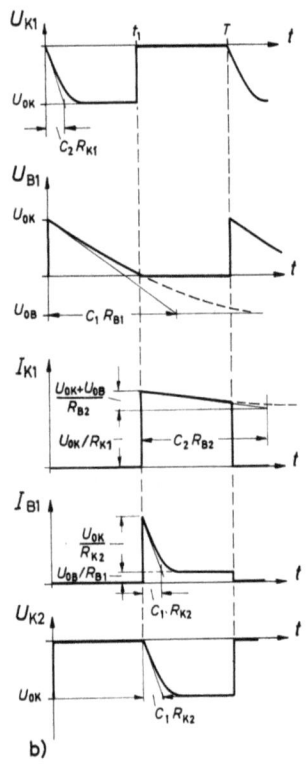

Bild 2. Transistorversion der *Abraham-Bloch*-Schaltung

a) Schaltbild. U_{OB} kann bei pnp-Transistoren nur negativ sein, da $I_K(U_{OB} > 0) \approx 0$.

b) Kollektor- und Basisspannungen bzw. -ströme als Funktion der Zeit. Von $0 \ldots t_1$ sind Transistor T 1 gesperrt und T 2 leitend, von $t_1 \ldots T$ T 1 leitend und T 2 gesperrt. Die Kondensatoren C_2 bzw. C_1 werden während t_1 bzw. $T-t_1$ vollständig aufgeladen. Restspannungen und -ströme sind vernachlässigt.

leitend und sperrt nun mittels des inzwischen aufgeladenen C_2 den Transistor T 2. Das Spiel beginnt von vorn, nur sind die Indices 1 und 2 miteinander zu vertauschen. Zur Zeit $t = T$ ist der Ausgangszustand, wie er zur Zeit $t = 0$ bestand, wieder erreicht.

2.2 Periodendauer

Die Periodendauer T wird bestimmt durch die Summe der Sperrzeiten von T 1 und T 2. T 1 ist gesperrt, solange U_{B1} positiv ist. Es gilt

$$U_{B1} = (U_{B1_{max}} + U_{OB})\,e^{-t/(C_1 R_{B1})} - U_{OB} > 0. \quad (1)$$

Zur Zeit $t = t_1$ wird $U_{B1} = 0$ und man erhält

$$(U_{B1_{max}} + U_{OB})\,e^{-t_1/(C_1 R_{B1})} = U_{OB}$$

oder

$$t_1 = C_1 R_{B1} \ln(1 + U_{B1_{max}}/U_{OB}). \quad (2)$$

Entsprechend findet man für die Sperrphase von T 2

$$T - t_1 = C_2 R_{B2} \ln(1 + U_{B2_{max}}/U_{OB}). \quad (3)$$

$U_{B1_{max}}$ bzw. $U_{B2_{max}}$ sind die Spannungen, auf die C_1 bzw. C_2 während $T - t_1$ bzw. t_1 aufgeladen wurden. Sind diese Zeiten lang gegen $C_1 R_{K2}$ bzw. $C_2 R_{K1}$, dann gilt

$$U_{B1_{max}} \to U_{B2_{max}} \to U_{OK}. \quad (4)$$

Um die Analysis zu vereinfachen, werden im folgenden nur noch symmetrische Anordnungen betrachtet; damit verschwinden alle Ziffernindices.

$U_{B1_{max}} = U_{B2_{max}}$ wird künftig als „Kondensatoraufladespannung U_{CA}" bezeichnet. U_{CA} ist um ε kleiner als U_{OK}, wobei ε zwischen Null bei großen Entladezeiten — vergl. (4) — und ε_{max} bei der kleinsten Entladezeit schwankt.

Weiterhin wird eine „Kondensatorentladespannung U_{CB}" definiert, gegen die hin die Entladung stattfindet (Bild 3). In Bild 2 gilt

$$U_{CB} = U_{OB}, \quad (5)$$

jedoch ist dies nicht immer der Fall.

Aus der Summe von Gl. (2) und (3) berechnet sich die Periodendauer $T = \dfrac{1}{f}$ zu

$$T = 2\,\tau_e \ln(1 + U_{CA}/U_{CB}) \quad (6)$$

bzw.

$$T = 2\,C R_B \ln\{1 + (U_{OK}/U_{OB})(1-\varepsilon)\}, \quad (7)$$

wenn ε eingeführt, $\tau_e = C R_B$ und Gl. (5) berücksichtigt werden.

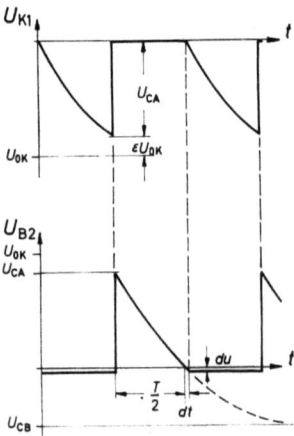

Bild 3. Kollektorspannung an T 1 und Basisspannung an T 2 bei unvollständiger Aufladung von C_2. Im Umschaltmoment ist $U_{C2} = U_{CA} < U_{OK}$.
An der vollständigen Aufladung fehlt die Spannung $\varepsilon\,U_{OK}$.

2.3 Stabilität

Bei der Berechnung der Periodendauer sind Restspannungen und -ströme vernachlässigt worden. Für Restströme ist diese Näherung auch praktisch gut erfüllt, wenn man Silizium-Transistoren einsetzt oder in Schaltungen mit Germanium-Transistoren besondere Maßnahmen ergreift [10]. Auch die Kollektorrestspannung bei Sättigung ist in der Regel klein gegen die Betriebsspannung, so daß sie häufig außer acht gelassen werden kann.

Dagegen spielt die Öffnungsspannung der Basis eine gewisse Rolle. Der Multivibrator schaltet nämlich nicht

— wie zunächst angenommen — um, wenn U_B beim gesperrten Transistor durch Null geht, sondern erst bei einer geringen, negativen Spannung du (Bild 3). Die Größe von du ist — entsprechend der Durchlaßkennlinie der Emitter-Basis-Diode — bestimmt durch den Basisstrom, der, multipliziert mit der Stromverstärkung, eine ausreichende Kollektorstromänderung hervorruft, um den Umklappvorgang einzuleiten. Mit anderen Worten: der Basisstrom muß den Transistor in ein Kennliniengebiet treiben, wo die Rundumverstärkung der Schaltung ≥ 1 wird.

Unter Berücksichtigung von du, das bei Germaniumtransistoren in der Größenordnung von 0,1 V, bei Siliziumtransistoren höher, liegt, lautet Gl. (6)

$$T + dT = 2CR_B \ln\{(U_{CB} + U_{CA})/(U_{CB} - du)\} \quad (8)$$

und, da d$u \ll U_{CB}$, gilt die Näherung

$$T + dT \approx 2CR_B \ln\{(1 + U_{CA}/U_{CB})(1 + du/U_{CB})\}. \quad (9)$$

Die Umschaltspannung du hängt schwach von der Stromverstärkung und in bekannter Weise von Temperatur und Exemplarstreuungen ab. Da aber d$u/U_{CB} \ll 1$ gemacht werden kann und außerdem wegen der nichtlinearen Durchlaßkennlinie der Emitter-Basis-Diode du nur wenig vom Basisstrom abhängt, ist dieser Effekt klein.

Ein wesentlicher Vorteil des hier behandelten Multivibratortyps ist, daß — abgesehen von du — die Periodendauer unabhängig von den stark schwankenden Transistorparametern ist. Die Periodendauer wird durch RC-Entladungen in den Transistor*sperr*phasen bestimmt, welche — abgesehen von Sperrströmen — nicht durch die Transistoren beeinträchtigt werden.

Im Gegensatz hierzu steht eine Kategorie von Schaltungen [14], bei denen eine Teilperiode dadurch festgelegt ist, daß der Kondensatorladestrom, der durch die Basis eines Transistors fließt, abklingt und somit den Transistor aus der Übersteuerung in den aktiven Bereich der Kennlinie treibt, wo das Umschalten erfolgt. Hier hängt die Dauer der Teilperiode unmittelbar von der Stromverstärkung ab und macht deren Schwankungen in voller Größe mit.

2.4 Übersteuerungsbedingung

Bei der Beschreibung der Multivibratorfunktion war angenommen worden, daß jeweils abwechselnd ein Transistor gesperrt und der andere leitend, und zwar übersteuert, ist. Damit ein Transistor leitend bleibt, muß die Bedingung

$$B \geq \frac{I_K(t)}{I_B(t)} \quad (10)$$

erfüllt sein, wobei B die Großsignal-Stromverstärkung an der Übersteuerungsgrenze ist. Entsprechend Bild 2b, wo Kollektor- und Basisströme des übersteuerten Transistors T1 dargestellt sind, gilt

$$I_K = \frac{U_{OK}}{R_K} + \frac{U_{CA} + U_{CB}}{R_B} \exp\frac{-t}{CR_B}$$

$$= \frac{U_{OK}}{R_K} + \frac{U_{OK}(1-\varepsilon) + U_{OB}}{R_B} \exp\frac{-t}{CR_B} \quad (11)$$

und

$$I_B = \frac{U_{OK}}{R_K} \exp\frac{-t}{CR_K} + \frac{U_{OB}}{R_B}. \quad (12)$$

Der für die Erfüllung der Übersteuerungsbedingung Gl. (10) ungünstigste — und praktisch meist vorliegende Fall — ist, daß wegen

$$CR_B \gg CR_K \quad (13)$$

der zeitabhängige Term in Gl. (11) kaum, der in Gl. (12) dagegen stark während der leitenden Phase abklingt. Man hat daher zu fordern

$$B \geq \frac{I_{K_{max}}}{I_{B_{min}}} = \left(\frac{U_{OK}}{R_K} + \frac{U_{OK} + U_{OB}}{R_B}\right)\Big/\frac{U_{OB}}{R_B}$$

$$= 1 + \frac{U_{OK}}{U_{OB}}\left(1 + \frac{R_B}{R_K}\right). \quad (14)$$

Ist Ungl. (14) nicht erfüllt, so erhält man den typischen Kollektorspannungsverlauf nach Bild 4. Einer anfänglichen Übersteuerung, gemäß dem ersten Term von Gl. (12), folgt nach dessen Abklingen unter I_{BS} ein vorzeitiger Einbruch von U_K.

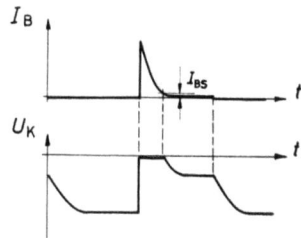

Bild 4. [Kollektorspannung (unten), wenn die Übersteuerungsbedingung nicht erfüllt ist. Sinkt der Basisstrom unter I_{BS} (oben), dann verschiebt sich der Arbeitspunkt des Transistors nach einer negativeren Kollektorspannung hin.

2.5 Möglichkeiten der Frequenzsteuerung

Aus Gl. (7) lassen sich vier verschiedene Möglichkeiten der Frequenzsteuerung ablesen:

durch Variation

a) der Koppelkapazitäten C,

b) der Basiswiderstände R_B,

c) des Spannungsverhältnisses $\frac{U_{OK}}{U_{OB}}$ oder

d) von Kombinationen der drei vorgenannten Parameter.

Da eine große, kontinuierlich steuerbare Frequenzvariation angestrebt wird, scheidet a) aus. Drehkondensatoren mit einer Kapazitätsvariation $> 50:1$ stehen nicht zur Verfügung. Erschwerend kommt hinzu, daß die Koppelkondensatoren an keinem Pol wechselstrommäßig Erdpotential aufweisen. Ein Drehkondensator mit isoliertem Stator und Rotor würde spürbare Streukapazitäten gegen Masse haben und damit das Umschaltverhalten verschlechtern.

Möglichkeit c) wird häufig ausgenutzt, wenn es darum geht, kleine Frequenzvariationen zu erzeugen. Bekannt ist der Fall $U_{OB} \gg U_{OK}$; dann wird näherungsweise

$$T \approx 2CR_B \cdot U_{OK}/U_{OB}$$

bzw.

$$f \approx U_{OB}/(2CR_B U_{OK}). \quad (15)$$

Man erhält eine lineare Abhängigkeit von Frequenz und Basisvorspannung — allgemeiner: Kondensatorentladespannung —, wenn dafür gesorgt ist, daß ε klein bleibt [2]).

---

[2]) Der Einfluß von du auf die Stabilität ist in diesem Spezialfall näherungsweise

$$f = U_{OB}(1 - du/U_{OK})/(2CR_B U_{OK}), \quad (9a)$$

wobei $U_{CA} = U_{OK}$ und $U_{CB} = U_{OB}$ gesetzt sind.

Ebenso wie bei Veränderung der Basiswiderstände (Möglichkeit b) stößt man bei der Spannungssteuerung (Möglichkeit c) auf eine Begrenzung der maximal möglichen Frequenzvariation, die durch zwei verschiedene Effekte gegeben ist.

2.5.1 Obere Frequenzgrenze (kleine Periodendauern)

Die Grenzfrequenz des Transistors bleibt außer Betracht, sie wird stets als genügend hoch vorausgesetzt. Dann wird die oberste Frequenz des Multivibrators durch $\varepsilon = \varepsilon_{max}$ (Bild 3) bestimmt. Je kürzer die Periodendauer und damit die Sperrphasen der Transistoren werden, desto weniger Zeit bleibt den Koppelkondensatoren, sich über die Kollektorwiderstände der jeweils gesperrten Transistoren aufzuladen. Es gilt mit

$$U_{CA} = U_{OK}(1 - \varepsilon_{max}) = U_{OK}\left(1 - \exp\frac{-t_{1_{min}}}{CR_K}\right)$$

oder

$$T_{min} = 2\,t_{1_{min}} = 2\,C\,R_K \ln(1/\varepsilon_{max}). \qquad (16)$$

Gl. (7) lautet entsprechend

$$T_{min} = 2\,C\,R_{B_{min}} \cdot \ln\{1 + (U_{OK}/U_{OB_{max}})(1-\varepsilon_{max})\}. \qquad (17)$$

Nach Elimination von T_{min} erhält man mit

$$\frac{R_{B_{min}}}{R_K} = \frac{\ln 1/\varepsilon_{max}}{\ln\{1+(U_{OK}/U_{OB_{max}})(1-\varepsilon_{max})\}} \qquad (18)$$

eine Funktion von $R_{B_{min}}$ und $U_{OB_{max}}$ mit ε_{max} als Parameter.

2.5.2 Untere Frequenzgrenze (große Periodendauern)

Diese Grenze ist durch die Stromverstärkung des leitenden Transistors gegeben. Die Übersteuerungsbedingung (14) lautet, entsprechend umgeformt,

$$R_{B_{max}}/R_K = (U_{OB_{min}}/U_{OK})(B-1) - 1. \qquad (19)$$

Sie beschreibt den Zusammenhang von $R_{B_{max}}$ und $U_{OB_{min}}$ mit B als Parameter.

2.5.3 Frequenzvariation

In Bild 5 sind die Gl. (18) und (19) im doppellogarithmischen Maßstab dargestellt. Um allgemeingültige Aussagen zu erhalten, ist auf die Konstanten normiert worden; es gilt

$$r = R_B/R_K \quad \text{und} \quad u = U_{OB}/U_{OK}. \qquad (20\,\text{a, b})$$

Die mögliche Frequenzvariation läßt sich unmittelbar als Differenz des senkrechten Abstandes zwischen r_{max}- und r_{min}-Kurve ablesen. Bei reiner Widerstandssteuerung ($u = $ konst.) gilt

$$r_{max}/r_{min} = T'_{max}/T'_{min} \approx T_{max}/T_{min} = f_{max}/f_{min}. \qquad (21)$$

In Gl. (21) ist der nach Gl. (7) bestehende Einfluß von ε auf T nicht berücksichtigt. T ist stets kleiner als T', der relative Fehler wird

$$\frac{T'-T}{T'} = \frac{\Delta T}{T'} = \frac{\ln(1+1/u) - \ln[1+(1-\varepsilon)/u]}{\ln(1+1/u)}$$

$$= \frac{\ln[1+\varepsilon/(1+u)]}{\ln(1+1/u)}. \qquad (22)$$

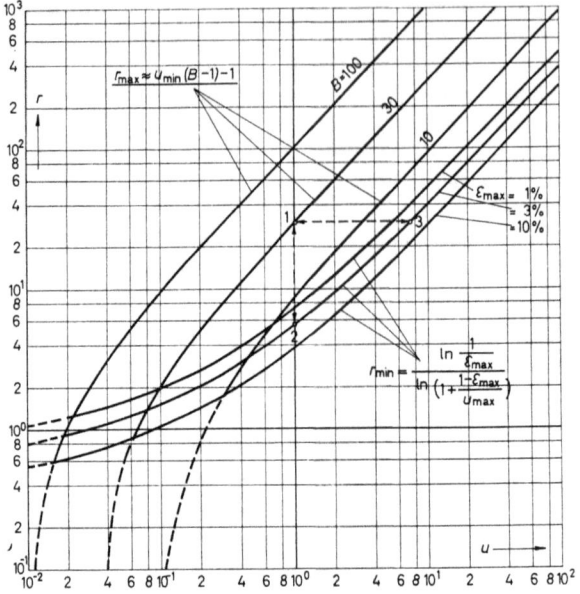

Bild 5. Bezogener Basiswiderstand r in Abhängigkeit von der bezogenen Basisvorspannung u. Großsignalstromverstärkung B und Aufladespannungsfehler ε_{max} als Parameter.

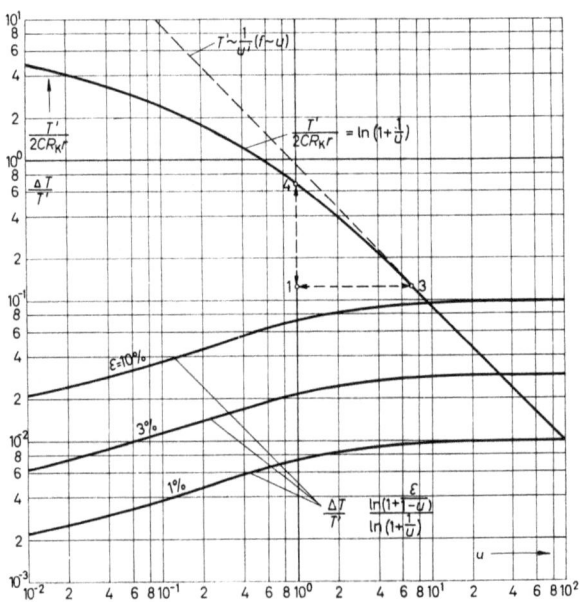

Bild 6. oben: Hilfsfunktion zur Bestimmung der Frequenzvariation bei reiner Spannungssteuerung. — unten: Relativer Periodendauerfehler, verursacht durch $\varepsilon \ne 0$.

Er ist in Bild 6 (unten) als Funktion von u mit ε als Parameter aufgetragen. $\Delta T/T'$ fällt mit fallendem u und kann für große u höchstens gleich ε werden.

Meistens ist anzunehmen, daß ε bei T_{max} verschwunden ist. Dann werden $T'_{max} = T_{max}$ und der Fehler bei T_{min} bestimmt durch ε_{max} nach Gl. (22), gleich dem Fehler der Frequenzvariation nach Gl. (21). Kann ε bei T_{max} hingegen nicht vernachlässigt werden, dann ist der Fehler der Frequenzvariation jedenfalls kleiner als der durch ε_{max} bestimmte, da sich die Fehler an den Bereichsgrenzen bei der Verhältnisbildung subtrahieren.

Für den Fall der reinen Widerstandssteuerung bringt Bild 5 ein Beispiel: angenommen, es seien $u = 1$, $\varepsilon_{max} = 3\%$ und $B = 30$, dann entspricht der Abstand zwischen den Punkten 1 und 2 der möglichen Frequenzvariation, vergrößert um 2,2% nach Bild 6 (unten). Der bezogene Basiswiderstand darf also zwischen den Werten

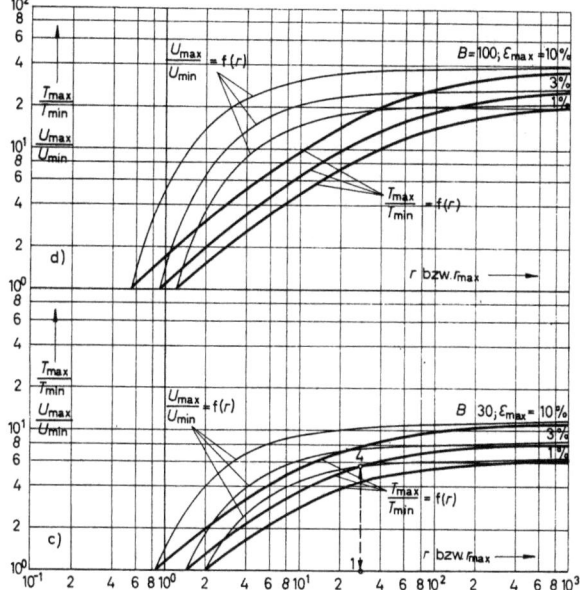
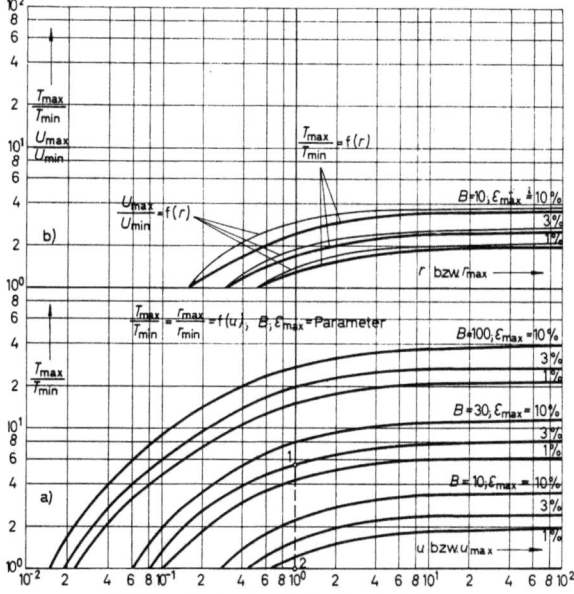

Bild 7. Maximale, mit der Grundschaltung erzielbare Frequenzvariation $T_{\max}/T_{\min}$.
a) bei reiner Widerstandssteuerung, als Funktion des konstanten u, mit B und $\varepsilon_{\max}$ als Parameter.
b, c, d) bei reiner Spannungssteuerung, als Funktion des konstanten r, mit B und $\varepsilon_{\max}$ als Parameter.
Wegen der Abszissenbezeichnung $u_{\max}$ bzw. $r_{\max}$ siehe Text!

$r_{\max} = 29$ (Punkt 1) und $r_{\min} = 5,5$ (Punkt 2) variiert werden. Man erhält $T_{\max}/T_{\min} = 5,4$. Eine gleichzeitige Variation von u (Möglichkeit d in Abschnitt 2.5) bringt in der Grundschaltung keine Erhöhung der maximal möglichen Frequenzvariation.

Bei reiner Spannungssteuerung ist die Bestimmung der Frequenzvariation in zwei Schritten vorzunehmen. Bild 5 liefert bei $r =$ konst. $u_{\min}$ und $u_{\max}$ im Beispiel die Punkte 1 und 3. Diese werden in die geeignet normierte Hilfsfunktion

$$T'/(2\,C\,R_K\,r) = \ln(1 + 1/u) \tag{23}$$

in Bild 6 (oben) übertragen, aus der man — als Abstand zwischen den Punkten 1 und 4 — die Frequenzvariation $T'_{\max}/T'_{\min}$ erhält. Für die Korrektur wegen $\varepsilon \neq 0$ gilt das bei der Widerstandssteuerung gesagte. Man erhält $T_{\max}/T_{\min} = 5,6$. Die im Beispiel angedeutete Auswertung ist für den Fall der reinen Widerstandssteuerung in Bild 7a und für reine Spannungssteuerung in den Bildern 7b, c und d durchgeführt. Außerdem gibt Bild 7a auf der Abzisse den Zahlenwert von $u_{\max}$ bei Spannungssteuern an, der zu einem bestimmten, vorher in Bild 7b, c oder d gefundenen Wert von $T_{\max}/T_{\min}$ gehört. Entsprechend liefern Bild 7b, c und d auf der Abszisse den Zahlenwert von $r_{\max}$ bei Widerstandssteuerung, der zu einem bestimmten, vorher in Bild 7a gefundenen Wert von $T_{\max}/T_{\min}$ gehört. Die Zahlenwerte der Beispiele sind in den Bildern 7a und c wiederzufinden.

Drei wichtige Tatsachen lassen sich aus Bild 7 herauslesen:

a) Unterhalb bestimmter Werte von r bzw. u ist keine Frequenzvariation mehr möglich, es würde — physikalisch sinnlos — $T_{\max}/T_{\min} < 1$. Bild 5 spiegelt dieses Gebiet unterhalb der Schnittpunkte der $r_{\max}$- mit den $r_{\min}$-Kurven wieder.

b) Für große Werte von r bzw. u strebt die Frequenzvariation gegen einen Grenzwert. Dieser Grenzwert ist für Widerstands- und Spannungssteuerung gleich und kann z. B. berechnet werden, wenn in Gl. (18) und (19) $u \to \infty$ geht. Mit den Abkürzungen nach Gl. (20a, b) ergibt sich

$$r_{\max} \to u(B-1); \quad r_{\min} \to u \ln(1/\varepsilon_{\max});$$

daraus mit Gl. (21) und (22)

$$\left(\frac{T_{\max}}{T_{\min}}\right)_{\max} = \frac{B-1}{\ln(1/\varepsilon_{\max})}(1 + \varepsilon_{\max}). \tag{24}$$

In Tafel 1 ist diese Funktion für einige Zahlenwerte von B und $\varepsilon_{\max}$ ausgerechnet.

Tafel 1

$\left(\dfrac{T_{\max}}{T_{\min}}\right)_{\max}$	$\varepsilon_{\max}$	B
1,97	1%	
2,56	3%	10
3,94	10%	
6,34	1%	
8,34	3%	30
12,7	10%	
21,6	1%	
28,4	3%	100
43,4	10%	

Aus physikalischen Gründen ist es nicht sinnvoll, $\varepsilon_{\max} > 10\%$ zu wählen, da dann der leitende Transistor abgeschaltet werden muß, wenn er noch wesentlich mehr als den zur statischen Übersteuerung erforderlichen Basisstrom führt. Durch den Speichereffekt, dessen Wirkung mit steigender Übersteuerung anwächst, werden die Umschaltung verzögert und die Umschaltflanke verschlechtert.

c) In den Bildern 7b, c, d ist neben $T_{\max}/T_{\min} = f(r)$ auch noch $U_{\max}/U_{\min} = f(r)$ aufgetragen. $U_{\max}/U_{\min}$ ist die Spannungsvariation, die bei gegebenem r aufgewendet werden muß, um $T_{\max}/T_{\min}$ zu erzielen. Man erkennt, daß wegen der logarithmischen Abhängigkeit — Gl. (7) — die Spannungsvariation stets größer als die Frequenzvariation ist und beide sich erst bei großen Werten von u wegen $\ln(1 + 1/u) \to 1/u$ annähern. Spannungssteuerung erscheint daher, wenn es um große Frequenzvariationen geht, ungünstiger als Widerstandssteuerung. Dies gilt besonders auch, da u_{min} aus Stabilitätsgründen nicht viel kleiner als 1 gewählt werden soll und U_{OK} meistens um 10 V liegt. Dann gerät mit $u_{max} = 10\ldots 100$ die maximale Basisvorspannung in die Gegend von $100\ldots 1000$ V, was in Transistorschaltungen unerwünscht und außerordentlich schwer herstellbar ist. Im folgenden wird daher hauptsächlich die Frequenzsteuerung durch Widerstandsvariation betrachtet, da Widerstandsänderungen von z. B. 1:1000 oder mehr leicht realisierbar sind.

3. Abwandlungen der Grundschaltung zur Erzielung größerer Frequenzvariationen

3.1 Prinzip

Alle im folgenden beschriebenen Schaltmaßnahmen können als Zusätze zur Grundschaltung aufgefaßt werden. Sie sind, soweit Schalter darin enthalten sind, in Bild 8 durch die Zweipole $S_1 Z_1/\bar{S}_1 Z_2$, $S_2/\bar{S}_2$ und $S_3/\bar{S}_3$ in Verbindung mit R'_{K1} und R'_{K2} dargestellt. Die Zusätze haben den Zweck, die in der Grundschaltung ausgeübte Doppelfunktion der Basis- und der Kollektorwiderstände aufzutrennen und auf zusätzliche Bauelemente zu verteilen.

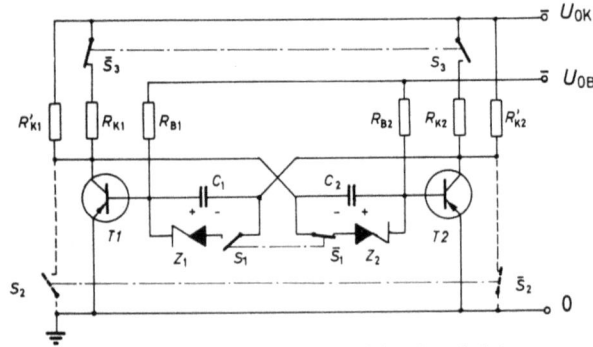

Bild 8. Wirkungsweise der abgewandelten Grundschaltungen.

3.1.1 Basiswiderstände

Die Basiswiderstände haben in der Grundschaltung zweierlei Funktionen:

a) beim leitenden Transistor sorgen sie für den statischen Basisstrom, der den Transistor übersteuert hält, und dürfen daher gemäß der Übersteuerungsbedingung (19) einen Maximalwert nicht überschreiten;

b) beim gesperrten Transistor fließt über sie der Kondensatorentladestrom. Die Basiswiderstände bestimmen die Dauer der Sperrphase und damit die Periodendauer; ihr Minimalwert ist durch ε_{max} nach Gl. (18), ihr Maxialwert durch die Übersteuerungsbedingung gegeben.

Entlastet man die Basiswiderstände von ihrer Funktion nach a), dann können sie so lange weiter vergrößert werden, wie der durch R_B begrenzte Basisstrom im gerade leitend werdenden Transistor ausreicht, um den Umklappvorgang auszulösen.

Diese Grenze für $R_{B max}$ liegt wesentlich höher als die durch Gl. (19) gesetzte, sie hängt von der Kleinsignalstromverstärkung bei kleinen Strömen und vom Kollektorwiderstand ab.

Die Basiswiderstände können von ihren Funktionen nach a) durch Einführung der Schalterpaare $S_1/\bar{S}_1$ oder $S_2/\bar{S}_2$ (Bild 8) entlastet werden.

Angenommen T 2 sei leitend, dann kann nach Abklingen des Aufladestromes in C_2 der statische Basisstrom über den Nebenschluß $\bar{S}_1 Z_2$ fließen. Der gleichzeitig vor der Basis des gesperrten T 1 ablaufende Entladevorgang wird durch den Nebenschluß parallel zu C_1 nicht beeinträchtigt, da S_1 geöffnet ist. Erst wenn T 1 leitend und T 2 gesperrt werden, schließt S_1 und $\bar{S}_1$ öffnet.

Bei Anwendung des Schalterpaares $S_2/\bar{S}_2$ stört es nicht, wenn der als leitend angenommene T 2 nach Abklingen des Aufladestromes in C_2 aus der Übersteuerung gerät und schließlich sogar sperrt; sein Kollektor wird durch $\bar{S}_2$ auf Massepotential gehalten, so daß T 2 vom Kollektor her gesehen weiterhin leitend erscheint. Wird T 1 leitend, dann öffnet $\bar{S}_2$ und der schon vorher gesperrte T 2 erscheint auch vom Kollektor her als gesperrt. Gleichzeitig schließt S_2 und wirkt auf T 1 wie in der vorhergehenden Halbperiode $\bar{S}_2$ auf T 2.

3.1.2 Kollektorwiderstände

Auch die Kollektorwiderstände haben in der Grundschaltung zwei verschiedene Funktionen zu erfüllen:

a) am Anfang der Sperrphase der jeweiligen Transistoren dienen sie der Kondensatoraufladung und sollen daher so klein wie möglich sein,

b) am Ende der Sperrphase, wenn die Kondensatoraufladung abgeschlossen ist, sollen die Kollektorwiderstände größer werden, damit auch kleine Basisströme im Umschaltaugenblick eine genügend große Reaktion in der Kollektorspannung hervorrufen, um den Umklappvorgang einzuleiten. Allerdings geht eine Vergrößerung von R_K auf Kosten der Umklappzeit, es läßt sich jedoch stets ein günstiger Kompromiß schließen.

Die Forderungen a) und b) lassen sich nach Bild 8 mit Hilfe des Schalterpaares $S_3/\bar{S}_3$ und der Widerstände R'_{K1} bzw. R'_{K2} erfüllen, wobei $R'_{K1} > R_{K1}$ bzw. $R'_{K2} > R_{K2}$ ist. Hat sich z. B. C_2 über $R_{K1} \| R'_{K1}$ aufgeladen (T 1 gesperrt), dann öffnet $\bar{S}_3$, und der Transistor sieht in der Folge — und beim Umschalten — den größeren Kollektorwiderstand R'_{K1}. Gleichzeitig mit dem Öffnen von $\bar{S}_3$ schließt S_3. T 2 sieht für den Rest seiner leitenden Phase und nach dem Umschalten so lange, wie C_1 aufgeladen wird, am Kollektor $R_{K2} \| R'_{K2}$.

Da R_K auch während der Leitphase wirksam ist, bestimmt sich sein Minimalwert durch die maximal zulässigen Basis- und Kollektorströme und die Wärmebelastung des benutzten Transistors im übersteuerten Zustand. Häufig werden hier auch der erlaubte Gesamtstromverbrauch und die zulässige Widerstandserwärmung eine Grenze setzen.

Eine weitere Möglichkeit, die Forderung a) und b) zu erfüllen, besteht im Einsatz von Emitterfolgern im Rückkopplungsweg (Bild 14a). Da hier im Gegensatz zu den vorher behandelten Fällen eine Belastungstransformation mit Hilfe aktiver Elemente vorliegt, und nicht ein geeignetes Zu- und Abschalten passiver Bauteile, ist dieses Verfahren nicht in Bild 8 angedeutet.

3.2 Schaltungen mit spannungsabhängig überbrückten Kondensatoren

3.2.1 Prinzip

Bild 9a zeigt die Grundschaltung nach Bild 2a, ausgelegt für Widerstandssteuerung und mit der aus praktischen Gründen gemachten Annahme $U_{OK} = U_{OB}$. Der wesentliche Unterschied zu Bild 2a besteht in den Zenerdioden Z1 und Z2, die den Koppelkondensatoren C parallel geschaltet sind. Sie können in ihrer Wirkung wie die Serienschaltung einer Batterie mit der Zenerspannung U_Z und einer in Zenerdurchlaßrichtung gepolten Diode aufgefaßt werden. Z1 bzw. Z2 stellen die physikalische Realisierung der Schalterzweipole $\bar{S}_1 Z_1$ bzw. $S_1 Z_2$ aus Bild 8 dar. Ihre Funktion wird an Hand von Bild 9b erläutert.

Die Kondensatoraufladung, z. B. über die Emitter-Basisstrecke von T2, verläuft zunächst normal. Die Spannung an C steigt an (wie U_{K1}), entsprechend fällt der Basisstrom ab. Zur Zeit $t = t_Z$ jedoch erreicht die Kondensatorspannung den Wert U_{Z2}, die Zenerdiode Z2 wird leitend, beendet die Aufladung und führt bis zum Ende der Leitphase von T2 den konstanten Basisstrom $(U_{OK} - U_{Z2})/R_K$, der so zu dimensionieren ist, daß T2 übersteuert bleibt.

Die Entladephase (T1 leitend, T2 gesperrt) verläuft völlig normal, da Z2 sofort wieder sperrt, wenn U_{Z2} unterschritten wird. Dies Verhalten entspricht dem Öffnen von $\bar{S}_1$ in Bild 8.

3.2.2 Möglichkeiten der Frequenzsteuerung

In Bild 9a wird die Frequenz durch Variation der Basiswiderstände gesteuert. Da symmetrische Schaltungen betrachtet werden, ist ein Doppelpotentiometer P_B erforderlich. Die Konstanterhaltung des Tastverhältnisses erfordert, daß beide Widerstandsbahnen von P_B die gleiche Widerstandsabhängigkeit vom Drehwinkel aufweisen. Das ist — besonders bei Werten über 100 kΩ — nicht leicht zu realisiereen und zwingt zur Verwendung von teuren, z. T. abgleichfähigen Potentiometern.

Nun kann man sich überlegen, daß die Basiswiderstände jeweils während einer Halbperiode unbenutzt bleiben, da ihre früheren Aufgaben während der Leitphase von den Zenerdioden oder — wie später gezeigt — von anderen Bauelementen, übernommen werden. Man kann daher auf den einen variablen Basiswiderstand verzichten und den anderen abwechselnd dem jeweils gesperrten Transistor zuordnen. Die schaltungstechnische Realisierung zeigt Bild 10a. Von den Dioden D1 und D2 ist immer diejenige leitend, deren Anode positiv gegen Masse ist. Bild 10b bringt die zeitlichen Verläufe der Basisspannungen an T1 und T2 und darunter die Spannung am gemeinsamen Basiswiderstand (Punkt 1). Die Wiederholungsfrequenz der Sägezahnschwingung $U_1(t)$ ist doppelt so groß wie die Multivibratorfrequenz.

Bei den bislang behandelten Schaltungen ist gemäß Gl. (6) die Frequenz umgekehrt proportional dem Basiswiderstand. Es gibt aber eine Reihe von Anwendungen, wo die Steuerbarkeit der Frequenz in weiten Grenzen durch einen Strom oder eine Spannung gefordert wird — möglichst mit linearer Abhängigkeit —, wo aber die

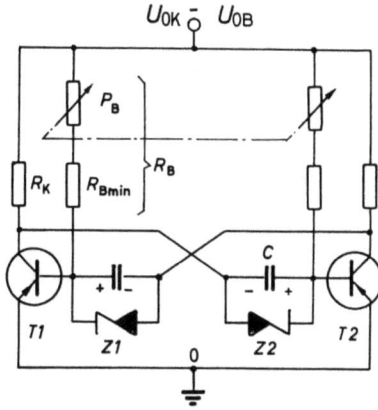

Bild 9a. Ersatz der Zweipole $Z_1 S_1$ bzw. $Z_2 \bar{S}_1$ aus Bild 8 durch die Zenerdioden Z1 und Z2.
Dimensionierung:
T1 = T2 = OC 47, Z1 = Z2 = OAZ 205 ($U_Z < 8$ V),
$U_{OK} = U_{OB1} = 8$ V, $R_K = 390\,\Omega$, $R_{B_{min}} = 1{,}6$ kΩ,
$P_B = 2 \times 2$ MΩ, $C = 3{,}3$ nF.

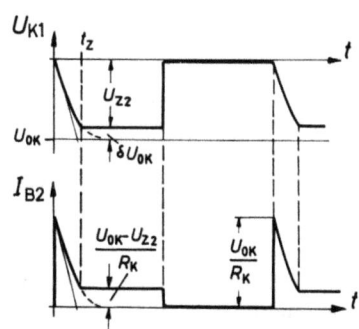

Bild 9b. Kollektorspannung an T1 und Basisstrom in T2 als Funktionen der Zeit.

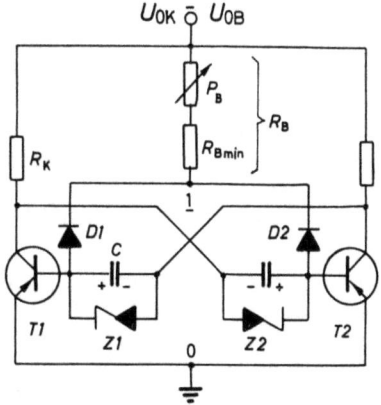

Bild 10a. Gemeinsamer Basiswiderstand $R_{B_{min}} + P_B$, abwechselnd benutzt in der Sperrphase von T1 über D1, bzw. T2 über D2. Dimensionierung wie in Bild 9a, außerdem D1 = D2 = OA 7.

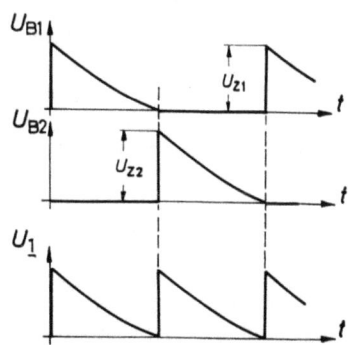

Bild 10b. Spannungsverläufe an den Basen T1 und T2 sowie am Punkt 1.

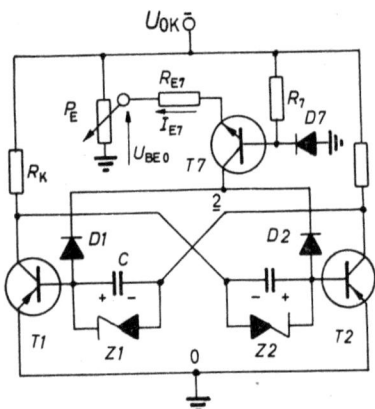

Bild 11a. Gemeinsamer Basiswiderstand, ersetzt durch npn-Transistor T 7 in Basisschaltung.
Dimensionierung wie in Bild 10a, außerdem
D 7 = OA 200, T 7 = OC 140, $R_7 = 1,5$ kΩ, $R_{E7} = 1,5$ k, $P_E = 1$ kΩ.

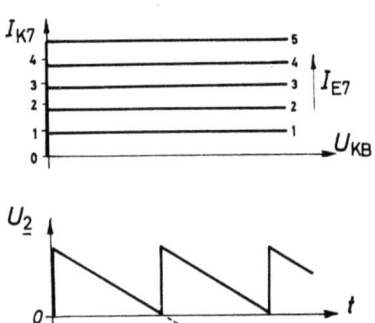

Bild 11b oben: Idealisierte Ausgangskennlinie von T 7 in Basisschaltung; unten: Spannungsverlauf am Punkt 2, ähnlich wie am Punkt 1 in Bild 10, jedoch linearer Verlauf wegen Konstantstromverhalten von T 7.

am Ende des Abschnitts 2.5.3 beschriebenen Nachteile der U_{OB}-Steuerung umgangen werden sollen.

Hier bietet die Schaltung nach Bild 11a eine Lösung. Der gemeinsame Basiswiderstand ist durch den npn-Transistor T 7 ersetzt worden. T 7 wird in Basisschaltung betrieben und hat daher über den gesamten positiven Bereich der Kollektor-Basis-Spannung eine ausgezeichnete Konstantstrom-Kennlinie (Bild 11b) oben)[3].

Da das Umschalten der Transistoren T 1 bzw. T 2 erst bei einer geringen negativen Spannung du erfolgt, zu der sich am Punkt 2 in Bild 11a noch die Öffnungsspannung der gerade leitenden Diode 1 bzw. D 2 addiert, erhält T 7 eine kleine negative Basisvorspannung U_{D7}, die über R_7 an der Siliziumdiode D 7 abfällt. D 7 hat einen kleinen differentiellen Durchlaßwiderstand, außerdem ist der Basisstrom von T 7 klein gegen den Querstrom durch R_7; daher kann die so erzeugte Vorspannung als starr angesehen werden.

Die Tatsache, daß I_{K7} nahezu spannungsunabhängig gleich dem eingeprägten Emitterstrom I_{E7} ist ($\alpha \approx 1$), hat zur Folge, daß die Kondensatorentladungen nicht mehr exponentiell wie in Bild 10b, sondern linear (Bild 11b unten) verlaufen. Entsprechend dem Ansatz in Gl. (1) gilt hier

$$U_{CA} - (1/C) \cdot I_{K7} \cdot t_1 = 0 \qquad (25)$$

---

[3]) Dieses günstige Verfahren hat bei Röhrenpentoden wegen deren relativ hoher Kniespannung keine Parallele. Außerdem sind natürlich Schaltungen, die komplementäre Transistoren benutzen, nicht in die Röhrentechnik übertragbar, da es in Röhren nur eine Sorte Ladungsträger — Elektronen — gibt.

bzw.

$$T = 2 C U_{CA} / I_{K7} \qquad (26)$$

oder

$$f = (1/2 C U_{CA}) \cdot I_{K7}. \qquad (27)$$

Gl. (27) beschreibt einen linearen Zusammenhang zwischen der Frequenz und dem Kollektorstrom von T 7. Die Kondensatoraufladespannung U_{CA} ist in der Schaltung nach Bild 11a gleich der Zenerspannung U_Z, falls $T/2 > t_Z$ war (Bild 9b). Die Kondensatorentladespannung U_{CB} — hier gleich U_{D7} — geht nicht in die Frequenz ein; sie sorgt nur dafür, daß die in Gl. (25) vorausgesetzte Konstantstrom-Eigenschaft auch im ganzen durchlaufenen U_{KB}-Bereich erfüllt ist.

Da der Eingangswiderstand eines Transistors in Basisschaltung sehr klein ist, wird der Emitterstrom im wesentlichen durch den Emittervorwiderstand R_{E7} begrenzt. Unter der Annahme $\alpha \approx 1$ gilt

$$f = (1/2 C R_{E7} U_{CA}) \cdot U_{BE0}, \qquad (28)$$

was eine lineare Frequenzabhängigkeit von der Eingangsspannung bedeutet. Gl. (28) hat dieselbe Form wie die Näherungsbeziehung (15) für Basisvorspannungssteuerung. Der Unterschied ist jedoch, daß dort — um eine Variation 1:100 zu erreichen — U_{OB} z. B. zwischen 10 und 1000 V verändert werden muß, während hier U_{BE0} den leicht zu handhabenden Bereich von z. B. 0,1 ... 10 V durchläuft.

3.2.3 Übersteuerungsbedingung

Wie bei der Grundschaltung, muß auch in der Anordnung nach Bild 10a für den leitenden Transistor die Bedingung

$$B \geqq I_{K_{max}} / I_{B_{min}} \qquad (29)$$

erfüllt sein.

Es werden

$$I_{K_{max}} = \frac{U_{OK}}{R_K} + \frac{U_Z + U_{OB}}{R_{B_{min}}}$$
$$= U_{OK} \left\{ \frac{1}{R_K} + \left(\frac{U_Z}{U_{OK}} + \frac{U_{OB}}{U_{OK}} \right) \bigg/ R_{B_{min}} \right\} \qquad (30)$$

und

$$I_{B_{min}} = \frac{U_{OK} - U_Z}{R_K} = U_{OK} \frac{(1 - U_Z/U_{OK})}{R_K}. \qquad (31)$$

und mit den Abkürzungen Gl. (20a, b) und

$$\frac{U_Z}{U_{OK}} = 1 - \delta \qquad (32)$$

(vgl. Bild 9b) erhält man

$$B \geq \frac{1 + (1/r_{m\,n}) \{(1 - \delta) + u\}}{\delta} \approx \frac{1 + (1/r_{m\,n}) (1 + u)}{\delta} \qquad (33)$$

bzw.

$$\delta \geq \frac{1 + (1/r_{min}) (1 + u)}{B}. \qquad (34)$$

Die Näherung in Bedingung (33) ist zulässig wegen

$$\delta \ll 1. \qquad (35)$$

Im Gegensatz zur Grundschaltung kann die Übersteuerungsbedingung jetzt eine Grenze für die höchste Frequenz — entsprechend r_{min} — sein. Man bestimmt r_{min} z. B. aus der unteren Kurvenschar in Bild 5 als

Funktion von u und $\varepsilon_{\max}$ und setzt den gefundenen Wert in die Beziehung (34) ein. Jetzt sind zwei Fälle möglich:

a) $\varepsilon_{\max} > \delta$, dann macht sich an der oberen Frequenzgrenze ein Amplitudenfehler $\varepsilon_{\max} - \delta$ bemerkbar,

b) $\varepsilon_{\max} \leq \delta$; es tritt kein Amplitudenfehler auf. Man kann $r_{\min}$ weiter verringern, bis $\varepsilon_{\max} = \delta$ wird.

Für diesen Sonderfall, bei dem gerade kein Amplitudenfehler auftritt, errechnet sich aus Gl. (18) ($\varepsilon_{\max} \ll 1$ im Nenner vernachlässigt) und Beziehung (34)

$$\ln\left\{\frac{1 + (1/r_{\min})(1+u)}{B}\right\} + r_{\min} \ln\left(1 + \frac{1}{u}\right) = 0. \quad (36)$$

$r_{\min}$ kann aus dieser transzendenten Gleichung nur durch numerische oder graphische Auswertung bestimmt werden. Man erhält für $u = 1$ in Abhängigkeit von B Werte nach Tafel 2.

Tafel 2

B	$r_{\min}$	$\varepsilon_{\max} = \delta$
10	2,45	18,2 %
30	4,40	4,85%
100	6,25	1,32%

Für eine Anordnung nach Bild 11a wandelt sich Gl. (30) in

$$I_{K\max} = U_{OK}/R_K + I_{K7\max} = U_{OK}/R_K + U_{BE0\max}/R_{E7}$$

und wenn, wie in Bild 11a,

$$U_{BE0\max} = U_{OK} - U_{D7} \approx U_{OK} \quad (37)$$

ist in

$$I_{K\max} \approx U_{OK}(1/R_K + 1/R_{E7}). \quad (38)$$

Man erhält in analoger Weise die Bedingung

$$B \geq \frac{1 + R_K/R_{E7}}{\delta} = \frac{1 + 1/r_E}{\delta} \quad (39)$$

bzw.

$$\delta \geq \frac{1 + 1/r_E}{B} \quad (40)$$

mit der Abkürzung

$$r_E = R_{E7}/R_K. \quad (41)$$

Aus dem gleichen Grunde wie in den Ausdrücken für die Frequenz — Gl. (27) und (28) — kommen auch hier weder U_{CB} noch u vor.

Für den Sonderfall, daß gerade kein Amplitudenfehler auftritt, d. h. $\delta = \varepsilon_{\max}$, läßt sich r_E berechnen. Gl. (28) lautet mit Gl. (37) nach der Periodendauer aufgelöst

$$T_{\min} = 2\,CR_{E7}(1 - \varepsilon_{\max}) \approx 2\,CR_{E7}. \quad (42)$$

Dies gleichgesetzt mit Gl. (16), liefert

$$\ln(1/\varepsilon_{\max}) = R_{E7}/R_K = r_E. \quad (43)$$

und ergibt mit Bedingung (40) und $\delta = \varepsilon_{\max}$

$$\ln\left\{\frac{1 + 1/r_E}{B}\right\} + r_E = 0, \quad (44)$$

Diese transzendente Gleichung liefert bei der graphischen Auswertung in Abhängigkeit von B Werte nach Tafel 3.

Tafel 3

B	r_E	$\varepsilon_{\max} = \delta$
10	1,85	15,4 %
30	3,10	4,42%
100	4,40	1,23%

Wird für $U_{BE0\max}$ eine andere Spannung als U_{OK} verwendet, so ist der Tafelwert r_E nach

$$r_E(U_{BE0\max}) = r_E(U_{BE0\max}/U_{OK}) \quad (45)$$

umzurechnen.

3.2.4 Allgemeine Eigenschaften

Obgleich die Schaltungen nach Bild 9a, 10a und 11a die Grundschaltung nur geringfügig abwandeln, lassen sich damit mit Sicherheit kontinuierlich steuerbare Frequenzvariationen bis 1 : 250 erzielen. Die Stromverstärkung der im Experiment verwendeten Transistoren lag bei 50.

Noch größere Frequenzvariationen bis über 1 : 1000 konnten erreicht werden mit auf gleiches U_Z ausgesuchten Zenerdioden und besonders kritischer Einstellung der Betriebsspannung U_{OK}. Nach den Bedingungen (33) und (39) hängt die Übersteuerung neben B unmittelbar von δ ab. Da δ aber die relative Differenz zweier nahezu gleicher Spannungen beschreibt, die Differenz von U_{OK} und U_Z, bewirkt eine geringfügige Änderung einer von beiden bereits eine sehr starke Schwankung von δ. Das kann entweder Nichterfüllung der Übersteuerungsbedingung oder starke Übersteuerung mit Umschaltverzögerung und -erschwerung infolge Speichereffekt bedeuten. Hat man im Experiment z. B. U_{OK} so gewählt, daß beide Transistoren im leitenden Zustand gerade übersteuert sind, so genügt bei der tiefsten einstellbaren Frequenz bereits eine geringfügige Erhöhung von U_{OK}, um die Schwingungen abreißen zu lassen. Dies ist ein Nachteil; hinzukommt, daß die Zenerdioden die Kollektorspannung am jeweils gesperrten Transistor stabilisieren. Hieraus folgt, daß kleine Kollektorstromschwankungen, wie sie bei sehr tiefen Frequenzen (großem R_B) beim Umschalten auftreten, schließlich nicht mehr an die Basis des gegenüberliegenden Transistors übertragen werden. Der Rückkopplungsweg ist gesperrt, der Multivibrator setzt aus.

Weiterhin wird eine absolute obere Frequenzgrenze durch die hohe Sperrkapazität der Zenerdioden, die sperrspannungsabhängig ist und in der Größenordnung 300 pF liegt, gesetzt. Daher schwingt die Schaltung auch, wenn man die Koppelkondensatoren ganz fortläßt.

3.2.5 Abwandlung der Schaltung nach Bild 10a durch Einführung von Serienwiderständen vor den Zenerdioden

Der großen Empfindlichkeit gegen Betriebsspannungsschwankungen, der Stabilisation der Kollektorspannung und der Wirkung der Zenerdioden-Sperrkapazität kann durch Einführung von Serienwiderständen R_{S1} und R_{S2} gemäß Bild 12a begegnet werden.

Der Aufladevorgang, im Beispiel von C_2, läßt sich durch die Ersatzschaltung Bild 12b beschreiben. Bild 12c zeigt den Verlauf der Kollektorspannung am gesperrten T1 mit allen für die Analysis wichtigen Beziehungen.

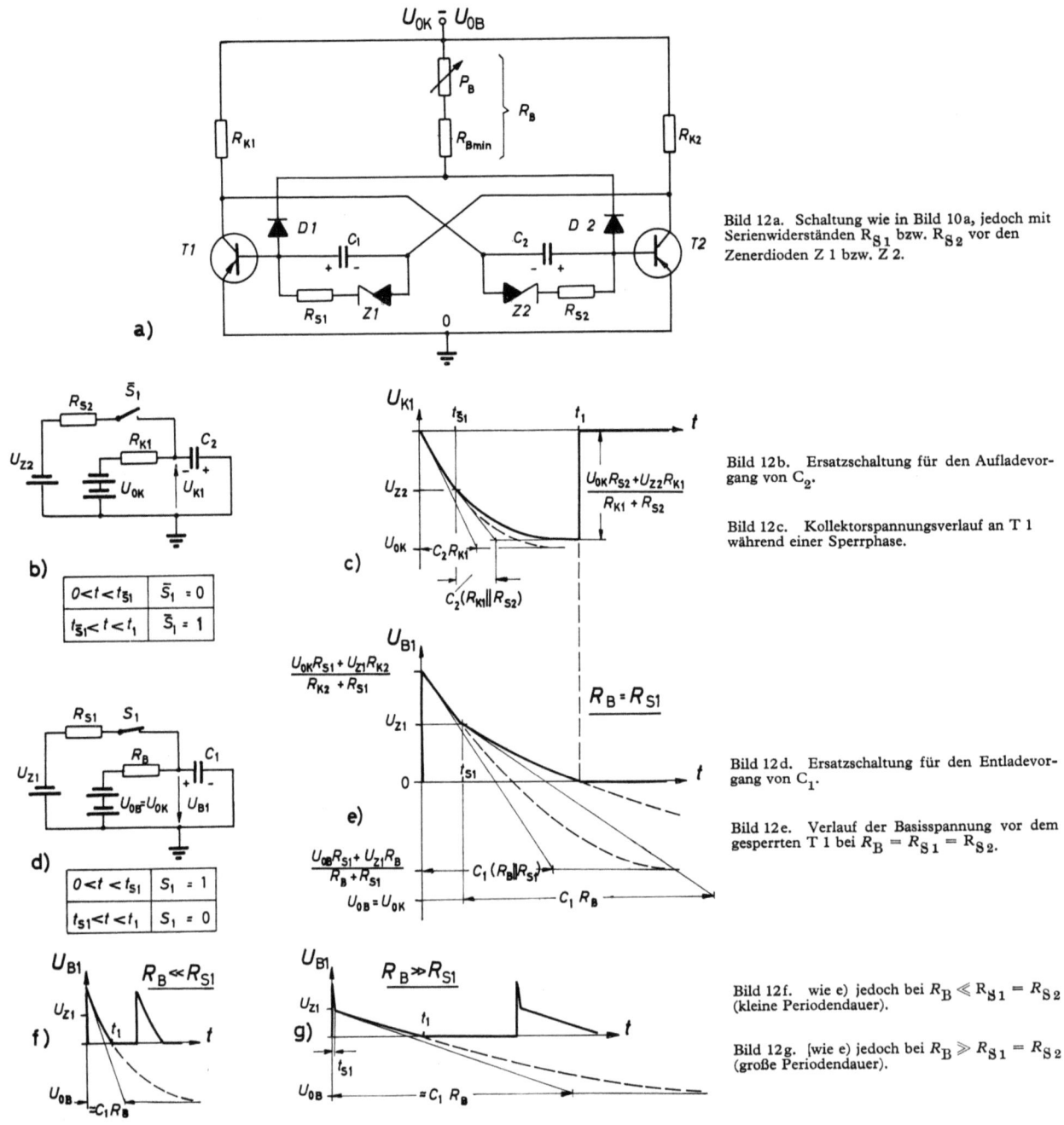

Bild 12a. Schaltung wie in Bild 10a, jedoch mit Serienwiderständen R_{S1} bzw. R_{S2} vor den Zenerdioden Z 1 bzw. Z 2.

Bild 12b. Ersatzschaltung für den Aufladevorgang von C_2.

Bild 12c. Kollektorspannungsverlauf an T 1 während einer Sperrphase.

Bild 12d. Ersatzschaltung für den Entladevorgang von C_1.

Bild 12e. Verlauf der Basisspannung vor dem gesperrten T 1 bei $R_B = R_{S1} = R_{S2}$.

Bild 12f. wie e) jedoch bei $R_B \ll R_{S1} = R_{S2}$ (kleine Periodendauer).

Bild 12g. [wie e) jedoch bei $R_B \gg R_{S1} = R_{S2}$ (große Periodendauer).

Im Zeitbereich $0 < t < t_{\bar{S}1}$ lädt sich C_2 wie gewohnt mit der Zeitkonstante $C_2 R_{K1}$ gegen U_{OK} auf. Bei $t = t_{\bar{S}1}$ wird U_{Z2} erreicht; Z 2 wird leitend, was dem Schließen von $\bar{S}_1$ in Bild 12b entspricht. Die Aufladung geht nun weiter mit der kleineren Zeitkonstante $C_2\,(R_{K1}\|R_{S2})$ gegen eine Endspannung, die zwischen U_{Z2} und U_{OK} liegt. Da aber $R_{S2} \gg R_{K1}$ ist, liegt diese Endspannung nahe bei U_{OK}; auch die Zeitkonstante hat sich kaum verkleinert. Überhaupt unterscheidet sich der Aufladevorgang nur unwesentlich von einem ohne Zenerdioden.

Der statische Basisstrom beträgt jetzt:

$$I_{B_{\min}} = (U_{OK} - U_Z)/(R_K + R_S), \qquad (46)$$

und da infolge R_S die Betriebsspannung U_{OK} merklich verschieden von der Zenerspannung U_Z sein darf — in Bild 12c ist $U_{OK} = 2 U_{Z2}$ —, machen sich U_{OK}-Schwankungen nicht mehr so stark in $I_{B_{\min}}$ bemerkbar.

Die Nachteile der Einführung von R_S zeigen sich erst beim Entladevorgang (Bilder 12d und e). Dieser setzt sich aus zwei Teilen zusammen: zunächst — $(0 < t < t_{S1})$ — einem steilen mit der Zeitkonstante $C_1\,(R_B\|R_{S1})$ und dann, wenn $U_{B1} < U_{Z1}$ geworden ist ($t_{S1} < t < t_1$), einem flachen mit der Zeitkonstante $C_1 R_B$. Abgesehen davon, daß nun eine lineare Frequenzsteuerung, wie in Bild 11a beschrieben, nicht mehr möglich ist, verkleinert sich die maximal erzielbare Frequenzvariation durch eine gegenläufige Spannungssteuerung.

In Bild 12f ist der Fall $R_B \ll R_{S1}$ dargestellt. Die Entladung wird praktisch nicht durch den Nebenschluß Z 1/R_{S1} während $0 < t < t_{S1}$ beeinträchtigt. Es gilt in guter Näherung

$$T_{\min} = 2\,C\,R_{B_{\min}} \cdot \ln\,(1 + U_{OK}/U_{OB}). \qquad (47)$$

Den umgekehrten Fall, $R_B \gg R_{S1}$, zeigt Bild 12g. Nun ist der steile Entladevorgang, der bis $t = t_{S1}$ dauert, vernachlässigbar klein gegen t_1 geworden, so daß er bei der Berechnung der Periodendauer außer acht gelassen werden kann. Es gilt wieder in guter Näherung

$$T_{\max} = 2\,C\,R_{B_{\max}} \cdot \ln\,(1 + U_Z/U_{OB}), \qquad (48)$$

was bedeutet, daß als Kondensatoraufladespannung nur U_Z wirksam war. Man erhält als Frequenzvariation

$$\frac{T_{\max}}{T_{\min}} = \frac{R_{B_{\max}}}{R_{B_{\min}}} \cdot \frac{\ln(1 + U_Z/U_{OB})}{\ln(1 + U_{OK}/U_{OB})} < \frac{R_{B_{\max}}}{R_{B_{\min}}} \quad (49)$$

da wegen $U_Z < U_{OK}$ der Logarithmenterm < 1 ist.

Die gegenläufige Spannungssteuerung macht die Vorteile von R_S unwirksam. Daher wird in diesem Zusammenhang auf eine weitergehende Analysis verzichtet. Sie würde wegen des uneinheitlichen Entladevorganges ziemlich unübersichtlich.

3.2.6 Anordnung mit umschaltbaren Kollektorwiderständen

Eine Schaltung, die außer spannungsabhängig überbrückten Kondensatoren auch noch umschaltbare Kollektorwiderstände benutzt — entsprechend $\overline{S}_3$ und R'_{K1} bzw. S_3 und R'_{K2} in Bild 8 —, zeigt Bild 13a. Sie kommt zwar für eine lineare Frequenzsteuerung nicht in Frage, da neben der Widerstandssteuerung eine gleichläufige Spannungssteuerung auftritt, liefert aber gerade deshalb ohne Schwierigkeiten eine Frequenzvariation von mehr als 1:1000. Da der jeweils gesperrte Transistor beim Übergang in den leitenden Zustand einen großen Kollektorwiderstand, nämlich R'_K, sieht, ist das Umschaltverhalten auch bei sehr großem R_B (tiefen Frequenzen) ausgezeichnet. Die beiden Betriebsspannungen U_{OK1} und U_{OK2} sowie U_Z liegen weit genug auseinander — im Beispiel $U_{OK1} = 1/2\,U_Z = 1/3\,U_{OK2}$ —, um die Schaltung unempfindlich gegen Spannungsschwankungen zu machen.

3.2.6.1 Die Funktion läßt sich am Beispiel des Aufladevorganges von C_2 verfolgen (Bild 13b). Zunächst

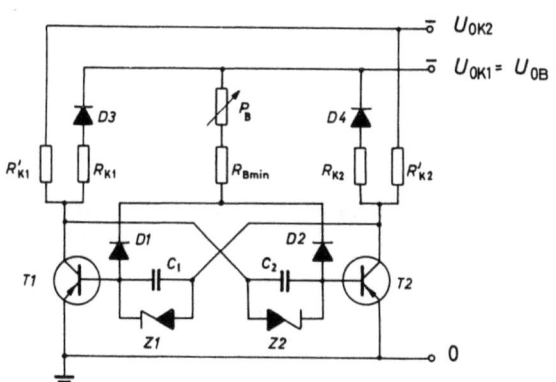

Bild 13a. Schaltung wie in Bild 10a, jedoch zusätzlich Ersatz der Schalter S_3 bzw. $\overline{S}_3$ aus Bild 8 durch die Dioden D 3 bzw. D 4. Dimensionierung wie in B ld 10a, außerdem D 3 = D 4 = OA 7, $R'_{K1} = R'_{K2} = 15\,k\Omega$, $U_{OK1} = 4\,V$, $U_{OK2} = 12\,V$.

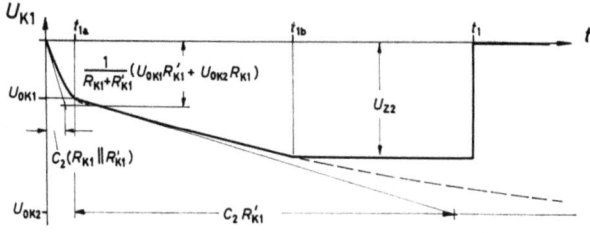

Bild 13b. Kollektorspannungsverlauf an T 1 während einer Sperrphase.

lädt sich C_2 mit der Zeitkonstante $C_2(R_{K1}\|R'_{K1})$ gegen eine Spannung auf, die zwischen U_{OK1} und U_{OK2} — aber wegen $R'_{K1} \gg R_{K1}$ — sehr nahe an U_{OK1} liegt. Zur Zeit $t = t_{1a}$ erreicht die Kondensatorspannung den Wert U_{OK1}, Diode D3 sperrt und trennt den kleinen Kollektorwiderstand R_{K1} ab. Dies entspricht dem Öffnen des Schalters $\overline{S}_3$ in Bild 8. Jetzt ist nur noch der große Widerstand R'_{K1} wirksam, die Auflading schreitet mit der Zeitkonstante $C_2 R'_{K1}$ gegen U_{OK2} hin fort. Bei $t = t_{1b}$ und U_{Z2} wird dieser Vorgang durch das Leitendwerden von Z2 begrenzt.

Der Entladevorgang bietet keine Besonderheiten, er entspricht dem in Bild 10b beschriebenen. Es ist lediglich zu beachten, daß im Zeitbereich $t_{1a} < t_1 < t_{1b}$ die Kondensatoraufladespannung U_{CA} zwischen U_{OK1} und U_{Z2} (allgemein wegen Symmetrie $= U_Z$) schwankt.

3.2.6.2 Die Frequenzsteuerung setzt sich daher aus einer Widerstands- und einer gleichläufigen Spannungssteuerung zusammen. Man erhält nach Gl. (6)

$$T_{\min} = 2\,t_{1a} = 2\,C\,R_{B_{\min}} \ln(1 + U_{OK1}/U_{OB}) \quad (50)$$

und

$$T_{\max} = 2\,C\,R_{B_{\max}} \ln(1 + U_Z/U_{OB}) \gtrless 2\,t_{1b} \quad (51)$$

und hieraus die Frequenzvariation

$$\frac{T_{\max}}{T_{\min}} = \frac{R_{B_{\max}}}{R_{B_{\min}}} \cdot \frac{\ln(1 + U_Z/U_{OB})}{\ln(1 + U_{OK1}/U_{OB})} > \frac{R_{B_{\max}}}{R_{B_{\min}}}, \quad (52)$$

da wegen $U_Z > U_{OK1}$ der Logarithmenterm > 1 ist.

3.2.6.3 Für die Übersteuerungsbedingung gilt wieder Gl. (29). Es werden, mit $R'_K \| R_K \approx R_K$,

$$I_{K_{\max}} = \frac{U_{OK1}}{R_K} + \frac{U_{OK1} + U_{OB}}{R_{B_{\min}}} = U_{OK1}\frac{1}{R_K} + \frac{1 + U_{OB}/U_{OK1}}{R_{B_{\min}}} \quad (53)$$

und

$$I_{B_{\min}} = \frac{U_{OK2} - U_Z}{R'_K} = U_{OK1}\frac{U_{OK2}/U_{OK1} - U_Z/U_{OK1}}{R'_K}. \quad (54)$$

Gl. (29) lautet mit den Abkürzungen Gl. (20a) und

$$U_Z/U_{OK1} = 1 + \delta_1; \quad U_{OB}/U_{OK1} = u_1; \quad (55\text{a, b})$$

$$U_{OK2}/U_{OK1} = v; \quad R'_K/R_K = r' \quad (55\text{c, d})$$

$$B \geq \frac{r'\{1 + (1/r_{\min})(1 + u_1)\}}{v - (1 + \delta_1)}. \quad (56)$$

Wählt man, wie im Beispiel

$$U_{OK2} - U_Z = U_Z - U_{OK1}$$

und

$$U_Z = 2\,U_{OK1},$$

dann werden $\delta_1 = 1$ und $v = 3$. Bedingung (56) vereinfacht sich zu

$$B \geq r'\{1 + (1/r_{\min})(1 + u_1)\} \quad (57)$$

und ist damit völlig equivalent der Beziehung (33), wenn man

$$r' = \frac{1}{\delta} \quad (58)$$

setzt. Hier wird unmittelbar der Vorteil der neuen Schaltung deutlich: das stark spannungsabhängige δ ist durch das konstante Widerstandsverhältnis R'_K/R_K ersetzt worden.

Für die Bestimmung von r_{min} gilt Gl. (36) mit Gl. (58) sinngemäß. Es wird $r' = 1/\varepsilon_{max}$, wobei ε_{max} hier den maximalen relativen Amplitudenfehler bezogen auf U_{OK1} bezeichnet.

3.3 Schaltung mit einer Kombination von astabilem und bistabilem Multivibrator

3.3.1 Prinzip

Die Anordnung ist in Bild 14a dargestellt. T1 bzw. T2 gehören zum astabilen Teil. Der Rückkopplungsweg schließt sich über Emitterfolger T5 bzw. T6, die erlauben, R_K zur Erzielung günstigen Umschaltverhaltens bei tiefen Frequenzen (großem R_B) relativ hoch zu wählen, während R_E für kurze Aufladezeiten klein sein darf.

T3 bzw. T4 bilden den bistabilen Teil und übernehmen die Funktion der Schalter S2 bzw. S2 aus Bild 8.

Solange z. B. ein genügend großer Aufladestrom aus der Basis von T2 herausfließt, ist dieser Transistor übersteuert. In dem Maße, wie der Ladestrom abklingt, wird der Emitter von T5 negativer. Damit schaltet T4 über R_p ein und hält den T2 und T4 gemeinsamen Kollektor weiter auf Massepotential, wenn T2 wieder sperrt.

Eine Übersteuerungsbedingung existiert nur für den bistabilen Multivibrator. Über seine Dimensionierung existiert reichhaltiges Schrifttum, so daß hier auf eine Analysis verzichtet werden kann. Der Einfluß des über D1 bzw. D2 fließenden Entladestromes braucht wegen der Entkopplung durch die Emitterfolger nicht berücksichtigt zu werden.

3.3.2 Umschalteigenschaften

Der Einschaltbefehl (Sperrphase → Leitphase) wird mittels der Koppelkondensatoren C über T1 bzw. T2 übertragen, während T3 bzw. T4 erst mit Ablauf des Aufladevorganges nachziehen und den Zustand aufrechterhalten.

Den Ausschaltbefehl (Leitphase → Sperrphase) hingegen übertragen T3 bzw. T4, da die ihnen parallel geschalteten T1 bzw. T2 in dieser Zeit schon völlig oder teilweise nichtleitend sind. T3 bzw. T4 erhalten den Ausschaltbefehl über C_S, dessen Ladung dazu dient, die während der Leitphase gespeicherte Basisladung schnellstens zu neutralisieren. Hier liegt ein Vorteil: bei der Grundschaltung muß diese Neutralisationsladung den Koppelkondensatoren C entnommen werden. Dementsprechend steht mit Beginn der Entladephase nur eine etwas kleinere Spannung als U_{CA} zur Verfügung, was sich in einer entsprechend kleineren Periodendauer, als nach Gl. (6) zu erwarten, bemerkbar macht. Da die Größe der benötigten Neutralisationsladung mit von der Stromverstärkung abhängt, entsteht so eine unerwünschte Abhängigkeit von den Transistorparametern. Dieser Effekt verschwindet nur dann, wenn die Basiskapazität bei Übersteuerung sehr klein gegen C gemacht werden kann.

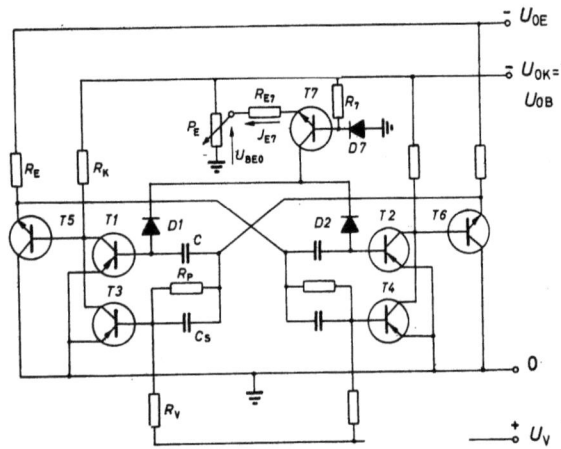

Bild 14a. Ersatz der Schalter S_2 bzw. $\overline{S}_2$ aus Bild 8 durch die Transistoren T3 bzw. T4, die einen bistabilen Multivibrator bilden.
Die Wirkung der Schalter S_3 bzw. $\overline{S}_3$ wird hier durch die npn-Emitterfolger T5 bzw. T6 erzielt. Dimensionierung wie in Bild 11a, außerdem $R_E = 820\,\Omega$, $R_K = 2{,}7\,\mathrm{k}\Omega$, $R_p = 120\,\mathrm{k}\Omega$, $R_V = 2{,}2\,\mathrm{M}\Omega$, $C_S = 270\,\mathrm{pF}$, T3 = T4 = OC 47, T5 = T6 = OC 140, $U_{OE} = -16\,\mathrm{V}$, $U_{OK} = -8\,\mathrm{V}$, $U_V = +8\,\mathrm{V}$.

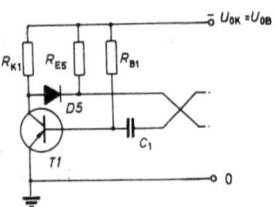

Bild 14c. Abwandlung des linken Teils der Grundschaltung (Bild 2a) durch Einführung der Diode D5 und des Widerstandes R_{E5} zur Erzielung einer Rechteckspannung mit zwei steilen Flanken am Kollektor von T1.
Dimensionierung: $R_{E5} = R_{K2}$, $R_{K1} \approx 7\,R_{E5}$.

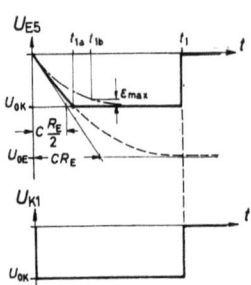

Bild 14b. Ausgangsspannung des Emitterfolgers T5 bei $U_{OE} = 2\,U_{OK}$ (ausgezogene Kurve) und $U_{OE} = U_{OK}$ (strichpunktierte Kurve); darunter Rechteckspannung mit zwei steilen Flanken am Kollektor von T1.

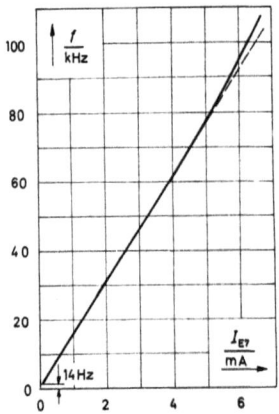

Bild 14d. Gemessener (ausgezogene Kurve) und errechneter (gestrichelte Kurve) Verlauf der Frequenz als Funktion der Zeit.

3.3.3 Ausgangsspannungen

Im gleichen Augenblick, in dem z. B. T3 sperrt, beginnt der Aufladevorgang von C über R_E abzulaufen. Man erhält am Emitter von T5 eine exponentiell abfallende Spannung, wie in Bild 14b durch die strichpunktierte Kurve angedeutet. Solange U_{E5} positiver als U_{OK} ist, bleibt die Emitter-Basis-Diode von T5 gesperrt. Man erhält daher am gemeinsamen Kollektoranschluß von T1 und T3 eine Spannung U_{K1}, die außer der von Natur aus steilen positiven Flanke auch eine steile negative Flanke besitzt (Bild 14b unten).

Ein solcher Kollektorspannungsverlauf ist auch mit der Grundschaltung zu erzielen, wenn man nach Bild 14c die Diode D5 und den Widerstand R_{E5} einführt. Der Aufladestrom des (nicht gezeichneten) C_2 kann jetzt nur über R_{E5} fließen, da D5 gesperrt ist. Man erhält an R_{K1} und R_{E5} Kurvenformen entsprechend Bild 14b.

Zweckmäßig werden $R_{K1} \approx 7 R_{E5}$ und $R_{K1}//R_{E5} \approx R_{E5} = R_{K2}$ gewählt. R_{K1} soll groß gegen R_{E5} sein, um die Schaltungssymmetrie nicht zu stören, jedoch ist eine Vergrößerung über den angegebenen Wert nicht empfehlenswert, da dann

a) infolge der unvermeidbaren Streukapazitäten die Steilheit der negativen Flanke leidet und

b) der Innenwiderstand, den ein am Kollektor angeschlossener Verbraucher sieht, in der Sperrphase unnötig groß wird.

Experimentell wurden in der angegebenen Dimensionierung etwa gleiche Anstiegszeiten von 80...100 ns für beide Flanken gefunden.

3.3.4 Aufladebegrenzung

In der Schaltung nach Bild 14a sind zwei verschiedene negative Betriebsspannungen $|U_{OE}| > |U_{OK}|$ verwendet worden. Im Beispiel ist $U_{OE} = 2 U_{OK}$. Die Aufladung von C läuft über R_E mit der Zeitkonstante CR_E nach U_{OE} und wird mit dem Leitendwerden der Emitter-Basis-Diode von T5 auf U_{OK} begrenzt (ausgezogene Kurve in Bild 14b oben). Dies bringt eine Verringerung von $\frac{T_{min}}{2}$ auf t_{1a} gegenüber t_{1b}, wo in konventioneller Weise bei gleicher Strombelastung für T5 mit $C\frac{R_E}{2}$ gegen $U_{OK} = \frac{1}{2} U_{OE}$ aufgeladen wurde (strichpunktierte Kurve).

Der relative Zeitgewinn t_{1b}/t_{1a}, um den sich T_{max}/T_{min} dadurch theoretisch vergrößert, ist in Abhängigkeit von ε_{max} und U_{OE}/U_{OK} in Tafel 4 zusammengestellt. Praktisch kommt man mit t_1 nicht ganz an t_{1a} heran, da beim Schalten unmittelbar nach Aufladeende wegen der vorhergegangenen Übersteuerung eine gewisse zusätzliche Speicherzeit verstreicht. Es tritt kein Amplitudenfehler auf.

Tafel 4

$\dfrac{U_{OE}}{U_{OK}}$	Relativer Zeitgewinn gegenüber normaler Aufladung mit		
	$\varepsilon = 1\%$	$\varepsilon = 3\%$	$\varepsilon = 10\%$
1	0	0	0
2	3,32	2,52	1,66
3	3,79	2,87	1,89

Man kann eine Aufladebegrenzung auch ohne Emitterfolger mit Haltedioden erreichen. Dies führt jedoch wieder zu Kollektor-Spannungsstabilisierung — ähnlich wie bei Verwendung von Zener-Dioden — und bewirkt Schwingungsaussatz bei tiefen Frequenzen.

3.3.5 Frequenzsteuerung

Zur Frequenzsteuerung sind alle im Zusammenhang mit den in Bild 9a, 10a und 11a beschriebenen Verfahren brauchbar. Bei Verwendung der in Bild 14a benutzten Version konnte gemäß Bild 14d eine Frequenzvariation von 14 Hz/108 kHz = 1 : 7700 erzielt werden. Der lineare Bereich erstreckte sich von 14 Hz bis etwa 70 kHz, was einer Variation von 1 : 5000 entspricht.

Die Abweichung von der Linearität oberhalb 70 kHz liegt daran, daß die Basiszonen von T1 bzw. T2 noch nicht die ganze Speicherladung zum Kollektor abgeführt hatten, als der Sperrbefehl kam. Damit wurde auch in dieser Schaltung von C zunächst eine Neutralisationsladung entnommen, was — wie in Abschnitt 3.3.2 beschrieben — zu überproportionaler Frequenzerhöhung führt.

In Bild 14d ist auf der Abszisse der Emitterstrom I_{E7} aufgetragen worden. Nimmt man statt dessen die Eingangsspannung U_{BE0}, dann erhält man ebenfalls einen linearen Verlauf bis auf das Gebiet sehr kleiner Spannungen und Ströme, wo der Eingangswiderstand der Basisschaltung nicht mehr gegen R_{E7} vernachlässigbar ist.

3.4 Schaltung mit widerstandsüberbrückten Kondensatoren

Das Schaltbild zeigt Bild 15a. Es erinnert — bis auf das Umschaltgatter für R_B, das an einer negativen Spannung liegt — an einen bistabilen Multivibrator. Da keine zusätzlichen Schalter vorkommen, ist das Prinzip nicht an Hand des Bildes 8 zu erklären.

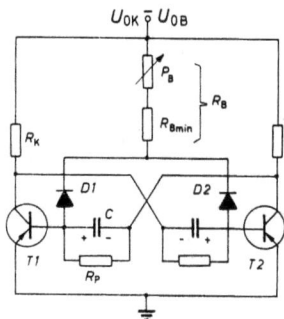

Bild 15a. Multivibratorschaltung mit Parallelwiderständen R_p über den Koppelkondensatoren C.
Dimensionierung wie in Bild 10a, außerdem $R_p = 12$ kΩ.

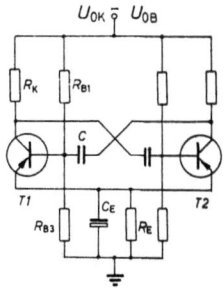

Bild 15b. Häufig benutzte Multivibratorschaltung zur Gewährleistung sicheren Anschwingens.

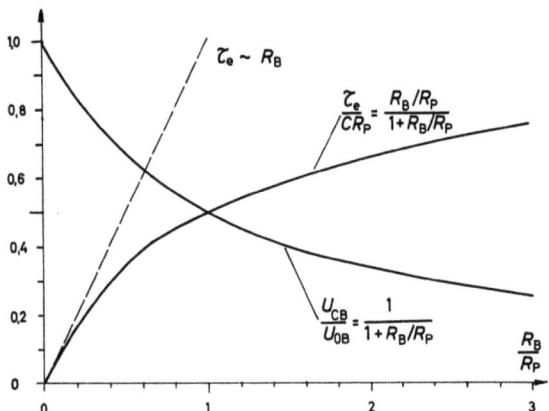

Bild 15c. Entladezeitkonstante τ_e und Kondensatorentladespannung U_{CB} als Funktion des Basiswiderstandes R_B. Vergrößerung von R_B vergrößert τ_e und verkleinert U_{CB}; beides wirkt frequenzerniedrigend (Zwei-Parameter-Steuerung).

3.4.1 Übersteuerungsbedingung

In ähnlicher Weise wie bei den in Abschnitt 3.2 besprochenen Schaltungen die Zenerdioden, sorgen hier die Parallelwiderstände R_P für die Erfüllung der Übersteuerungsbedingung Gl. (29). Mit

$$I_{K_{max}} = \frac{U_{OK}}{R_K} + \frac{U_{OK} \cdot R_P/(R_P + R_K) + U_{OB}}{R_{B_{min}}}$$

$$= U_{OK} \left\{ \frac{1}{R_K} + \frac{R_P/(R_P + R_K) + U_{OB}/U_{OK}}{R_{B_{min}}} \right\} \quad (59)$$

und

$$I_{B_{min}} = U_{OK}/(R_P + R_K) \quad (60)$$

wird

$$B \geq \frac{R_P + R_K}{R_K} + \frac{R_P + U_{OB}/U_{OK}) R_P + R_K}{R_{B_{min}}}. \quad (61)$$

Dieser Ausdruck vereinfacht sich, da

$$R_K \ll R_P \quad (62)$$

vernachlässigt werden kann mit

$$R_P/R_K = r_P \quad (63)$$

und Gl. (20 a, b) zu

$$B \geq r_P \left(1 + (1 + u)/r_{min} \right). \quad (64)$$

Bedingung (64) ist ebenso wie Bedingung (57) äquivalent der Beziehung (33), nur muß jetzt

$$r_P = 1/\delta \quad (65)$$

gesetzt werden.

Für die Bestimmung von r_{min} ist Gl. (36) mit Gl. (58) sinngemäß anzuwenden. Es wird $r_P = 1/\varepsilon_{max}$.

3.4.2 Frequenzsteuerung

Für die Periodendauer gilt Gl. (6), wobei wegen Vernachlässigung (62)

$$U_{CA} = U_{OK}(1 - \varepsilon) \quad (66)$$

und wegen Spannungsteilung zwischen R_P und R_B

$$U_{CB} = U_{OB} \cdot R_P/(R_P + R_B) \quad (67)$$

gesetzt ist. Bei der Entladung liegen R_P und R_B parallel, so daß

$$\tau_e = C \cdot R_P R_B/(R_P + R_B) \quad (68)$$

wird. Man erhält ohne Berücksichtigung von ε

$$T' = 2C \cdot R_P R_B/(R_P + R_B)$$

$$\ln \{1 + U_{OK}/U_{OB} \cdot (R_P + R_B)/R_P\}. \quad (69)$$

Gl. (67) und Gl. (68) sind, normiert auf U_{OB} bzw. CR_P, in Bild 15c als Funktion von R_B/R_P aufgetragen. Mit R_B steigt τ_e, während U_{CB} fällt. Beides trägt zur Erhöhung der Periodendauer bei; zur Widerstandssteuerung tritt eine gleichläufige Spannungssteuerung.

Bild 16 zeigt die durch Gl. (69) beschriebene Periodendauerfunktion im doppellogarithmischen Maßstab und in der nachstehend angegebenen Normierung.

$$\frac{T'}{2C \cdot R_P R_K/(R_P + R_K)} = r \cdot \frac{r_P + 1}{r_P + r} \ln \left\{ 1 + \frac{1}{u}\left(1 + \frac{r}{r_P}\right) \right\}. \quad (70)$$

Weiterhin ist $\dfrac{T_{min}}{2C \cdot R_P R_K/(R_P + R_K)} = f(\varepsilon_{max})$ nach Gl. (16) eingetragen, so daß aus Bild 16 auch r_{min} abzulesen ist.

Im Gebiet $r \ll r_P$ liegt hauptsächlich Widerstandssteuerung vor (linearer Verlauf), während im Bereich $r \gg r_P$ wenn $\tau_e \to CR_P$ strebt, die Periodendaueränderung im wesentlichen auf Spannungssteuerung beruht. Bei $r \gg r_P$ wird dT'/dr mit r kleiner, die Steuerung also immer weniger effektiv. Daher ist r_P so groß wie durch die Stromverstärkung möglich zu wählen.

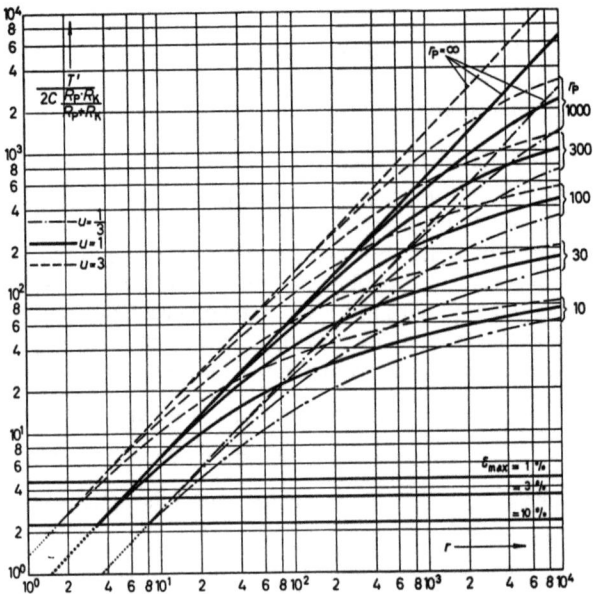

Bild 16. Relative Periodendauer als Funktion des relativen Basiswiderstandes für verschiedene Werte von u und r_P.

Weil hier die Spannungssteuerung auf Verkleinerung von U_{CB} beruht, leidet nach Gl. (9) auch die Stabilität. Den angedeuteten Nachteilen steht ein außerordentlich geringer Aufwand gegenüber. In der angegebenen Dimensionierung war bei $B \approx 50$ die erzielbare Frequenzvariation besser als 1 : 50. Sie befand sich in guter Übereinstimmung mit den theoretisch erwarteten Werten.

3.4.3 Anschwingen

Die Grundschaltung nach Bild 2a erlaubt neben dem astabilen Zustand auch einen stabilen und zwar dann, wenn beide Transistoren gleichzeitig übersteuert sind. Dies führt in der Praxis zu der unangenehmen Erscheinung, daß ein Multivibrator beim Einschalten nicht sicher anschwingt, sondern gleich in die stabile Lage übergeht. Um dies zu vermeiden, wird häufig eine Schaltung nach Bild 15 b verwendet. Dabei sind R_{B1} und R_{B3} so dimensioniert, daß die Kondensatorenentladespannung U_{CB} positiv würde, wenn T 1 und T 2 gleichzeitig übersteuerten und sich der Spannungsabfall an R_E damit verdoppelte.

Auf diese Weise werden T 1 und T 2 zwangsläufig in den aktiven Bereich zurückgebracht, wo die Anschwingbedingung (Rundverstärkung ≥ 1) erfüllt ist.

Die Schaltung hat zwei Nachteile:

a) als Ausgangsspannung steht nur die Differenz zwischen Betriebsspannung und Abfall an R_E zur Verfügung,

b) bei tiefen Frequenzen wird für C_E ein Elektrolytkondensator erforderlich, was aus Lebensdauergründen besonders bei kommerziellen Anwendungen unerwünscht ist.

Beschränkt man sich in der Schaltung nach Bild 15 a auf eine Frequenz ($R_B =$ konst.), so kann die Anordnung ebenfalls für sicheres Anschwingen dimensioniert werden, ohne die erwähnten Nachteile aufzuweisen. Zudem benötigt man ein Bauelement weniger.

Wären in Bild 15 a T 1 und T 2 gleichzeitig übersteuert, dann könnten die beiden Parallelwiderstände R_P nichts zum Basisstrom I_B beitragen. Die Kollektoren liegen ja auch an Masse; genau genommen sind sie sogar etwas positiv gegen die Basen. I_B müßte also über die gleichzeitig geöffneten Dioden D 1 und D 2 in R_B fließen. Nun kann natürlich R_B so groß gemacht werden, daß I_B nicht ausreicht, um beide Transistoren zu übersteuern. Damit wird derselbe Effekt erreicht wie in der Schaltung nach Bild 15 b.

4. Anwendungen

Für Multivibratoren mit großen, kontinuierlich steuerbaren Frequenzvariationen gibt es viele Anwendungen, z. B.:

a) als billiger Impulsgenerator für allgemeine Meß- und Prüfzwecke. Auf Bereichsumschaltung kann verzichtet werden.

In der digitalen Meß- und Regelungstechnik

b) als variabler Sollfrequenzgeber,

c) als Strom-, Frequenz- bzw. Spannungs-Frequenzwandler wegen der gut linearen Steuerkennlinie,

d) in digitalen Regelkreisen, zur aperiodischen Frequenzmultiplikation durch Frequenzteilung im Rückführzweig [15, 16].

Selbstverständlich sind die am astabilen Multivibrator gezeigten Prinzipien auch auf den monostabilen Typ sinngemäß anwendbar. Der Frequenzvariation entspricht dann eine Variation der Verzögerungszeit.

Der Verfasser dankt an dieser Stelle seinen Mitarbeitern *B. Dreher* und *J. Schwake* für die Durchführung der Experimente und Messungen sowie die Anfertigung der Zeichnungen.

Schrifttumsverzeichnis

[1] W. H. *Eccles* und F. W. *Jordan:* A trigger relay utilising three electrode thermionic vacuum tube. Radio Rev. 1 (1919), S. 143.

[2] F. W. *Weitzsch:* p-n-p-Flächentransistoren-Kompendium, Teil II. VALVO-Ber. 3 (1957), S. 131—133.

[3] J. *Dosse:* Der Transistor. 3. Aufl., S. 208—211. R. Oldenbourg, München 1959.

[4] F. *Abraham* und E. *Bloch:* Mesure en valeur absolue des périodes des oscillations électrique de haute fréquence. Ann. Chim. et Phys. 12 (1919), S. 237.

[5] F. *Bregmann:* Counting circuits equipped with transistors. Unveröffentlichter Philips-Bericht (Nat. Lab. Verslag Nr. 3506 vom 8. 7. 1959).

[6] P. A. *Neeteson:* Analysis of bistable multivibrator operation. 2. Aufl. Philips' Technical Library, Eindhoven (Holland) 1960 (1. Aufl. 1956).

[7] G. *Kohn:* Die Beschreibung des Umklappvorganges beim Multivibrator. Arch. elektr. Übertr. 14 (1960), S. 193—203.

[8] R. *Theile* und R. *Filipowski:* Der Multivibrator. FTM (1942), S. 33—44.

[9] R. C. *Foss* und M. F. *Sizmur:* Multivibrator design. Wirel. World (1961), S. 221—224, S. 257—260.

[10] D. E. *Haselwood:* Monostable multivibrators with stable delay times. Electronics 34 (1961), S. 64—65.

[11] G. *Haas:* Grundlagen und Bauelemente elektronischer Ziffernrechenmaschinen. 1. Aufl., S. 166 f., Philips Technische Bibliothek, Eindhoven (Holland) 1961.

[12] P. A. *Neeteson:* Flächentransistoren in der Impulstechnik. Philips Technische Bibliothek, Eindhoven (Holland) 1960.

[13] G. *Linckelmann:* Frequenzsteuerung und Frequenzschwankungen des astabilen Multivibrators. Arch. elektr. Übertr. 14 (1960), S. 299—313.

[14] SIEMENS-Halbleiter, Schaltbeispiele, 2. Aufl. S. 57—61. Siemens & Halske AG, Berlin und München 1959.

[15] C.-E. *Nourney:* Ein digitaler Regelkreis zur Gewinnung einer großen Anzahl feinstufig einstellbarer Frequenzen. Teil I, Regelungstechnik 8 (1960), S. 345—348.

[16] W. *Oppelt:* Kleines Handbuch technischer Regelvorgänge. 3. Aufl. S. 590. Anmerkung 60, 4, Verlag Chemie GmbH., Weinheim/Bergstraße 1960.

[17] E. *Schurig:* „UZ 71" — Ein neuer Universalzähler. Elektron. Rdsch. 16 (1962), S. 11—114.

Großsignalsinusverhalten von Legierungstransistoren bei hohen Frequenzen*)

Von R. Paul

Mitteilung aus dem Institut für Allgemeine Elektrotechnik der Technischen Universität Dresden

Mit 7 Bildern

DK 621.382.3 : 621.391.832

Bisher wurde die Untersuchung der Großsignalsinussteuerung von Transistoren aus verschiedenen Gründen gewöhnlich auf tiefe Frequenzen beschränkt [1, 2, 3, 4]. In diesem Fall quasistatischen Verhaltens besteht keine zeitliche Phasenverschiebung zwischen Ursache und Wirkung, nur die Kurvenformen der Ströme und Spannungen sind verzerrt. Die Verzerrungen selbst werden durch den Klirrfaktor gekennzeichnet. Ihre Berechnung basiert gewöhnlich auf einer *Taylor*entwicklung um einen gewählten Arbeitspunkt unter der Annahme, daß die Verzerrungen nicht sehr groß sind oder bei großen Verzerrungen auf graphischen Methoden. Wegen des formal mathematischen Berechnungscharakters fehlt jede Beziehung zu den physikalischen Vorgängen im Transistor.

Zur Untersuchung der Nichtlinearitäten bei zeitlichen Phasenverschiebungen zwischen Ursache und Wirkung kann die *Taylor*entwicklung nicht verwendet werden, weil sie letztlich auf der Gleichstromlösung des Transistorverhaltens beruht. Auf Ausschau nach neuen Methoden haben *Akgün* und *Strutt* [6] versucht, aus der physikalischen Wirkungsweise des Transistors die Verzerrungen bei höheren Frequenzen herzuleiten. Die dort angeführten Ergebnisse beschränken sich jedoch auf kleine Wechselaussteuerung, und die experimentellen Untersuchungen berichten u. a. nur über die dritte Harmonische.

In diesem Beitrag wird gezeigt werden, daß es unter gewissen Bedingungen möglich ist, das Großsignalsinusverhalten des Transistors auch bei großer Wechselaussteuerung zu berechnen [8]. Auf diesem Wege war es möglich, eine ganze Reihe von Schaltungsproblemen zu lösen (z. B. die Mischung).

1. Berechnungsmethodik

An einen in Basisschaltung bei niedriger Injektionsdichte betriebenen Transistor mit gegebenem Arbeitspunkt werde eine sinusförmige Eingangsspannung beliebiger Frequenz und Amplitude gelegt. Der Signalquellenwiderstand sei Null. Gesucht sind die verzerrten Ströme und die Ausgangsspannung.

Wie von der Röhrentechnik her bekannt, werden die Verhältnisse am Ausgang im wesentlichen durch den Abschlußwiderstand bestimmt und dadurch viel unübersichtlicher. Zur Vereinfachung soll daher ausgangsseitiger Kurzschluß angenommen werden, was die praktische Anwendung nur wenig einschränkt.

Um die Bedingung niedriger Injektionsdichte am Emitter unter allen Umständen zu erfüllen (um also ohne gleichzeitige Anhebung der Majoritätsträger am Emitter arbeiten zu können), darf die Emitterbasisspannung eine bestimmte Größe (etwa 200...300 mV) unter keinen Umständen überschreiten. Diese obere „fließende" Grenze läßt sich auf zwei Arten erreichen:

1. hohe Gleichvorspannung und kleine Wechselspannungsaussteuerung (→ Kleinsignalbetrieb),
2. kleine Gleichvorspannung und größere Wechselspannungsaussteuerung (→ Großsignalsinusbetrieb).

Damit ist das Charakteristikum des Großsignalsinusbetriebes gegeben: kleine Ruheströme, große Wechselamplituden.

Als Transistormodell wird ein *pnp*-Legierungstyp mit eindimensionaler Trägerbewegung vorgegeben, der im aktiven Betriebsbereich arbeitet. Vernachlässigt man die sich (kollektor- und emitterseitig) in den Bahngebieten abspielenden Diffusions- und Feldvorgänge, so bestimmt das örtlich-zeitliche Verhalten der Minoritätsträger im Basisraum das dynamische Verhalten des zwischen den Klemmen E (Emitter), C (Kollektor) und B′ (innerer Basispunkt) liegenden Dreipols [5] (Intrinsictransistor, Bild 1).

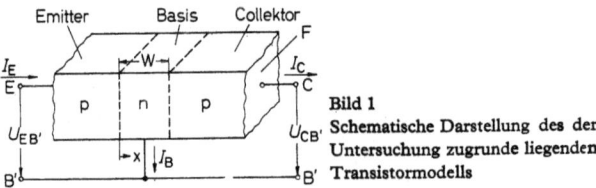

Bild 1
Schematische Darstellung des der Untersuchung zugrunde liegenden Transistormodells

Für das weitere Vorgehen ist es bequem, zunächst die Verzerrungen dieses inneren Transistors zu ermitteln, also anzunehmen, daß Kollektorraumladungskapazität und Basiswiderstand nicht vorhanden sind. Den Verlauf der Minoritätsträgerdichte $p(x,t)$ im Basisraum beschreiben Transport- und Kontinuitätsgleichung [9], woraus

$$\frac{\partial^2 p(x,t)}{\partial x^2} + \frac{p_n - p(x,t)}{\tau_p D_p} = \frac{\partial p(x,t)}{\partial t} \; ; \; x < W \qquad (1)$$

im Eindimensionalen hervorgeht. Dabei bedeuten:

τ_p = Volumenlebensdauer $\Big\}$ der Löcher
D_p = Diffusionskonstante

p_n = Löcherkonzentration in der Basiszone bei thermodynamischem Gleichgewicht

t = Zeit

Die zur Randwertaufgabe Gl. (1) gehörenden *Early-Shockley*schen Randbedingungen sind [9]:

$$x = 0: \; p(0,t) = p_n \exp \frac{u_{EB'}(t)}{U_T} \qquad (2)$$

$$x = W: \; p(W,t) = p_n \exp \frac{u_{CB'}(t)}{U_T}.$$

(W = Basisbreite, U_T = Temperaturspannung ≈ 25 mV bei Zimmertemperatur).

Aus diesen Randbedingungen läßt sich die gesuchte stationäre Lösung $p(x,t)$ herleiten.

---

*) Auf der NTG-Fachtagung „Transistoren bei großer Aussteuerung" am 10. bis 12. 4. 1962 in Aachen nach dem Manuskript vorgetragen von *R. Bocher*, Institut für Höchstfrequenztechnik TH Stuttgart.

Genügt die Spannung $u_{EB'}(t)$

$$u_{EB'}(t) = U_{EB'} + \hat{U}_{eb'} \cos \omega t \qquad (3)$$

der Kleinsignalforderung

$$U_{EB'} \gg \hat{U}_{eb'} \quad (\to \hat{U}_{eb'} \ll U_T),$$

so hängt $p(0, t)$, $(p(W, t))$, linear von $\hat{U}_{eb'}(\hat{U}_{cb'})$ ab [9], was sich durch Reihenentwicklung des emitterseitigen Randwertes leicht nachweisen läßt.

Wenn $\frac{\hat{U}_{eb'}}{U_T}$ nicht mehr $\ll 1$ ist und damit zur Beachtung von Gliedern der Reihenentwicklung höher als 1. Ordnung zwingt, wird $u_{CB'}(t)$ über den verzerrten Kollektorstrom verzerrt sein (wobei der Abschlußwiderstand eine tragende Rolle spielt). Demnach tritt in der Randbedingung $p(W, t)$ bereits die unbekannte Spannung $u_{CB'}(t)$ auf, so daß $p(x, t)$ nicht geschlossen lösbar ist. Deswegen bleibt zur Untersuchung des grundsätzlichen Zusammenhanges $p(W, t) \approx 0$ eine dem Rechenaufwand hier entsprechend gerechtfertigte Zusatzbedingung. Sie ist hinreichend erfüllt, wenn der Kollektor genügend stark gesperrt wird ($|-U_{CB'}| \gg U_T$).

Ist hingegen $\hat{U}_{eb'} \ll U_T$ nicht erfüllt, so treten zu $p(0, t)$ durch die jetzt mehrere Glieder enthaltende Reihenentwicklung Harmonische der Zeitfunktion von $u_{EB'}$, d. h. $p(0, t)$ wird im allgemeinen Fall durch eine Fourierreihe darstellbar sein. Mit Gl. (3) und der normierten inneren Wechselspannung $\eta = \frac{\hat{U}_{eb'}}{U_T}$ folgt durch Entwicklung von $e^{\eta \cos \omega t}$ nach Orthogonalfunktionen [10]

$$p(0, t) = p_n e^{\frac{U_{EB'}}{U_T}} \Re\left[\bar{J}_0(\eta) + 2 \sum_{\mu=1}^{\infty} \bar{J}_\mu(\eta) e^{j\mu\omega t}\right] \qquad (4)$$

wenn man unter $\bar{J}_\mu(\eta)$ die modifizierte Besselfunktion μ-ter Ordnung vom Argument η versteht. $p(0, t)$ kann damit bequem als Fourierreihe dargestellt werden, zumal die Amplituden $\bar{J}_\mu(\eta)$ tabelliert sind [11].

Da $p(0, t)$ alle multiplen Frequenzen enthält, muß auch die gesuchte Lösung $p(x, t)$ durch eine nach fortschreitenden Frequenzen geordnete Reihe darstellbar sein, also die Form

$$p(x, t) = P_0(x) + \Re\left[\sum_{\mu=1}^{\infty} \underline{P}_\mu(x) e^{j\omega\mu t}\right] \qquad (5)$$

besitzen. Mit dem linearen Lösungsansatz Gl. (5) erhält man durch Einsetzen in die DGL (1) ein System von unendlich vielen Differentialgleichungen

$$\frac{\partial^2 P_0(x)}{\partial x^2} + \frac{p_n - P_0(x)}{\tau_p D_p} +$$
$$\sum_{\mu=1}^{\infty} \left[\frac{\partial^2 \underline{P}_\mu(x)}{\partial x^2} - \left(\frac{1}{\tau_p D_p} + j\frac{\mu\omega}{D_p}\right)\underline{P}_\mu(x)\right] e^{j\mu\omega t} = 0, \qquad (6)$$

das nur dann nichttrivial lösbar ist, wenn jede der Differentialgleichungen für sich erfüllt ist.

Die Gleichstromlösung lautet unter Beachtung der Randbedingungen

$$P_0(x) = p_n - p_n \frac{\sinh \frac{x}{L_p}}{\sinh \frac{W}{L_p}} + p_n \left(\bar{J}_0(\eta) e^{\frac{U_{EB'}}{U_T}} - 1\right) \frac{\sinh \frac{W-x}{L_p}}{\sinh \frac{W}{L_p}}; \qquad (7)$$

(L_p = Diffusionslänge der Löcher)

dagegen die allgemeine Lösung der Komponente $\underline{P}_\mu(x)$

$$\underline{P}_\mu(x) = 2 p_n e^{\frac{U_{EB'}}{U_T}} \cdot \bar{J}_\mu(\eta) \frac{\sinh \frac{W-x}{L_p}\sqrt{1 + j\omega\mu\tau_p}}{\sinh \frac{W}{L_p}\sqrt{1 + j\omega\mu\tau_p}}, \qquad (8)$$

womit $p(x, t)$ nach Gl. (5) bekannt ist.

Aus der Beziehung für den Diffusionsstrom

$$i_E(t) = -q D_p F \left.\frac{\partial p(x, t)}{\partial t}\right|_{x=0}, \quad i_C(t) = -q D_p F \left.\frac{\partial p(x, t)}{\partial t}\right|_{x=W} \qquad (9)$$

(F = Querschnittsfläche des Emitters)

folgt kurzerhand unter Beachtung der bei guten Transistoren immer erfüllten Näherung $W \ll L_p$ und bei weit im Flußgebiet betriebener Emitterdiode (also $U_{EB'} \gg U_T$) schließlich aus den Gln. (7), (8) und (9)

$$i_E(t) = J_{Er} + \Re\, 2 \sum_{\mu=1}^{\infty} J_{Er} \cdot \frac{\bar{J}_\mu(\eta)}{\bar{J}_0(\eta)} \cdot \frac{\sigma_\mu}{\tanh \sigma_\mu} e^{j\mu\omega t}$$

$$i_C(t) = J_{Cr} + \Re\, 2 \sum_{\mu=1}^{\infty} J_{Cr} \cdot \frac{\bar{J}_\mu(\eta)}{\bar{J}_0(\eta)} \cdot \frac{\sigma_\mu}{\sinh \sigma_\mu} e^{j\mu\omega t}. \qquad (10)$$

Hierbei wurden für die Richtströme die Bezeichnungen I_{Er} und I_{Cr} eingeführt; sie hängen in folgender Weise von den Ruheströmen I_E und I_C ab:

$$J_{Er} \approx J_E \cdot \bar{J}_0(\eta), \quad J_{Cr} \approx J_C \cdot \bar{J}_0(\eta). \qquad (11)$$

Die Abkürzung

$$\sigma_\mu = \frac{W}{L_p}\sqrt{1 + j\mu\omega\tau_p} \equiv \sqrt{2(1-\alpha_0) + 2j\frac{\omega}{\omega_g}}$$

läßt sich auf die quasistatische Kurzschlußstromverstärkung α_0 und die Grenzfrequenz $\omega_g = \frac{\pi^2 D_p}{4 W^2} \equiv \omega_\alpha$ der Kurzschlußstromverstärkung zurückführen [7].

Mit Gl. (10) sind die verzerrten Ströme des inneren Transistors bekannt.

2. Diskussion der verzerrten Größen

Von den verzerrten Größen interessiert in erster Linie der Emitterrichtstrom I_{Er}. Durch die Gleichrichtung an der Emitterdiode vergrößert sich I_{Er} gegenüber I_E auf das $\bar{J}_0(\eta)$-fache, wie auch vom Röhrengleichrichter im Anlaufgebiet her bekannt ist [12]. Die Verschiebung ist im Bereich niedriger Injektionsdichten unabhängig vom Arbeitspunkt sowie von Art und Beschaffenheit des Transistors. Wie aus Gl. (11) ersichtlich, wirkt die Aussteuerung auf J_C (und auch J_B) gleichartig, so daß es gleichgültig ist, welcher Strom zur meßtechnischen Auswertung herangezogen wird.

Von den Wechselstromgrößen interessiert in erster Linie die Komponente der Grundfrequenz und daraus abgeleitet die entsprechenden zugeordneten (komplexen) inneren Vierpolkoeffizienten $\underline{Y}_{11i}$ und $\underline{Y}_{21i}$ [14] (des Intrinsictransistors). $\underline{Y}_{11i}$ ($\underline{Y}_{21i}$) hängt neben der durch I_{Er} und $J_1(\eta)$ festgelegten Amplitude von den frequenzbedingten Faktoren $\frac{\sigma_\mu}{\tanh \sigma_\mu}\left(\frac{\sigma_\mu}{\sinh \sigma_\mu}\right)$ ab. Die Beträge dieser Faktoren nehmen mit steigender Frequenz zu (ab) [7]. Wenn die höchste, mit noch praktisch bewertbarer Amplitude auftretende Frequenz ω klein gegenüber der ω_g-Grenzfrequenz ist, kann man für die Grund- und ersten Oberwellen $\left|\dfrac{\sigma_\mu}{\tanh \sigma_\mu}\right| \approx \left|\dfrac{\sigma_\mu}{\sinh \sigma_\mu}\right| \approx 1$ setzen.

Dann wirkt an den Transistoreingangsklemmen für die Grundwelle der (reelle) Leitwert

$$Y_{11i} = \frac{2 J_{Er}}{U_T} \cdot \frac{\bar{J}_1(\eta)}{\eta \, \bar{J}_0(\eta)}. \tag{12}$$

Da man in der Schaltungstechnik üblicherweise I_{Er} aus Stabilisierungsgründen konstant zu halten sucht und definitionsgemäß bei Angabe der Vierpolparameter auf einen konstanten Arbeitspunkt (s. *Taylor*entwicklung bei Kleinsignalsteuerung) angewiesen ist, fällt Y_{11i} mit wachsender Aussteuerung ab. Der Größe $\dfrac{J_{Er}}{U_T}$ kann man einen Diffusionsleitwert $\dfrac{1}{R_e}$ [7] zuordnen, wodurch sich Y_{11i} bei Großsignalsteuerung gegenüber dem Kleinsignalverhalten durch den Faktor $\dfrac{2\,\bar{J}_1(\eta)}{\eta\,\bar{J}_0(\eta)}$ unterscheidet. Ist $\omega \ll \omega_g$ nicht mehr erfüllt, so gilt der vollständige Wert

$$\underline{Y}_{11i} = \frac{1}{R_e} \cdot \frac{2\,\bar{J}_1(\eta)}{\eta\,\bar{J}_0(\eta)} \cdot \frac{\sigma_1}{\tanh \sigma_1}. \tag{13}$$

In diesem Fall ändert sich der Betrag wie der Niederfrequenzleitwert mit der Aussteuerung, während der Phasenwinkel unabhängig davon bleibt. Letzteres war bei überprüften Exemplaren bis zu $\eta \approx 2 \div 3$ der Fall.

Die im Eingangskreis fließenden Oberwellenströme können in ihrer Gesamtheit erfaßt werden. Ihre Amplituden hängen einmal von der modifizierten *Bessel*funktion vom Grade der Harmonischen und zum anderen von einem frequenzabhängigen Faktor ab, der für die betreffende Harmonische berechnet werden muß. Der Verlauf der praktisch wichtigen Funktionen $\bar{J}_0(\eta)$, $\bar{J}_1(\eta)$, $\bar{J}_2(\eta)$ und $\bar{J}_3(\eta)$ sind in Bild 2 dargestellt. Sie reichen im allgemeinen aus, da die Amplituden noch höherer Harmonischer kaum noch nachweisbar sind, wenn die anliegende Wechselspannung das Doppelte bis Dreifache von U_T beträgt.

Für kleine Argumente η lassen sich die Näherungen

$$\bar{J}_0(\eta) \approx 1, \quad \bar{J}_1(\eta) \approx \frac{\eta}{2}, \quad \bar{J}_2(\eta) \approx \frac{\eta^2}{8}, \quad \bar{J}_3(\eta) \approx \frac{\eta^3}{48} \tag{14}$$

für die *Bessel*funktionen angeben. Gl. (14) bestätigt den von der *Taylor*entwicklung her bekannten Zusammenhang [12], daß die n-te Harmonische in erster Näherung mit der n-ten Potenz der Aussteuerung anwächst.

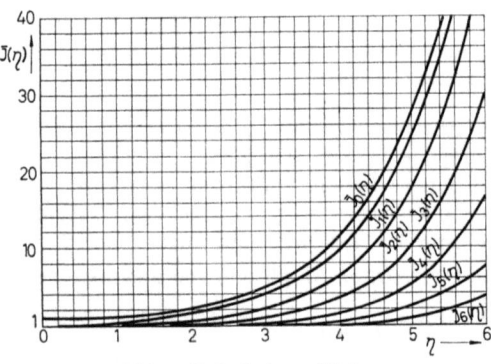

Bild 2. Verläufe der modifizierten Besselfunktionen $\bar{J}_0(\eta)$, $\bar{J}_1(\eta)$, bis $\bar{J}_6(\eta)$

Um die einzelnen Verzerrungen vergleichbar kennzeichnen zu können, sollen die Oberwellenströme auf die jeweilige Grundwelle bezogen werden, was bei nicht zu großen Verzerrungen zu den Klirrkoeffizienten

$$\begin{aligned}
k_{\mu e} &= \left|\frac{\underline{J}_{e\mu\omega}}{\underline{J}_{e\omega}}\right| = \frac{\bar{J}_\mu(\eta)}{\bar{J}_1(\eta)} \cdot \left|\frac{\sigma_\mu \tanh \sigma_1}{\sigma_1 \tanh \sigma_\mu}\right| \\
k_{\mu c} &= \left|\frac{\underline{J}_{c\mu\omega}}{\underline{J}_{c\omega}}\right| = \frac{\bar{J}_\mu(\eta)}{\bar{J}_1(\eta)} \cdot \left|\frac{\sigma_\mu \sinh \sigma_1}{\sigma_1 \sinh \sigma_\mu}\right|.
\end{aligned} \tag{15}$$

($\underline{J}_{\mu\omega}$: komplexe Amplitude des Stromes $\underline{J}$ der Frequenz $\mu\omega$)

führt.

Bei tiefen Frequenzen besteht zwischen den Verzerrungen der Emitter- und Kollektorseite kein Unterschied, erst bei höheren machen sich die Laufzeiteinflüsse der Träger durch den Basisraum bemerkbar.

3. Berücksichtigung weiterer Elemente der Ersatzschaltung und des Generatorwiderstandes

Das der Rechnung bisher zugrunde gelegte Verhalten wird durch den am Basis- (R_b) und Generatorwiderstand (komplex, $\underline{R}_G$) entstehenden Spannungsabfall insofern modifiziert, als dadurch die zwischen E und B (äußerer Basispunkt) liegende Steuerspannung in noch unbekannter Weise verzerrt ist. Bekanntlich wirken die durch die verzerrten Ströme entstehenden (verzerrten) Spannungsabfälle von der 2. Harmonischen an aufwärts selbst wieder als Steuerspannung des inneren Transistors.

Auch der kollektorseitige Kurzschluß des inneren Transistors ist mit $R_b = 0$ nicht mehr gewährleistet. Solange man jedoch den äußeren Transistor im praktischen Kurzschluß betreibt, darf die den inneren Transistor von der Ausgangsseite her steuernde Spannung in bezug auf das nichtlineare Verhalten der Emitterdiode vernachlässigt werden. Lediglich die durch $\hat{U}_{CB'} \neq 0$ hervorgerufenen *Early*leitwerte [5] sowie Leckleitwert und Kollektorraumladekapazität sind zu berücksichtigen, soweit ihr Einfluß auf die Eingangsseite überhaupt rückwirkt.

Bei der praktischen, R_b und $\underline{R}_G$ einschließenden Rechnung treten z. T. sehr umfangreiche Zwischenrechnungen auf, deren Mitteilung kaum lohnt. Dadurch scheint die Angabe folgender summarischer Ergebnisse gerechtfertigt:

1. Basis- und Generatorwiderstand sind etwa bis zur Frequenz ω_g genügend genau berücksichtigt, wenn man den sich aus der (frequenzabhängigen) Steuerspannungsteilung über $R_b \cdot (1 - a_0)$, $\underline{R}_G$ und R_e ergebenden Term

$$\frac{\hat{U}_{eb'}}{U_T} =$$

$$\frac{\hat{U}_g}{\left\{1 + \left(\underline{R}_G \dfrac{\sigma_\mu}{\tanh \sigma_\mu} + R_b \dfrac{\sigma_\mu(\cosh\sigma_\mu - 1)}{\sinh\sigma_\mu}\right) \dfrac{2\bar{J}_1(\eta)}{\eta \bar{J}_0(\eta)} \cdot \dfrac{J_{Er}}{U_T}\right\} U_T} = \frac{\hat{U}_g}{U_T \underline{k}} \rightarrow$$

$$\eta_{a\mu}\, e^{j\varphi_{U_{eb'}}} = \frac{\eta\, e^{-j\varphi_k}}{|\underline{k}|} = \frac{\eta\, e^{-j\varphi_k}}{\left|1 + \underline{R}_v \dfrac{2\bar{J}_1(\eta)}{\eta \bar{J}_0(\eta)} \cdot \dfrac{J_{Er}}{U_T}\right|}, \tag{16}$$

d. h. unter Weglassen des Phasenwinkels $\varphi_{U_{eb'}}$ statt des bisher verwendeten Faktors $\eta \, |\underline{\eta}_{a\mu}| \equiv \eta_{a\mu}$, in den Argumenten der Besselfunktionen verwendet. Zur Vereinfachung wurde dabei ein neuer resultierender Widerstand $\underline{R}_{v\mu}$ eingeführt, der die ganze Frequenzabhängigkeit der Spannungsteilung enthält.

Streng genommen muß der komplexe Wert $\underline{\eta}_{a\mu}$ in die Besselfunktion gesetzt und letztere im reellen und imaginären Anteil (zur Berücksichtigung der Phasenlagen der einzelnen Ströme) aufgespalten werden. Es zeigte sich jedoch an Hand numerischer Überprüfungen, daß diese Aufspaltung der Besselfunktionen nur für die höheren Harmonischen (besonders $\underline{J}_{e3\omega}$) und bei Frequenzen $\omega \geq \dfrac{\omega_g}{5}$ notwendig ist. Für die Grundwelle kann man bis zu $\omega \leq \omega_g$ mit Gl. (16) rechnen.

2. Für die zweite Harmonische des Emitterstromes (und analog des Kollektorstromes) gilt bei tiefen Frequenzen, also reellem $\underline{R}_v$ und $\eta \leq 1$

$$\underline{J}_{e2\omega} \approx \frac{2\,\overline{J}_{Er} \cdot \overline{J}_2(\eta_{a2})}{\overline{J}_0(\eta_{a2})\left(1 + \dfrac{R_v}{R_e} \cdot \dfrac{1}{\overline{J}_0(\eta_{a2})}\right)} \approx \frac{J_{Er}\,\hat{U}_g^2}{4\,U_T^2} \cdot \frac{1}{\left(1 + \dfrac{R_v}{R_e} \cdot \dfrac{1}{\overline{J}_0(\eta_{a2})}\right)^3}$$
(17)

3. Für die dritte Harmonische ergibt sich unter den eben genannten Voraussetzungen

$$\underline{J}_{e3\omega} \approx \frac{2\,J_{Er}}{\overline{J}_0(\eta_{a3})} \cdot \frac{\overline{J}_3(\eta_{a3}) - \overline{J}_1(\eta_{a1})\left(\dfrac{U_T\,R_v\,\eta_{a3}^2}{8\,(R_e + R_v)}\right)}{\left(1 + \dfrac{R_v}{R_e}\right)} \quad (18a)$$

oder im Spezialfall $\eta \ll 1$

$$\underline{J}_{e3\omega} \approx \frac{(\eta_{a3})^3}{2^3} \cdot \frac{\dfrac{1}{6} - \dfrac{1}{2}\dfrac{R_v}{R_v + R_e}}{1 + \dfrac{R_v}{R_e}}. \quad (18b)$$

An der Stelle $U_T = 2\,R_v\,I_{Er}$ hat $\underline{J}_{e3\omega}$ eine Nullstelle, wie sie von Lotsch [13], Akgün und Strutt [6] im Zusammenhang mit Kreuzmodulationsuntersuchungen gefunden wurde. Elektrisch gesehen kommt sie durch Gegenmodulation zustande; die zugehörige Modulationsspannung rührt von der Stromkomponente mit der dreifachen Grundfrequenz her. Bei höheren Frequenzen geht die Nullstelle in ein mit steigender Frequenz immer flacher werdendes Minimum über, das schließlich ganz verschwindet (Folge des komplexen Faktors $\underline{\eta}_{a3}$).

4. Experimentelle Ergebnisse

Aus der Vielzahl der untersuchten Transistoren sollen auszugsweise Meßergebnisse zweier Exemplare wiedergegeben werden, aus denen hervorgeht, in welchem Umfang die hier angegebenen Rechnungen mit den praktischen Ergebnissen übereinstimmen. Die Untersuchungen erstrecken sich dabei auf die Überprüfung des Richtverhaltens, eines Großsignalparameters sowie der zweiten und dritten harmonischen Verzerrung.

Die Frequenzabhängigkeit des Kollektorrichtstromes (Bild 3) Gl. (11) kommt durch die frequenzabhängige Steuerspannung des inneren Transistors zustande, und zwar um so stärker, je größer der Vorwiderstand ist.

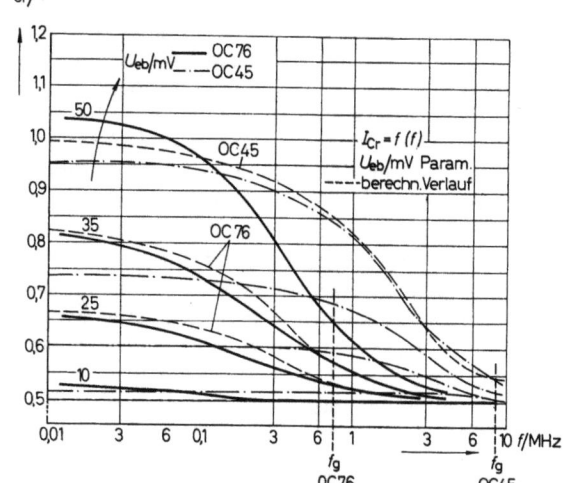

Bild 3. Gemessene und berechnete Frequenzabhängigkeit des Kollektor(richt)stromes für die Transistoren OC 45 ($f_g \approx 8{,}5$ MHz) und OC 76 ($f_g \approx 0{,}75$ MHz) mit konstanter Steuerspannung (Effektivwert) als Parameter. $U_{CB} = -6$ V, $I_C = -0{,}5$ mA für $U_{eb} \to 0$.

In der Nähe der in Bild 3 eingezeichneten Grenzfrequenzen sinkt der Richteffekt bereits stark ab. Die vergleichsweise in Bild 3 nachgerechneten Kurven (in denen der emitterstromabhängige Diffusionswiderstand R_e in Rechnung gesetzt wurde) weichen nicht allzu stark von den Meßwerten ab.

Zur näheren Überprüfung des in Gl. (12) berechneten Verhaltens der beiden definitiv festgelegten Vierpolkennwerte Y_{21b} und Y_{11b}, die hier jedoch für den äußeren Transistor zu bilden sind, wurde zunächst der das Verhalten entscheidend bestimmende Verlauf

$$\frac{Y_{11b}}{Y_{11b}\big|_{\hat{U}_{eb'} \to 0}}$$

für $R_b = 0$ in Bild 4 aufgetragen. Danach mißt man bereits bei einer Aussteuerung von $\eta = 1$ die beiden

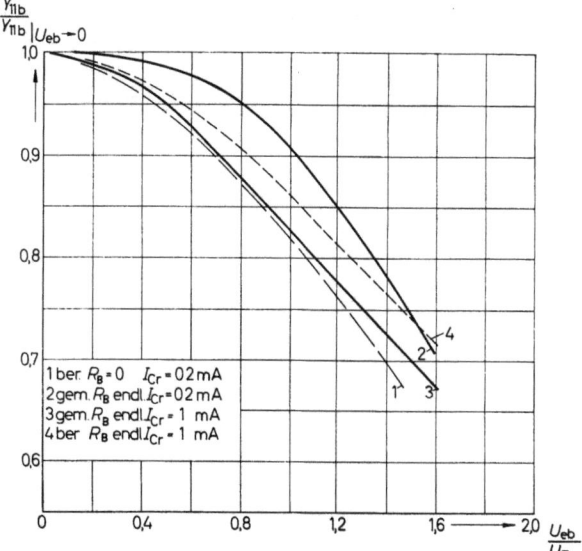

Bild 4. Gemessener und berechneter Verlauf des auf den Kleinsignaleingangskurzschlußleitwert Y_{11b} bezogenen Großsignaleingangskurzschlußleitwertes $Y_{11b} = \dfrac{\underline{J}_e}{\widetilde{U}_{eb}}\bigg|_{\widetilde{U}_{cb}=0}$.

Transistor OC 76, $U_{CB} = -6$ V, $f = 10$ kHz, Parameter I_{Cr}. Kurve 1 berechnet für $R_b = 0$, Kurven 2 und 3 gemessen, Kurve 4 mit den Daten der Kurve 3 berechnet.

Vierpolkennwerte um $\approx 10\%$ zu klein. Da Y_{11b} infolge R_b abfällt, muß das in Bild 4 aufgetragene Verhältnis beider Leitwerte ansteigen, und zwar um so stärker, je größer R_b ist. Die für einen Kollektorstrom $I_{Cr} = 1$ mA nachgerechnete Kurve weicht nicht wesentlich von der Meßkurve ab, so daß das in Gl. (12) errechnete Verhalten des Vierpolparameters Y_{11b} als bestätigt angesehen werden kann. Da die Meßergebnisse für Y_{21b} ähnliche Übereinstimmung mit den Meßwerten ergaben, soll auf ihre Wiedergabe verzichtet werden. Um die Abhängigkeit der Verzerrungen von der Aussteuerung überprüfen zu können, wurde die in Bild 5 wiedergegebene Messung von k_{2e} vorgenommen, und zwar bei verhältnismäßig tiefer Meßfrequenz. Gemäß Gl. (15) muß k_{2e} — zumindest bei kleiner Aussteuerung —

$$k_{2e} \approx \frac{1}{4}\frac{\hat{U}_{eb'}}{U_T}$$

proportional der Aussteuerung anwachsen; der aus den Besselfunktionen berechnete Verlauf unterscheidet sich erst für Werte $\eta \geqq 1$ von dem näherungsweise für kleine η gültigen Wert derart, daß ersterer kleiner ist. Er stellt die obere Grenze dar, den die Verzerrungen überhaupt annehmen können. Erstaunlich ist hierbei, daß bei Steuerspannungen von 10 mV$_{eff}$ bereits ein quadratischer Klirrgrad von 14% auftritt, und zwar unter den idealen Voraussetzungen unabhängig vom Arbeitspunkt und Transistor. Bei Berücksichtigung der Vorwiderstände sinkt die quadratische Verzerrung rasch, wie in Bild 5 aus den Kurven für steigende I_{Cr} entnommen werden kann. In den berechneten Kurven wurde stets die durch den Basiswiderstand hervorgerufene Spannungsteilung berücksichtigt; die berechneten Werte weichen von den gemessenen ab. Setzt man jedoch den bei der praktischen Untersuchung vorhandenen Generatorwiderstand R_G nach Gl. (17) in Rechnung, so stimmen berechnete und gemessene Werte überein.

Um die Berechtigung der Gln. (17) und (18b) nachzuprüfen, lassen sich zwei Wege einschlagen. Der erste besteht darin, den Emitterdiffusionswiderstand durch Verändern von I_{Cr} bzw. I_{Er} zu variieren, im zweiten wird bei konstantem I_{Cr} R_v (d. h. R_G) durch Zusatzwiderstände vergrößert. Die in beiden Fällen erzielten

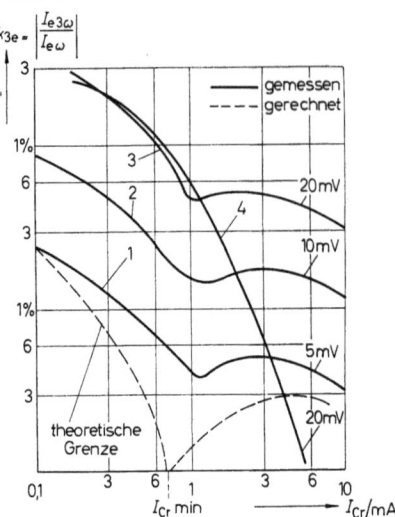

Bild 6. Kollektorstromabhängigkeit des kubischen Klirrgrades k_{3e}. Parameter $\widetilde{U}_{eb}$ (mV), Frequenz. Transistor OC 76 $U_{CB} = -6$ V, $f = 30$ kHz (Kurve 1—3), $f = 300$ kHz (Kurve 4) (——— gemessen, — — — berechnet)

Ergebnisse stimmen im großen und ganzen überein, weshalb hier nur die Resultate des ersten Weges mitgeteilt werden, der Kürze der Darstellung wegen nur die von k_{3e} [8].

Im Verlaufe des kubischen Klirrgrades (Bild 6) ergeben sich gegenüber der ohne Berücksichtigung des Vorwiderstandes aufgestellten Berechnung einige Unterschiede zu k_{2e}, die im Auftreten einer Nullstelle bei tiefen Frequenzen ihr wichtigstes und experimentell gut zu überprüfendes Merkmal haben. Nach den Gln. (17) und (18) kann man die am Vorwiderstand abfallende Spannung als eine neue Modulationsspannung auffassen, die die Emitterdiode zusätzlich steuert. Alle die Gegenspannung bildenden Harmonischen ergeben nach entsprechender Umsetzung an der Emitterdiode „Rückmisch"produkte, die sich phasenbewertet zu den von der 1. Harmonischen des Generators (Steuerspannung) primär erzeugten Harmonischen hinzuaddieren. Auf die Grundwelle sind die Einflüsse der Harmonischen in erster Näherung vernachlässigbar, für die 2. Harmonische stellen sie eine schwache Gegenmodulation dar [Gl. (17)], die zwar k_{2e} herabsetzt, aber nie zu

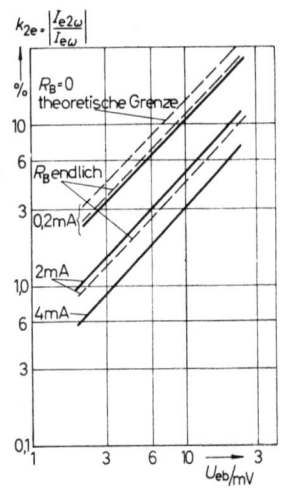

Bild 5. Aussteuerungsabhängigkeit des quadratischen Klirrgrades k_{2e} Parameter I_{Cr}. Transistor OC 76, $U_{CB} = -6$ V, $f = 10$ kHz (——— gemessen, — — — gerechnet)

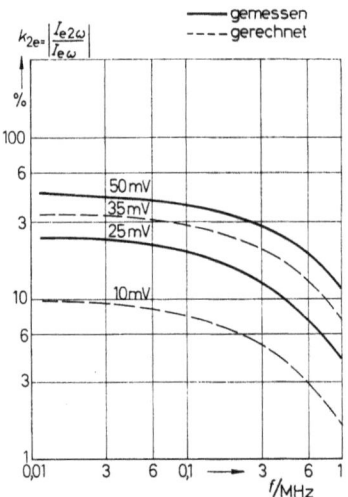

Bild 7. Frequenzabhängigkeit des quadratischen Klirrgrades k_{2e}. Parameter $\widetilde{U}_{eb}$ (mV). Transistor OC 76, $U_{CB} = -6$ V, $I_{Cr} = -0,5$ mA = const.

$k_{2e} \approx 0$ führt. Für die 3. Harmonische dagegen kann die Gegenmodulation zur Kompensation oder wenigstens zum Minimum von k_{3e} führen. In Bild 6 fällt auf, daß sich der Ort desselben nicht wesentlich mit der Aussteuerung verschiebt, solange $\eta \leq 2$ erfüllt ist und daß er nicht allzusehr von der berechneten Lage der Nullstelle abweicht, während die Berechnung des Kurvenverlaufes selbst weniger gut mit der Messung übereinstimmt. Zum ersten ist dafür die nur für quasistatischen Betrieb angegebene Formel Gl. (18) maßgebend (die der Berechnung zugrunde lag), zum anderen noch ein gewisser Restklirrfaktor, der — von höheren Harmonischen als 3. Ordnung herrührend — in der Rechnung nicht beachtet wurde. Offenbar sind noch weitere nicht berücksichtigte Elemente des Transistors (Basiswiderstand!) wirksam. Erhärtet wird diese Vermutung durch die mit steigender Aussteuerung zunehmende „Trübung" des Minimums.

Die Frequenzabhängigkeit der Verzerrung selbst soll abschließend an Hand von k_{2e} (Bild 7) gezeigt werden. Nach Gl. (15) ergibt sich infolge des über der Frequenz abfallenden Wertes η_a ein resultierend mit steigender Frequenz abfallender Verlauf. Bei extrem hohen Frequenzen sinkt k_{2e} stark ab, im Grenzfall auf die durch die Nichtlinearität von R_b bedingten Werte.

Schrifttumsverzeichnis

[1] *J. Meyer:* Nonlinear distortions in transistor amplifiers at low signal levels and low frequencies. Monograph No. 209, Instn. electr. Eng., London Nov. 1956.

[2] *G. Meyer-Brötz:* Die nichtlinearen Verzerrungen in Transistorverstärkern. Elektron. Rdsch. 11 (1957), Heft 11, S. 297—301.

[3] *G. Specha* und *M. J. O. Strutt:* Theoretische und experimentelle Untersuchung der Verzerrung in Niederfrequenzflächentransistoren. Arch. elektr. Übertr. 11 (1957), S. 307—320.

[4] *H. Hönicke:* Verzerrungsuntersuchungen in Niederfrequenzflächentransistoren. Nachrichtentechnik 10 (1960), S. 160—166, S. 209—216 und 273—277.

[5] *W. Benz:* Ersatzschaltbilder (für den als linearer Verstärker betriebenen Transistor). Nachrichtentechn. Fachber., Bd. 18, S. 49—64.

[6] *M. Akgün* und *M. J. O. Strutt:* Nichtlineare Verzerrungen einschließlich Kreuzmodulation in Hochfrequenztransistorstufen. Arch. elektr. Übertr. 13 (1959), S. 227—242.

[7] *R. Paul:* Zum Frequenzverhalten von Legierungstransistoren. Nachrichtentechnik 10 (1960), S. 340—347.

[8] *R. Paul:* Nonlinear behavior of junction transistors in the h. f.-range. Vortrag: Colloque International sur les Dispositifs a Semiconducteurs. Paris Feb. 1961.

[9] *J. M. Early:* Design theory of junction transistors. Bell. Syst. techn. J. 32 (1953), S. 1271—1312.

[10] *K. Rint:* Handbuch für Hochfrequenz und Elektrotechniker III. Verlag für Radio, Foto, Kinotechnik GmbH. Berlin 1956.

[11] *Jahnke* und *F. Emde:* Tafeln höherer Funktionen. Teubner Verlagsgesellschaft Leipzig 1948.

[12] *H. Rothe* und *W. Kleen:* Elektronenröhren als Schwingungserzeuger und Gleichrichter. Akademische Verlagsgesellschaft Leipzig 1948.

[13] *H. Lotzsch:* Übersicht über die nichtlinearen Verzerrungen in Transistorstufen einschließlich Kreuzmodulation. Arch. elektr. Übertr. 14 (1960), S. 204—216.

[14] *R. Feldtkeller:* Einführung in die Vierpoltheorie. Hirzel-Verlag Leipzig 1948.

Transistorverstärker mit Impulsanstiegszeiten von weniger als 5 ns

Mitteilung aus dem International Business Machines Corporation Forschungslaboratorium, Adliswil-Zürich, Schweiz

Von **G. Kohn**

Mit 14 Bildern

DK 621.375.4

Einführung

Eine der Hauptvoraussetzungen für die Entwicklung zu immer schneller arbeitenden Geräten, besonders von Großrechenmaschinen, wurde durch Transistoren erfüllt, deren Grenzfrequenz 1 GHz erreicht. Ihr Einsatz zur Verstärkung von Nanosekundenimpulsen ist Gegenstand dieser Arbeit. Als Ergebnis wird über zwei Verstärker berichtet werden, die für den Betrieb eines Magnetschichtspeichers entworfen wurden.

1. Die Wahl der Verstärkergrundschaltung

Bei einem linearen Impulsverstärker (Bild 1) erwartet man bei einem am Eingang angelegten Spannungssprung (Bild 1a) am Ausgang eine zeitliche Übergangsfunktion, die mit einer gewissen Verzögerung einsetzt, um dann mit endlicher Anstiegszeit ihren Endwert zu erreichen. Für eine gute Impulsübertragung fordert man einen monotonen Anstieg ohne Überschwingen.

Der zeitliche Übergang habe z. B. die Form des Fehlerintegrals nach Bild 1b, dann gehört zu dieser Zeitfunktion ein Frequenzgang des Verstärkers nach Bild 1c, der der Gaußschen Fehlerfunktion folgt. Die Annäherung des Verstärkerfrequenzganges durch eine Fehlerfunktion ist deshalb gut, weil sie bei mehrstufigen Verstärkern asymptotisch erreicht wird, wenn die Einzelstufe e i n e wesentliche Zeitkonstante besitzt.

Der Zusammenhang von Zeit- und Frequenzfunktion über die Fouriertransformation ergibt den Zusammenhang zwischen den wesentlichen Parametern des Funktionenpaars. Die Anstiegszeit zwischen dem 10 %- und dem 90 %-Punkt der Kurve hängt mit sehr guter Genauigkeit über die Beziehung

$$T_A = \frac{1}{3 f_g} \quad (1)$$

mit der Grenzfrequenz f_g, bei der die Verstärkung um 3 dB abgefallen ist, zusammen. Ein Verstärker für eine Anstiegszeit von z. B. 3 ns muß also eine Bandbreite von

$$f_g = \frac{1}{9 \text{ ns}} = 110 \text{ MHz}$$

erhalten. Für die einzelne Verstärkerstufe muß dann eine noch höhere Bandbreite erreicht werden; sie muß für einen fünfstufigen Verstärker etwa 300 MHz betragen.

Transistorverstärker mit Impulsanstiegszeiten von weniger als 5 ns

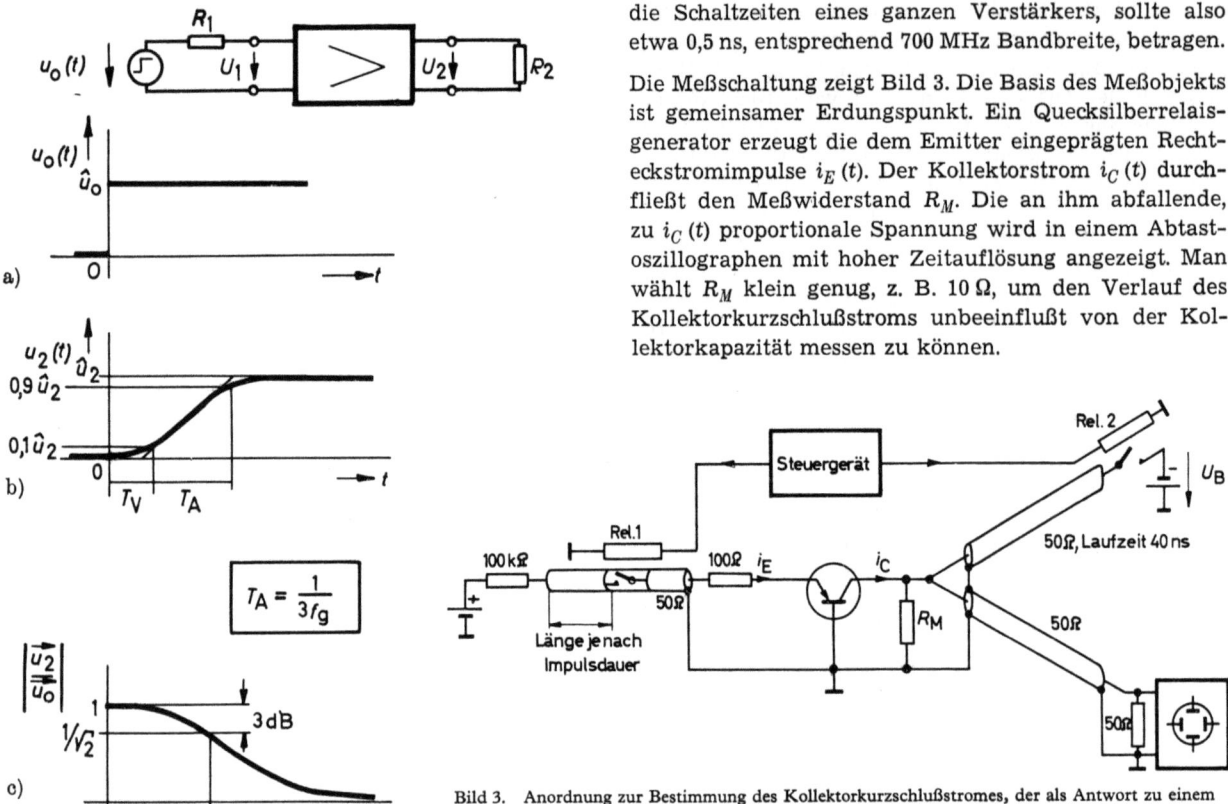

Bild 1. Anstiegszeit und Grenzfrequenz eines Impulsverstärkers
a) Spannungssprung am Eingang
b) Ausgangsspannung mit dem Verlauf des Fehlerintegrals
c) Dazugehöriger Verstärkerfrequenzgang nach der Fehlerfunktion.

Um diese Stufenbandbreite von 300 MHz erreichen zu können, werden die heute erhältlichen Transistoren vorteilhafterweise in Basisschaltung betrieben.

Bild 2 zeigt die Grundschaltung. Da die Basisschaltung keine Stromverstärkung, wohl aber Spannungsverstärkung besitzt, müssen je zwei aufeinanderfolgende Stufen durch einen Transformator gekoppelt werden. Bei einem Übersetzungsverhältnis $ü$ des Übertragers ergibt sich $\alpha_0 \cdot ü \approx ü$ als Stromverstärkung einer Stufe. Transformatoren werden außerdem zur optimalen Anpassung am Eingang und Ausgang des Verstärkers verwendet.

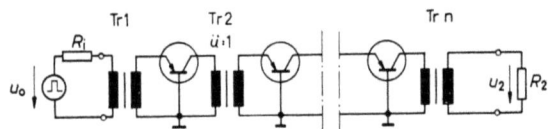

Bild 2. Prinzipschaltung eines transformatorgekoppelten Impulsverstärkers, dessen Transistoren in Basisschaltung arbeiten.

2. Messung der Transistorparameter im Nanosekundenbereich

Die Abhängigkeit vom Arbeitspunkt der sinusförmig mit kleiner Aussteuerung gemessenen Transistorparameter läßt deren Wert für den Entwurf von Impulsverstärkern fraglich erscheinen. Selbst für den Kleinsignalverstärker ist die direkte und bequemere Messung der Übergangsfunktionen ihrer Einfachheit wegen vorzuziehen. Man muß allerdings beim Aufbau der Meßanordnung auf einige Punkte achten, um das notwendige zeitliche Auflösungsvermögen zu erhalten. Dieses sollte um etwa eine Zehnerpotenz besser sein als die Schaltzeiten eines ganzen Verstärkers, sollte also etwa 0,5 ns, entsprechend 700 MHz Bandbreite, betragen.

Die Meßschaltung zeigt Bild 3. Die Basis des Meßobjekts ist gemeinsamer Erdungspunkt. Ein Quecksilberrelaisgenerator erzeugt die dem Emitter eingeprägten Rechteckstromimpulse $i_E(t)$. Der Kollektorstrom $i_C(t)$ durchfließt den Meßwiderstand R_M. Die an ihm abfallende, zu $i_C(t)$ proportionale Spannung wird in einem Abtastoszillographen mit hoher Zeitauflösung angezeigt. Man wählt R_M klein genug, z. B. 10 Ω, um den Verlauf des Kollektorkurzschlußstroms unbeeinflußt von der Kollektorkapazität messen zu können.

Bild 3. Anordnung zur Bestimmung des Kollektorkurzschlußstromes, der als Antwort zu einem Emitterstromsprung gehört.

Die Längsinduktivität dieses Meßwiderstandes muß dabei extrem klein sein, da ein induktiver Spannungsabfall das Meßergebnis fälschen würde. Eine Induktivität von weniger als 5 nH erreicht man durch Parallelschaltung mehrerer Widerstände, deren Induktivitäten durch Einbaukapazitäten möglichst günstig kompensiert werden.

Ein Problem bildet der Anschluß der Kollektorbatterie. Die übliche Entkopplung von Gleichstromweg und Signalweg durch ein RC-Glied erweist sich als unbrauchbar, weil dieses RC-Glied kaum im gesamten notwendigen Frequenzbereich resonanzfrei aufgebaut werden kann. Man schaltet die Kollektorbatterie deshalb dem Meßwiderstand einfach parallel und vermeidet eine Überlastung des Meßwiderstandes dadurch, daß das Relais 2 diese Parallelschaltung nur während kurzer Zeitintervalle aufrechterhält. Ein Steuergerät synchronisiert dieses Relais mit dem Meßimpuls. Zur Verbindung der Kollektorbatterie mit dem Meßobjekt dient ein Koaxialkabel, wodurch sich der Einfluß der Reaktanzen der Batterie erst nach der Kabellaufzeit, die man leicht groß genug halten kann, am Meßwiderstand auswirkt. Als Meßwiderstand ist dann die Parallelschaltung der beiden 50-Ω-Kabel mit R_M wirksam.

Das Auflösungsvermögen der Apparatur kann nach Ersetzen des Transistors durch eine direkte Verbindung vom Emitter zum Kollektor überprüft werden. Aus Bild 4a liest man ein Auflösungsvermögen von etwa 0,3 ns ab.

In Bild 4b ist dazu ein typisches Oszillogramm des Kollektorkurzschlußstromes des verwendeten Mesatransistors dargestellt. Dieser Kollektorstrom steigt mit ziemlich guter Näherung nach einer Exponentialfunktion auf seinen Endwert, hier 10 mA, an mit einer Zeitkonstan-

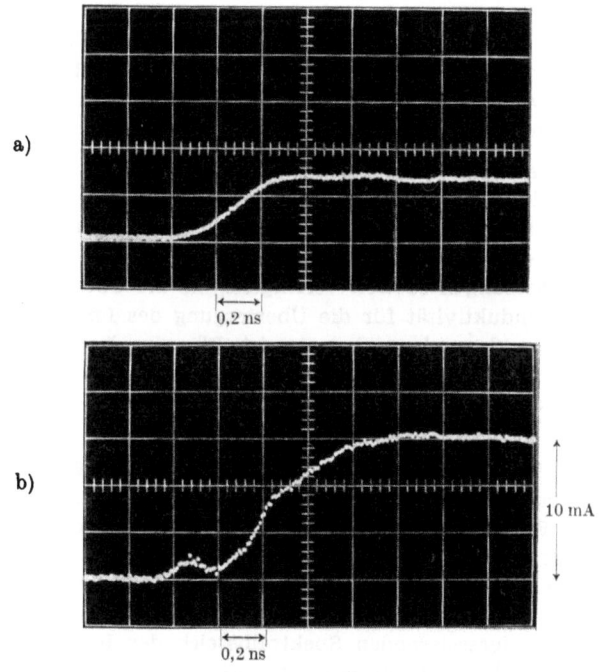

Bild 4. Oszillogramme
a) Auflösungsvermögen der Apparatur
b) Kollektorstrom des Mesatransistors 2 N 1405.

ten von etwa 0,5 ns. Unter Berücksichtigung der Auflösungszeit des Meßgeräts von 0,3 ns reduziert sich die Transistorzeitkonstante auf $\tau = 0{,}4$ ns.

Die Verzögerungszeit T_V, mit der die e-Funktion dem eingangsseitigen Stromsprung folgt, kann aus Bild 4b ebenfalls entnommen werden, wenn man durch eine kleine Koppelkapazität vom Emitter zum Kollektor einen direkten Übertragungsweg schafft und dadurch im Oszillogramm des Kollektorstromes den Beginn des Emitterstromsprungs markiert. In unserem Fall ist $T_V = 0{,}2$ ns.

Bild 5a zeigt diese Verhältnisse noch einmal. Zur weiteren Kennzeichnung des Transistors werden noch die in

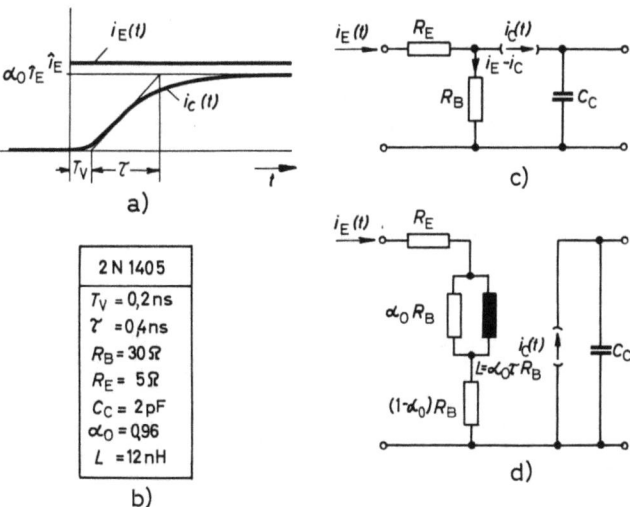

Bild 5. Einfaches Ersatzschaltbild für den Impulsbetrieb der Basisschaltung.
a) Der auf einen Emitterstromsprung $i_E(t)$ folgende Kollektorkurzschlußstrom $i_C(t)$
b) Zahlenwerte für den Mesatransistor 2 N 1405
c) Ersatzschaltung für diesen Transistor.
d) Aequivalente Ersatzschaltung, die die Verkopplung von Emitter- und Kollektorstrom über den Basiswiderstand durch Einführung der Induktivität L berücksichtigt.

der Tafel Bild 5b zusammengestellten, auf die übliche Art [1] bestimmten Parameter gebraucht. Daraus ergibt sich für den Transistor das einfache Ersatzschaltbild 5c, das nur die zeitliche Abhängigkeit des Kollektorstromes als Folge von Trägerdiffusion und Trägerdrift im Basisraum, die Kollektorkapazität C_C und die Basis- und Emitterwiderstände berücksichtigt.

Die Ersatzschaltung nach Bild 5c läßt sich noch etwas umformen, um die aus der Differenzbildung $i_B(t) = i_C(t) - i_E(t)$ folgende Spitze im Basisstrom durch eine Induktivität in der veränderten Ersatzschaltung nach Bild 5d zu berücksichtigen.

3. Die Kopplung der Stufen mit idealen Übertragern

Bild 6a zeigt die Kopplung zweier so beschriebener Transistoren über einen zunächst als ideal angenommenen Übertrager. Gefragt sei nach dem Zeitverlauf des Kollektorstromes $i_2(t)$ im zweiten Transistor, wenn der Kollektorstrom $i_1(t)$ sprungförmig vorgegeben ist, oder mit anderen Worten danach, wie sehr die Kollektorkapazität den Einschaltvorgang bei verschiedenen Übersetzungsverhältnissen des Übertragers verlangsamt.

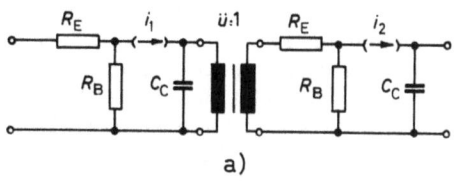

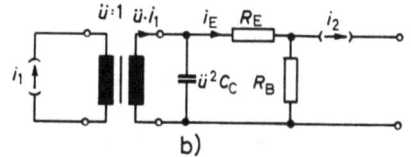

Bild 6. Stufenkopplung mit idealem Übertrager
a) Schaltung
b) Für die Berechnung der zu $i_1(t)$ gehörenden Antwort $i_2(t)$ günstigere Schaltung.

Zur vereinfachten Berechnung des Schaltvorgangs sei zunächst gemäß Bild 6b die Kollektorkapazität auf die Sekundärseite des idealen Übertragers transformiert. Bei großen Übersetzungsverhältnissen des Übertragers wird die Stromverstärkung je Stufe groß werden, andererseits wird aber die Vergrößerung der Anstiegszeit durch den Einfluß der Kollektorkapazität, die sich mit dem Quadrat des Übersetzungsverhältnisses übersetzt, immer spürbarer. Die übersetzte Kollektorkapazität bildet darüber hinaus mit der Eingangsinduktivität nach Bild 5d der folgenden Stufe einen Resonanzkreis. Ein Überschwingen des Stromes $i_2(t)$ über seinen Endwert $a_0 \cdot \ddot{u} \cdot i_1$ hinaus ist zu erwarten.

Das Ergebnis der Berechnung des Schaltvorgangs ist in Bild 7 dargestellt. Alle Übergangsfunktionen $i_2(t)$ beginnen mit horizontaler Tangente. Für $\ddot{u} = 1$ kommt die Kollektorkapazität praktisch nur durch diese horizontale Anfangstangente zur Wirkung. Es ergibt sich sonst fast die gleiche Exponentialfunktion wie für den Kollektorkurzschlußstrom allein. Schon für $\ddot{u} = 2$ entfernt sich die Übergangsfunktion merklich von der Exponentialfunktion, ohne jedoch eine größere Anstiegszeit zu zeigen. Sie schwingt etwa 5 % über ihren

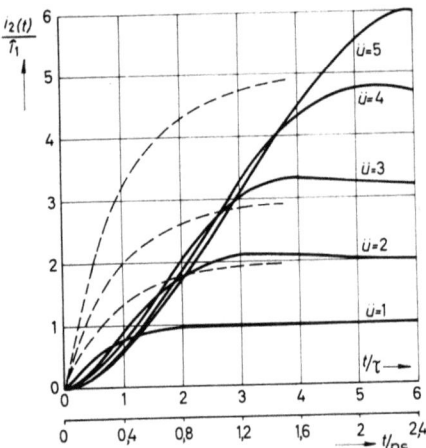

Bild 7. Übergangsfunktionen des Stromes i_2 als Antwort auf einen Sprung von i_1 für verschiedene Übersetzungsverhältnisse des idealen Übertragers. Die gestrichelten Kurven gelten für $C_C = 0$

Endwert hinaus, um ihn dann von oben zu erreichen. Bei $ü = 3$ setzt eine Vergrößerung der Anstiegszeit ein. Das Überschwingen erreicht etwa 10 %. Macht man das Übersetzungsverhältnis größer, so erkennt man für $ü = 5$ die jetzt beträchtliche Vergrößerung der Anstiegszeit gegenüber derjenigen der gestrichelten Exponentialfunktion, die zu $C = 0$ gehört. Die Kollektorkapazität von 2 pF übersetzt sich jetzt mit 50 pF auf die Eingangsklemmen der folgenden Stufe. Man erkennt ebenfalls das jetzt schon starke Überschwingen, das durch den Einfluß der Induktivität L im Transistorersatzbild 5 d erklärt wird.

Diese Verhältnisse sind ein erster Grund zur Wahl eines Übersetzungsverhältnisses von $ü = 3$ für die Koppelübertrager, als eines günstigen Kompromisses zwischen Anstiegszeit, Kurvenform und Verstärkungsfaktor. Für dieses Übersetzungsverhältnis ergibt sich aus Bild 7 für eine Stufe des Verstärkers:

Anstiegszeit $T_A = 1$ ns,
Verzögerungszeit $T_V = 0{,}2$ ns,
Stromverstärkung $V_i \approx 3$,
Überschwingen 10 %.

4. Die Kopplung der Stufen mit realen Übertragern

Da die Streukapazitäten und Induktivitäten bei realen Übertragern die Impulsübertragung beeinflussen, muß eine Bauform gesucht werden, bei der die Verhältnisse des idealen Übertragers möglichst erreicht werden.

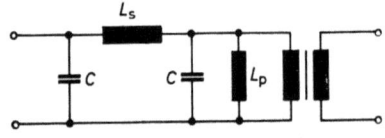

Bild 8. Ersatzschaltung des realen Übertragers

In der bekannten Übertragerersatzschaltung nach Bild 8 bilden die auf die Primärseite übersetzte Streuinduktivität L_s und die etwa gleichgroßen Kapazitäten C von Transistor und Wicklung einen Tiefpaß, dessen Grenzfrequenz nun so hoch liegen muß, daß seine Anstiegszeit wesentlich kleiner als die Transistorzeitkonstante τ bleibt. Läßt man $T_A < \frac{1}{5}\tau$ zu, so ergibt sich für das Produkt

$$L_s C < \tau^2/50. \qquad (2)$$

Streuinduktivität und Wickelkapazität wachsen mit dem Übersetzungsverhältnis des Übertragers, was wiederum für die Wahl eines nicht zu großen Übersetzungsverhältnisses spricht. Bei $ü = 3$ läßt sich die Bedingung (2) noch erfüllen.

Bei gegebenem Übersetzungsverhältnis werden die Streureaktanzen um so kleiner, je kleiner man die Windungslänge und damit die Abmessungen des ganzen Übertragers hält. Durch die Miniaturisierung lassen sich die Abmessungen so weit verringern, bis die Übertragerhauptinduktivität für die Übertragung des Impulsdaches gerade noch groß genug ist. Für eine Impulsdauer von 5 ns und für die angegebenen Schaltungswiderstände genügt eine Hauptinduktivität von etwa 1 µH.

Beim Übertragerkernmaterial hat man nun die Wahl zwischen einer kleinen Permeabilität, die über einen weiten Frequenzbereich konstant bleibt, oder aber einer stark frequenzabhängigen und dafür bei $f = 0$ größeren Permeabilität [2]. Zweckmäßig ist das Material mit großer Anfangspermeabilität, dessen Permeabilität im hier interessierenden Spektralbereich der Impulse mit $1/f$ abnimmt, denn es ergibt sich dann die größtmögliche Hauptinduktivität bei den kleinstmöglichen Abmessungen. Zwar sind die Verluste dieses Übertragerkerns bei hohen Frequenzen sehr groß, doch stören sie in der niederohmigen Schaltung nicht.

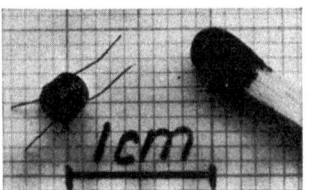

Bild 9. Miniaturtransformator

Die miniaturisierten Transformatoren (Bild 9) haben einen Durchmesser von 2,4 mm und eine Höhe von 2 mm. Durch 2 Löcher des Ferritkerns sind eine Sekundärwindung und die Primärwindungen gefädelt, welche die Sekundärwindung auf allen Seiten umgeben, so daß schließlich Wickelkapazitäten von 0,5 pF und Streuinduktivitäten um 100 nH erreicht werden.

Auf einen wesentlichen Einfluß der Übertragerstreuinduktivität L_s muß noch hingewiesen werden. Der Spannungsabfall u an L_s ist gegeben durch

$$u = L_s \, di/dt.$$

Dieser Spannungsabfall muß zusammen mit der auf die Kollektorseite übersetzten Eingangsspannung des nachfolgenden Transistors kleiner sein als die Sperrspannung U_{CB} der Kollektor-Basis-Diode. Die Stromamplitude $\hat{i}$ muß bei einer Anstiegszeit T_A begrenzt bleiben auf

$$\hat{i} \leq \frac{U_{CB}}{L_s/T_A + ü^2(R_B + R_E)}. \qquad (3)$$

Für $L_s = 100$ nH, $U_{CB} = 20$ V, $T_A = 1$ ns, $ü = 3$, $R_B + R_E = 35\,\Omega$ folgt damit $\hat{i} = 50$ mA als obere Grenze für den Impulsstrom, wenn der Transistor nicht gesättigt werden soll.

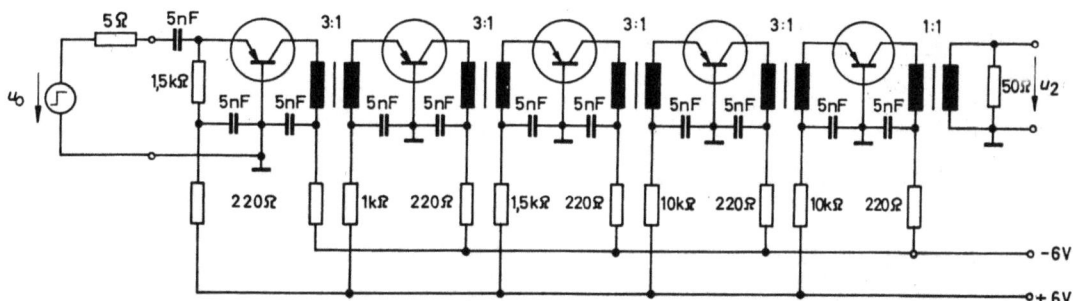

Bild 10. Gesamtschaltbild eines Kleinsignalverstärkers für $V = 1000$ und $T_A = 3$ ns.

5. Kleinsignalverstärker

Fünf Mesatransistoren 2 N 1405, die über Transformatoren gekoppelt sind, bilden den Kleinsignalverstärker nach Bild 10. Die Transformatoren haben mit Ausnahme des letzten ein Übersetzungsverhältnis der Windungszahlen von 4 : 1. Das Betriebsübersetzungsverhältnis beträgt infolge der im Verhältnis zur Hauptinduktivität großen Streuinduktivität und der hohen Kernverluste nur etwa 3,5 : 1.

Die Beschaltung des Verstärkers am Eingang und Ausgang wird durch seine Anwendung als Leseverstärker in einem Schichtspeicher bestimmt. Die Lesespannung von 1 mV wird in einer Leitung von 5 Ω Wellenwiderstand induziert. Der ausgangsseitige Abschlußwiderstand beträgt 50 Ω und entspricht dem Eingangswiderstand logischer Schaltungen, die die gelesene Information weiterverarbeiten.

Unter diesen Bedingungen ergibt sich eine gesamte Spannungsverstärkung von $u_2/u_0 = 1000$. Für ein Übertragerübersetzungsverhältnis 3,5 : 1 erwartet man gemäß Bild 7 als Anstiegszeit einer Verstärkerstufe $T_A = 1,3$ ns, also für den fünfstufigen Verstärker unter der Annahme, daß sich die Anstiegszeiten geometrisch addieren, $\sqrt{5} \cdot T_A = 2,9$ ns. Bild 11 zeigt die gemessene Ausgangsspannung, und zwar a) als Antwort auf einen Spannungssprung, b) als Antwort auf einen Rechteckimpuls am Eingang. Die gemessene Anstiegszeit entspricht mit wenig mehr als 3 ns den Erwartungen.

Aus dem Vergleich der Sprungantwort mit der Impulsantwort erkennt man deutlich, daß die resultierende Abfallzeitkonstante der Sprungantwort gerade so groß ist, daß sich der 4-ns-Impuls noch ohne nennenswerten Verlust an Amplitude verstärken läßt. Das heißt, daß die Transformatoren die kleinste zulässige Hauptinduktivität und damit die kleinstmöglichen Streureaktanzen haben und dadurch die bestmögliche Übertragung der Impulsflanke ermöglichen.

6. Großsignalverstärker

Für Ströme, die größer als 50 mA sind, ist das besprochene Verfahren nicht anwendbar, weil dann der Spannungsabfall an der Streuinduktivität des Übertragers die Sperrspannung des Transistors erreicht. Daher muß die Übertragerstreuinduktivität verringert werden.

Die Streuinduktivität der beschriebenen Miniaturübertrager ist deshalb verhältnismäßig hoch, weil die Sekundärwindung den Primärwindungen nicht genügend dicht anliegt. Man umgeht diese Schwierigkeit, indem man von 4 einzelnen Transformatoren, die das Übersetzungsverhältnis 1 : 1 haben und die durch Bifilarwicklung streuarm gemacht wurden, alle Primärwicklungen in Serie und alle Sekundärwicklungen parallel schaltet. So entsteht ein 4 : 1-Transformator mit sehr kleiner Streuinduktivität [3]. Bild 12 zeigt den Einsatz

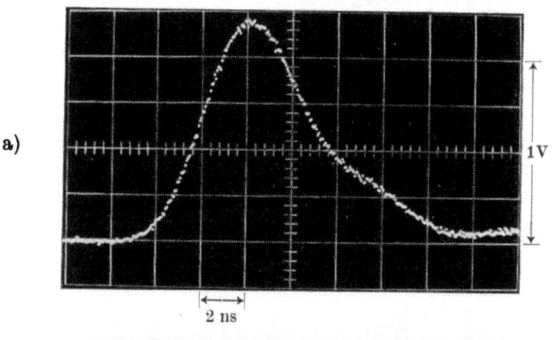

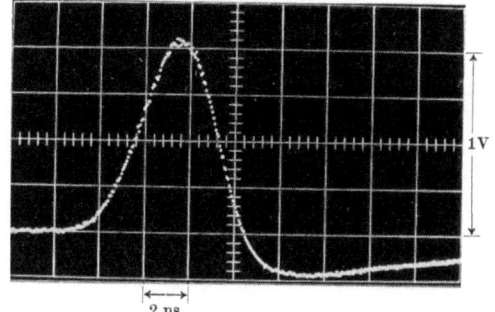

Bild 11. Ausgangsspannung des Kleinsignalverstärkers
a) als Antwort auf einen Sprung
b) als Antwort auf einen Rechteckimpuls
der Eingangsspannung mit 1 mV Amplitude

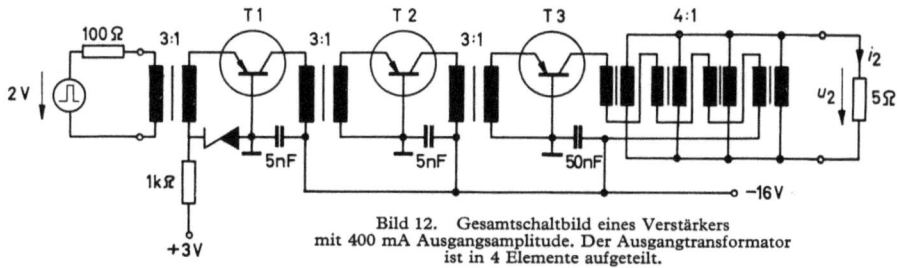

Bild 12. Gesamtschaltbild eines Verstärkers mit 400 mA Ausgangsamplitude. Der Ausgangstransformator ist in 4 Elemente aufgeteilt.

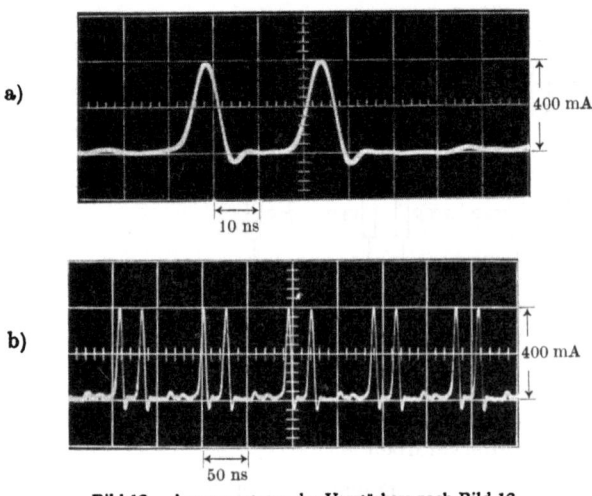
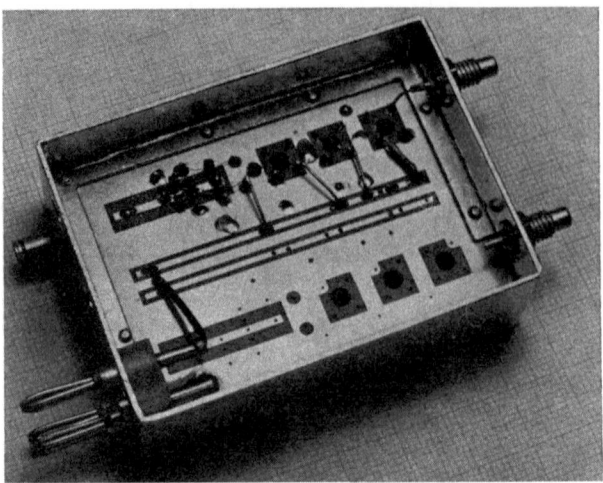

Bild 13. Ausgangsstrom des Verstärkers nach Bild 12.
Die 400 mA-Impulse haben eine Anstiegszeit von 5 ns.
Die Folgefrequenz beträgt maximal 20 MHz.

Bild 14. Ansicht des Großsignalverstärkers.

eines solchen Transformators in der Ausgangsstufe eines Verstärkers, der in einen 5-Ω-Lastwiderstand einen Strom von 400 mA abgeben kann. Die Schaltung entspricht mit Ausnahme des in Einzelelemente aufgeteilten Ausgangstransformators der des Kleinsignalverstärkers.

Legt man an den Eingang dieses Verstärkers einen 4-ns-Rechteckimpuls mit 2 V Amplitude bei 100 Ω Innenwiderstand an, so erhält man am Ausgang einen Stromverlauf wie in Bild 13a mit einer Anstiegszeit von 4 ns und einer minimalen Impulsdauer von etwa 10 ns bei 400 mA Amplitude. Der Verstärker eignet sich damit als Treiber für einen Magnetschichtspeicher.

Die Impulse können mit einer maximalen Folgefrequenz von 20 MHz verarbeitet werden. Sie könnten sogar, wie aus Bild 13b zu ersehen ist, einen kleineren zeitlichen Abstand als 1 : 20 MHz = 50 ns haben. Die obere Grenze für die Folgefrequenz ergibt sich aus der Verlustleistung der Transistoren. In diesem Verstärker wurden in den beiden letzten Stufen MADT-Transistoren 2 N 1204 eingesetzt, die eine Verlustleistung von 250 mW verarbeiten können, obwohl sie nur wenig langsamer als die sehr schnellen im Kleinsignalverstärker eingesetzten Mesatransistoren sind. Bild 14 zeigt den Aufbau dieses Verstärkers in steckbaren Einheiten kleiner Abmessungen.

Aus einem Vergleich mit Röhrenschaltungen etwa gleicher Leistungsfähigkeit erkennt man den großen Vorteil der Transistorschaltung. Um 1 mV auf 1 V mit einer Schaltzeit von 3 ns zu verstärken, könnte man einen Kettenverstärker mit 36 Pentoden 6 AK 5 verwenden. Dem Verbrauch von 70 W eines Kettenverstärkers stehen nur 100 mW des Transistorverstärkers gegenüber; der Kettenverstärker würde das Signal um 40 ns verzögern, während beim Transistorverstärker eine Verzögerung von 4 ns auftritt.

Würde man ganz analog zu Bild 10 einen transformatorgekoppelten Röhrenverstärker mit Scheibentrioden in Gitterbasisschaltung aufbauen, so müßte man für die gewünschte Verstärkung z. B. 10 Röhren RH 7 C einsetzen. Im günstigsten Fall könnte man eine Anstiegszeit von 5 ns erreichen. Die Batterieleistung würde in diesem Fall sogar 180 W betragen.

Meinen Mitarbeitern, Herrn P. *Rohr* und Herrn A. *Beusch*, danke ich für den Aufbau einer großen Zahl der beschriebenen Schaltungen und für viele Messungen.

Schrifttumsverzeichnis

[1] G. *Rusche*, K. *Wagner* und F. *Weitzsch:* Flächentransistoren. Springer Verlag, 1961.

[2] R. *Feldtkeller:* Theorie der Spulen und Übertrager. 3. Aufl. 1958. S. Hirzel Verlag, Stuttgart.

[3] G. *Guanella:* Nouveau Transformateur d'adaption pour haute Fréquence. Rev. Brown Boveri 1944, S. 327—329.

Halbleiterpropleme

Bei geschlossener Abnahme der Bände „Halbleiterprobleme I–VI" ist seit dem 1. Oktober 1961 ein um 10 % ermäßigter Serienpreis gültig.

Halbleiterprobleme VI
Erlangen 1960. Herausgegeben von Prof. Dr. F. SAUTER, Köln. 352 Seiten mit 234 Abbildungen. 1961. Leinen. DM 48,—.

Halbleiterprobleme V
Bad Pyrmont 1959. Herausgegeben von Prof. Dr. F. SAUTER, Köln. 352 Seiten mit 133 Abbildungen. 1960. Leinen. DM 48,—.

Halbleiterprobleme IV
Heidelberg 1957. Herausgegeben und kommentiert von Prof. Dr. Dr.-Ing. e. h. W. SCHOTTKY. 390 Seiten mit 96 Abbildungen. 1958. Leinen. DM 46,80.

Halbleiterprobleme III
Mainz 1955. Herausgegeben und kommentiert von Prof. Dr. Dr.-Ing. e. h. W. SCHOTTKY. 286 Seiten mit 75 Abbildungen. 1956. Leinen. DM 36,80.

Halbleiterprobleme II
Hamburg 1954. Herausgegeben und kommentiert von Prof. Dr. Dr.-Ing. e. h. W. SCHOTTKY. 300 Seiten mit 62 Abbildungen. 1955. Leinen. DM 28,80.

Halbleiterprobleme I
Innsbruck 1953. Herausgegeben und kommentiert von Prof. Dr. Dr.-Ing. e. h. W. SCHOTTKY. 396 Seiten mit 111 Abbildungen. 1954. Leinen. DM 28,80.

Statt eines Sachregisters erhielt diese erste Folge von Fachreferaten eine ausführliche thematische Aufschlüsselung des gesamten Arbeitsgebietes, in der auf die bisher behandelten Themen hingewiesen wird. Neben den Problemen der theoretischen Elektronik, wie sie in Halbleitern und anderen Kristallen auftreten, wurden hier die Vorgänge in Grenzschichten und einige für die Praxis bedeutsame Fragen wie die der elektrolytischen Gleichrichtung, der Eigenschaften und der Herstellung von Trockengleichrichtern und der Technik und Technologie des Transistors behandelt. Das Ergebnis ist ein Buch, das für jeden, der mit Halbleiterfragen bzw. mit Arbeiten auf dem Gebiet der theoretischen Elektronik beschäftigt ist, schnell unentbehrlich sein wird. *Elektronik*, München

Halbleiter und Phosphore
Vorträge des Internationalen Kolloquiums 1956 „Halbleiter und Phosphore" in Garmisch-Partenkirchen. Herausgegeben von Prof. Dr. Michael SCHÖN, München, und Prof. Dr. Heinrich WELKER, Erlangen. VIII, 680 Seiten mit 391 Abbildungen. 1958. Leinen. DM 68,—.

Bitte Sonderprospekt anfordern.

 FRIEDR. VIEWEG & SOHN BRAUNSCHWEIG

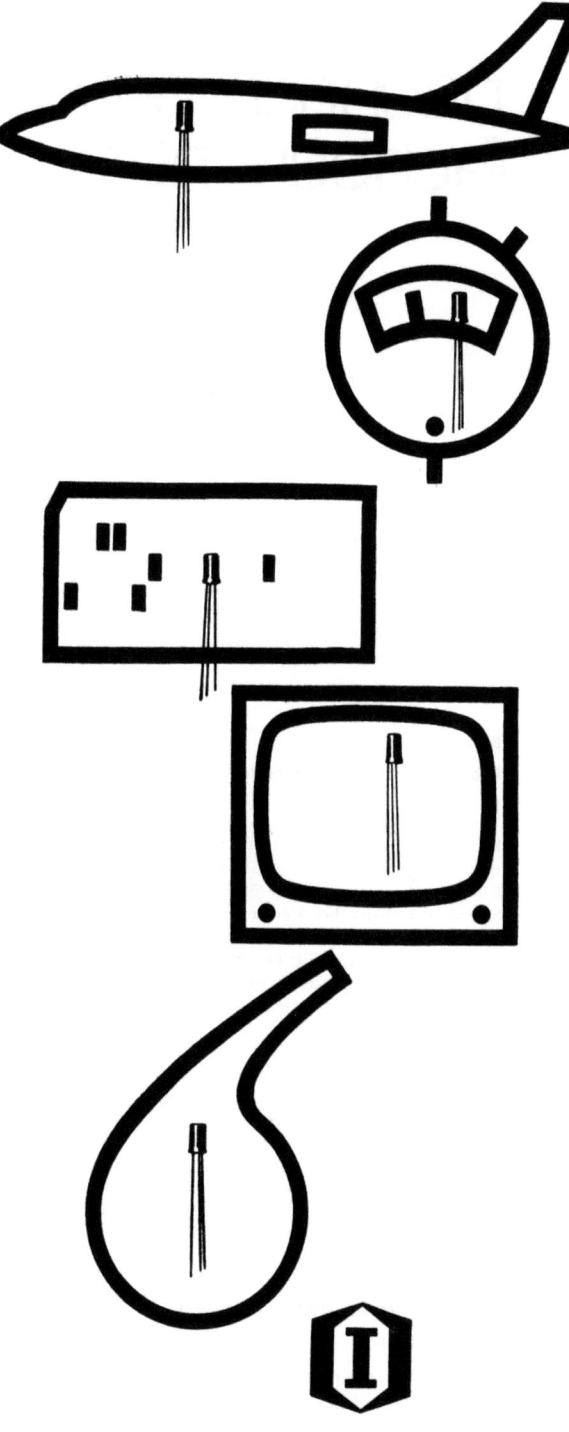

Intermetall fertigt Silizium- und Germanium-Halbleiter-Bauelemente für die Rundfunkindustrie und Kommerzielle Elektronik

INTERMETALL
Gesellschaft für Metallurgie und Elektronik mbH

Freiburg/Brsg.
Hans-Bunte-Straße 19

nachrichtentechnische fachberichte

Herausgegeben von Dipl.-Ing. J. Wosnik, Düsseldorf

Band 1

Halbleiterdioden und Transistoren

DM 3,60 (2,70)

Inhalt: *Seiler* und *Wucherer*, Die elektrische Trägheit von Halbleiterdioden – *Malsch*, Das Hochfrequenzersatzbild des Transistors – *Krömer*, Über die Entwicklung von Schichttransistoren mit hoher Frequenzgrenze – *Strutt*, Das Rauschen von Transistoren – *Tummers*, Der Einfluß von Minoritätsträgerinjektionen auf Verhalten von Leistungstransistoren – *Van Vessem* und *Willemse*, Konstruktive Überlegungen beim Entwurf eines Leistungstransistors – *Moleman*, Thermische Probleme bei der Verwendung von Schichttransistoren – Zusammenfassungen, Summaries, Contents.

Band 5

Probleme der Halbleitertechnik

DM 12,— (9,—)

Inhalt: *Schultz*, Der Einfluß von Oberflächen auf die elektrischen Eigenschaften von Gleichrichtern und Transistoren – *Becherer*, Versuchsergebnisse über die Herstellung einer idealen Sperrcharakteristik bei Flächendioden – *Rath*, Welche Möglichkeiten bieten Scheinwiderstandsmessungen an Sperrschichten? – *Heywang* und *Zerbst*, Zur Bestimmung von Volumen- und Oberflächenrekombination in Halbleitern – *Guggenbühl* und *Strutt*, Theorie des Hochfrequenzrauschens von Transistoren bei kleinen Stromdichten – *Guggenbühl*, *Schneider* und *Strutt*, Messungen über das Hochfrequenzrauschen von Transistoren – *Heinlein*, Ein Ersatzschaltbild für Germaniumdioden mit großer Trägheit – *Moortgat-Pick*, Hochfrequenz-Verstärkung mit Transistoren – *Vasseur*, Messungen der Hochfrequenz-Parameter von Transistoren – *Weber*, Impulsverstärkung mit Transistoren – *Rall*, Die Anwendung des Flächentransistors in Zählschaltungen – *Salow*, Ein Schalttransistor und seine Anwendung in Zählschaltungen.

Band 18

Transistoren für hohe Frequenzen

DM 36,— (32,40)

Inhalt: *Seiler*, Physik des pn-Überganges – *Hinrichs*, Physik des Transistors – *Eckstein*, Kenngrößen des Transistors – *Wiesner*, Physikalische und technologische Grenzen des HF-Transistors – *Dahlberg*, Herstellungsverfahren von HF-Transistorsystemen – *Rückardt*, Sonderformen von HF-Transistoren – *Matare*, Diskussionsbemerkung zu „Sonderformen von HF-Transistoren" – *Benz*, Über Ersatzschaltbilder für den als linearer Verstärker betriebenen Transistor – *Müller*, Prüfung der praktischen Ersatzschaltung von Zawel und ihre Brauchbarkeit – *Thuy*, Messung der Kenngrößen – *Engbert*, Anschauliche Darstellung des Hochfrequenzverhaltens des Transistors – *Gohm*, Neutralisation über breite Frequenzbänder – *Weitzsch*, Einige theoretische Untersuchungen zur Leistungsübertragung und Stabilität in transistorbestückten ZF-Verstärkern bei Verwendung von Bandfiltern – *Kalb* und *Hirrlinger*, Breitbandverstärker für Trägerfrequenzverbindungen – *Toussaint*, Schwingschaltungen – *Gissel*, Über negative Widerstände zur Entdämpfung und Schwingungserzeugung – *Wagner*, Die grundlegenden Eigenschaften des Flächentransistors im Impuls- und Schalterbetrieb – *Feissel*, Ein Beitrag zur Klärung des Schaltverhaltens von Flächentransistoren – *Harloff*, Anforderungen an Schalttransistoren in Digitalrechnern – *Bächle*, Eine Kippschaltung und ihre Anwendung – *Schneider*, Der Transistor als genauer elektronischer Schalter – *Haas*, Transistoren für Treiberstufen in Magnetkernspeichern – *Rusche*, Sonderformen von Schaltertransistoren – Formelzeichen – Zusammenfassungen / Summaries.

Weiterhin sind lieferbar:

Band 3: **Informationstheorie** DM 22,— (16,50)

Band 4: **Elektronische Rechenmaschinen und Informationsverarbeitung** DM 26,— (19,50)

Band 9: **Gasentladungsröhren in der Nachrichtentechnik** DM 8,50 (7,50)

Band 10: **Fernwirktechnik II** DM 14,— (12,—)

Band 11: **Nachrichtentechnisches Schrifttum 1948–1957** DM 12,80 (11,—)

Band 12: **Funktechnik** DM 17,50 (15,—)

Band 13: **Erzeugung von Schwingungen mit wesentlich nichtlinearen negativen Widerständen** DM 6,60 (5,80)

Band 14: **Informationsverarbeitende Systeme** DM 10,— (8,50)

Band 15: **Elektroakustik** DM 11,50 (10,—)

Band 16: **Fernwirktechnik III** DM 16,— (14,40)

Band 17: **Beiträge zur Technik elektronischer Analogrechner** DM 13,— (11,70)

Band 19: **Stand und Aufgabe der Weitverkehrstechnik** DM 31,— (28,—)

Band 20: **Neuere Probleme der Meßtechnik** DM 12,— (10,80)

Band 21: **Systeme mit nichtlinearen oder gesteuerten Elementen** DM 25,50 (23,—)

Band 22: **Mikrowellenröhren** DM 210,— (189,—)

Band 23: **Mikrowellentechnik und Antennen** DM 42,— (37,80)

Band 24: **Zuverlässigkeit von Bauelementen** DM 48,— (43,20)

Band 25: **Fernwirktechnik IV** DM 28,— (25,—)

Band 26: **Elektroakustik II** DM 12,80 (11,50)

Die in Klammern stehenden Preise sind Vorzugspreise für Mitglieder der NTG/VDE und für Studierende der einschlägigen Fachrichtungen bei direkter Bestellung an den Verlag.

VERLAG FRIEDR. VIEWEG & SOHN · BRAUNSCHWEIG

If you have any concerns about our products,
you can contact us on
ProductSafety@springernature.com

In case Publisher is established outside the EU,
the EU authorized representative is:
Springer Nature Customer Service Center GmbH
Europaplatz 3, 69115 Heidelberg, Germany

Printed by Libri Plureos GmbH
in Hamburg, Germany